大数据知识工程

郑庆华　张玲玲　龚铁梁　刘　欢　著

科　学　出　版　社

北　京

内 容 简 介

大数据知识工程旨在从大数据中获取知识、表示知识，并基于这些知识进行推理计算，解决大数据背景下的实际工程问题。大数据知识工程是信息化迈向智能化的必由之路。本书全面系统地介绍大数据知识工程的有关内容。全书共 9 章，第 1 章介绍大数据知识工程的背景；第 2 章介绍大数据知识工程的“三跨”特点及面临的“散、杂、乱”挑战；第 3～6 章介绍知识表示、知识获取与融合、知识表征学习、知识推理四个核心环节；第 7 章介绍教育、税务、网络舆情领域的大数据知识工程应用；第 8 章指出未来研究方向；第 9 章对全书进行总结。

本书适合计算机、人工智能、物联网等专业的教师和研究生阅读，也可供知识表征、知识图谱、信息知识检索、问答推理等领域的科研人员参考。

图书在版编目(CIP)数据

大数据知识工程/郑庆华等著. —北京：科学出版社，2023.1
ISBN 978-7-03-073165-4

Ⅰ. ①大…　Ⅱ. ①郑…　Ⅲ. ①数据处理-知识工程　Ⅳ. ①TP274 ②TP182

中国版本图书馆 CIP 数据核字(2022)第 170441 号

责任编辑：宋无汗 / 责任校对：任苗苗
责任印制：吴兆东 / 封面设计：陈　敬

科学出版社 出版
北京东黄城根北街 16 号
邮政编码：100717
http://www.sciencep.com
北京中石油彩色印刷有限责任公司印刷
科学出版社发行　各地新华书店经销
*
2023 年 1 月第　一　版　开本：720×1000　1/16
2024 年 5 月第三次印刷　印张：14 3/4
字数：297 000

定价：138.00 元

（如有印装质量问题，我社负责调换）

前　言

“知识是人工智能的动力”，知识工程旨在研究解决人类知识的机器表征与计算问题，是人工智能学科重要的分支。知识工程由图灵奖获得者 Feigenbaum 在 1977 年第五届国际人工智能大会上首次提出，但与之相关的研究工作却可以追溯到 20 世纪 50 年代，贯穿人工智能的整个发展历程。

早在 1956 年，计算语言学的先驱之一 Richens 就设计了 Semantic Nets 作为机器翻译的中间语言，这是后续语义网络与知识图谱的雏形。1958 年，另一位图灵奖获得者，也是“人工智能”概念的提出者 McCarthy 发明了支持符号推理的 LISP 语言，该语言成为知识工程的重要工具。1965 年，Feigenbaum 与化学家 Lederberg 合作研发了第一款专家系统 DENDRAL，用于识别未知的有机分子。

20 世纪 70 年代，人工智能进入第一个“寒冬期”，但知识工程却得到了迅猛发展，并一直延续到 80 年代。主要进展包括三个方面：一是具有模式匹配、自动回溯能力的逻辑编程语言 PROLOG；二是各种类型的知识库，如常识知识库 Cyc、语义词典 WordNet；三是不同领域的专家系统，如用于感染菌诊断的 MYCIN 系统、帮客户配置计算机的 Xcon 系统。这一时期，我国在该领域也取得一系列重要成果。吴文俊院士在自动推理方向提出了“吴消元法”。陆汝钤院士设计了知识工程语言 TUILI，并牵头研制了专家系统开发环境“天马”。人工智能史学家 McCorduck 对这一时期知识工程的快速发展进行了分析，她认为主要原因在于人们意识到智能很大程度上取决于知识处理。

90 年代，人工智能进入第二个“寒冬期”，这次知识工程未能幸免。主要原因在于传统知识工程暴露出一系列缺陷，除了众所周知的“知识获取瓶颈”外，传统知识工程还难以应对感知型任务以及需要常识、跨领域知识的任务。在实际工程问题中，这类任务广泛存在。

本团队正是在人工智能的第二个“寒冬期”开始从事该领域的研究，重点围绕专家知识库构建、规则冲突检测与消解、规则调度引擎三个问题开展了研究，所提的系列算法用于解决财政税收领域的预算外票据异常检测、加工企业冷轧工艺流程优化等实际工程问题。第一次尝试解决了人工难以解决的问题，在检测精度和生产效率方面取得了不错的效果。但是，这些问题总体上还属于场景确定、规则明确、边界清晰的简单问题。对于场景动态、规则事先未知、边界模糊的复杂问题，如偷逃骗税行为识别、无人驾驶、学习内容个性导航等，当时的研究工作还难以适用。以偷逃骗税行为识别为例，研究工作就面临了“知识获取瓶颈”困境，引发该问题的原因在于：偷逃骗税行为通常盘根错节、花样翻新，加上税收政策不断改革调整。因此，即便是资深的税务专家，也很难总结出比较系统完备的识别规则。由此，逐渐意识到知识工程不能仅靠专家知识。一方面，专家系统面临人工成本过高、专家经验局限等困境；另一方面，专家系统难以适应场景动态、规则不清的问题，必须从实际场景和数据中动态挖掘知识，并运用知识才能求解实际工程问题。

时代是出卷人。21 世纪，随着大数据时代的来临，知识工程面临了新的机遇和挑战，大数据知识工程应运而生。其核心任务是将大数据环境下散、杂、乱的碎片知识转化为机器可表征、可计算的结构化知识，这是教育、政务、金融、医疗等各领域面临的从信息化迈向智能化的共性需求和必由之路。麦肯锡全球研究院报告指出，知识工程是决定未来经济的 12 大颠覆性技术之一，具有广阔的应用和产业前景，将创造 5.2 万亿美元的产值，相当于 1.1 亿劳动力创造的价值。

然而，大数据知识工程面临了全新的理论和技术挑战，具有数据跨源、知识跨域、表示跨媒体的特点，面临着如何将空间分散、模态多样、内容片面、关联复杂的碎片知识融合生成知识体系的科学问题。传统的数据库、专家系统等无法解决此问题，知识图谱难以刻画层次化跨域知识体系，因而急需理论创新。作为大数据知识工程领域的开拓者，本团队在 2011 年提出知识森林原创性概念，建立了以知识森林为核心的大数据知识工程理论与技术体系。提出知识森林概念的灵感源自认识论中“既见树木、又见森林”的启发，创造性地利用“树叶—树木—森林”表示“碎片知识—主题知识—知识体系”，建立了从碎片知识到知识体系的形式逻辑，揭示了大数据环境下碎片知识的时空特性和分布规律，建立了层次化、主题化的知识森林模型，并研制了知识森林构建、推理等一系列模型、算法和工具，初步构建了一套大数据知识工程理论和方法，实现“数据拟合+规则归纳”和“数值计算+符号推理”两两优势互补的大数据知识工程新范式，推动知识工程从专家获取知识朝着从大数据中挖掘和融合知识的跨越发展。

大数据知识工程理论的价值在于，作为“知识引导+数据驱动”方式的融合体，能够突破传统深度学习模型固有的过程黑盒、参数规模大、训练代价高等深层问题。同时，其实用价值也在金税工程偷逃骗税行为识别、在线教育知识森林个性化导学等实际应用中得到证实。此外，该成果还成功应用于金融风险管控、司法卷宗事件溯源等领域。

大数据知识工程虽然取得了长足的进展，但仍然是一个新兴的研究领域。人工智能在由感知智能逐步迈向认知智能的过程中，对知识的获取、表征、记忆、推理等环节提出了新的挑战，特别是在复杂、时变、异质大数据环境（视觉知识、常识知识等）下，知识的获取与表征、因果推理与可解释机器学习、脑启发的知识编码与记忆等方向还面临很多悬而未决的难题。

本书梳理了本团队及国内外同行在大数据知识工程领域的阶段研究成果，系统地呈现给读者，可帮助读者把握该领域的发展脉络，了解经典的模型与算法，明确未来的研究方向，力争成为读者进入该研究领域的“敲门砖”。

本书得到“新一代人工智能”重大项目“混合增强在线教育关键技术与系统研究”(2020AAA0108800)、国家自然科学基金创新研究群体项目 (61721002)、国家自然科学基金项目(62137002、62176207、62176209、62106190、62192781、62050194)、教育部创新团队项目(IRT_17R86)等的支持。本书在撰写过程中得到多位专家的真诚帮助，在这里向他们表示诚挚的谢意。感谢陕西省天地网技术重点实验室提供的研究平台；感谢所在团队刘均教授与魏笔凡研究员在大数据知识理论研究领域的贡献；感谢罗敏楠教授、董博老师、师斌老师对大数据知识工程应用方面的支持。最后，感谢科学出版社对本书出版给予的大力支持。

限于时间及水平，书中不足之处在所难免，欢迎读者批评指正。

作 者

2022 年 5 月

目　录

第 1 章　绪　　论

互联网和大数据的发展为知识工程提供了广阔的应用场景，各类大规模开放性应用所需要的跨域知识很容易超出传统知识工程构建的知识边界。传统知识工程难以适应互联网时代的大规模开放性应用的需求，大数据知识工程应运而生。大数据知识工程将突破传统知识工程在知识获取及知识应用方面的瓶颈，从而可以应对现实世界开放性和复杂性给知识工程带来的巨大挑战。

1.1　知识工程发展历程

知识（knowledge）指某个对象的理论或实践认知，柏拉图称之为“被相信的真理”。知识一般是易于理解的结构化信息，常用于解决问题或决策支持。知识是人工智能的动力[1]，与算力、数据、算法等构成了人工智能基础[2]。在计算机领域，传统机器学习通过大量样本进行训练，目前已经遇到发展瓶颈。通过本体库、知识图谱等先验知识去赋能机器学习，可降低机器学习对训练样本的依赖，增强机器学习的泛化能力，是连接主义和符号主义融合发展的新方向。

知识工程（knowledge engineering）是一门以知识为研究对象的新兴学科，核心思想是通过知识的获取、表征和推理来求解应用问题的原理与方法[3]。知识工程是美国斯坦福大学计算机科学家 Feigenbaum 在 1977 年第五届国际人工智能大会上提出的概念，其目的是将人类或专家的知识输入到计算机中，并建立推理机制，让机器也能拥有知识，并能进行计算和推理，解决实际问题。知识工程将具体智能系统研究中的共性关键技术抽出来，作为知识工程的核心内容，使其成为指导研制各类具体智能系统的一般性方法和基础性工具，成为一门具有方法论意义的科学。知识工程主要包括以下三个方面：①知识表示。研究知识形式化描述相关的方法和技术，实现计算机可以合理高效地存贮知识，并方便知识的计算和推理。②知识获取与融合。研究从系统外部获得的知识，并与现有知识库融合的方法和技术，包括对外部数据的知识化及不同来源知识的融合。③知识推理（knowledge reasoning）应用。研究知识的组织、计算和推理的方法与技术，实现实际工程问题的求解或决策支持。

传统知识工程构建的系统通常被称为专家系统（expert system）。专家系统指具有专门知识和经验的计算机智能系统[4]，一般采用知识表示和知识推理技术来求解通常由领域专家才能解决的复杂问题。如图 1.1 所示，专家系统一般由知识库与推理引擎两部分组成，它根据一个或者多个领域专家提供的知识和经验，通过模拟专家的思维过程，进行主动推理和判断，并解决实际工程问题。

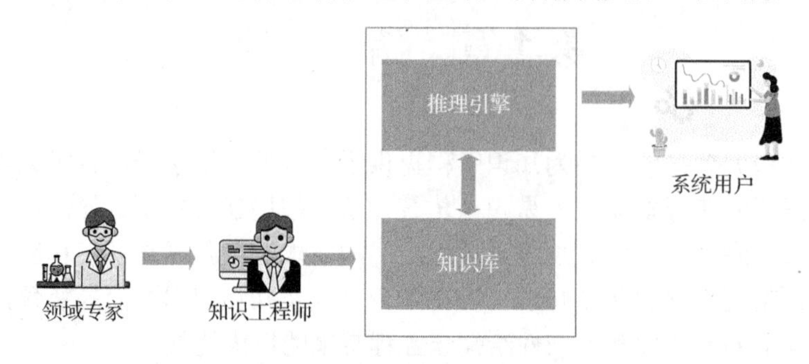

图 1.1　专家系统的基本结构

专家系统在二十世纪七八十年代蓬勃发展，成为人工智能的一个重要分支。Durkin[5]和 Waterman[6]对成功应用于不同领域的大量专家系统进行了汇总分析，涉及化学、电子、工程、地质、管理、医药、过程控制、军事等领域。Waterman 发现，将近 200 个专家系统中，大部分应用于医学诊断领域。Durkin 发现，专家系统新兴的应用领域是商业和制造业，占总应用的 60%。图 1.2 给出二十世纪 5 个著名的专家系统。

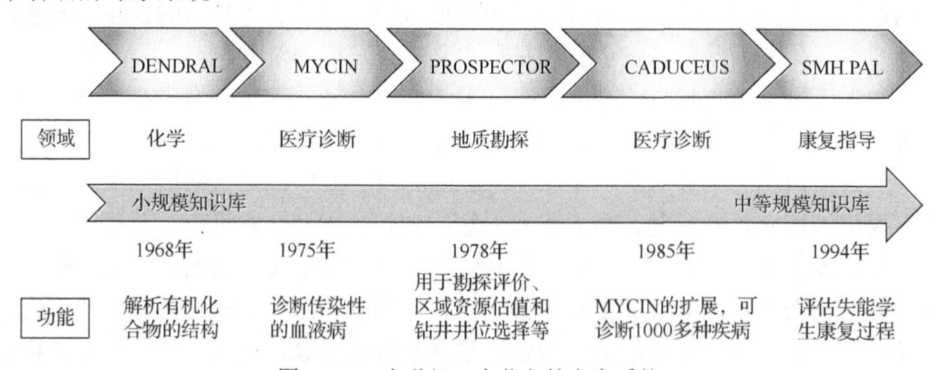

图 1.2　二十世纪 5 个著名的专家系统

（1）第一个成功的专家系统 DENDRAL[7]：1968 年问世，用来辅助解析有机化合物的结构。Feigenbaum 基于 DENDRAL 总结专家系统所采用的理论及方法，并提出“知识工程”这一概念。

（2）医疗专家系统 MYCIN[8]：基于规则的专家系统，使用反向链接（backward chaining）进行推理以诊断传染性的血液病。它可以根据患者的体重推荐药物，还以一种便捷、用户友好的方式为医生提供治疗建议。其性能相当于人类专家水平，并高于初级医生的水平。

（3）地质专家系统 PROSPECTOR[9]：1978年由斯坦福国际研究所研发，因发现一个钼矿而闻名于世。它将规则和语义网络（semantic network）合并到一个结构中，以表示专家知识，并使用包含一千多条规则的领域知识。有9位专家为该系统提供了专业知识。

（4）医疗专家系统 CADUCEUS[10]：20世纪70年代中期开始开发，成熟于80年代中期，构建了一个庞大的知识库，被认为是“知识最密集的专家系统”，是 MYCIN 的扩展，可以诊断1000多种疾病。

（5）康复指导专家系统 SMH.PAL[11]：相关论文发表于1994年，是一个用于评估失能学生康复过程的专家系统。

以专家系统为代表的传统知识工程在二十世纪七八十年代解决了很多实际工程问题，并在医疗诊断、商业、制造业等领域取得了巨大成功。但是传统知识工程是一种典型的、自上而下的设计思路，严重依赖领域专家和知识工程师（knowledge engineer），不仅需要领域专家把自己的知识表达出来，还需要知识工程师把专家表达的知识转换成计算机能够处理的形式。这使得专家系统适合规则明确、边界清晰、应用封闭的应用场景且仅能解决玩具问题（toy problem）[12]，难以适用于智能答疑、无人驾驶等开放、复杂推理场景。传统知识工程面临两个主要困难：

（1）知识获取瓶颈。知识的规模难以保证，隐性知识、过程知识等难以表达，质量受领域专家个人经验影响很大，知识更新难。例如，如何表达经验丰富的教师指导学生用了哪些知识或经验。不同专家可能存在主观性，如指导具有特定兴趣、情感、知识背景的学生，大部分依赖教师的主观性。

（2）知识应用瓶颈。很多应用，尤其是很多开放性应用很容易超出预先设定的知识边界。还有很多应用需要常识的支撑，而常识定义难、表示难。传统知识工程难以处理异常、超范围等场景。

虽然知识工程解决问题的思路极具前瞻性，但传统知识工程终因无法克服人工构建成本太高、知识获取困难、海量规则组合爆炸等弊端，而难以适应互联网时代大规模开放应用的需求。在经历了二十世纪七八十年代的黄金期后，传统知识工程逐渐没落。为此，学术界和工业界的知识工程研究者试图寻找新的解决方案。

1.2　大数据知识工程概述

1.2.1　产生背景

信息技术革命持续进行，数据继续向更大规模、更多连接的方向发展。在此背景下，1998年万维网之父 Tim Berners-Lee 提出语义网（semantic web），其核心是通过将万维网上的文档转化为计算机所能理解的语义，使互联网成为信息交换媒介。语义网可以直接向机器提供能用于程序处理的知识，然而语义网是一个比较宏观的设想，需要“自顶向下”的设计，很难落地。学者将目光转移到数据本身上来，提出了链接数据（linked data）的概念[13]。链接数据希望数据不仅发布于语义网中，更需要建立起自身数据之间的链接，从而形成一张巨大的链接数据网。第一个大规模开放域链接数据是 DBpedia[14]，类似的还有 Freebase[15]、Wikidata[16]、Yago[17]等。其中 DBpedia 有 400 多万个实体，48293 种属性关系，10 亿个事实三元组。Freebase 有 4000 万个实体，上万种属性关系，24 多亿个事实三元组。谷歌收购 Freebase 后以 Freebase 为基础构建了一个大规模知识库“知识图谱”，并将知识图谱定义为描述真实世界中存在的各种实体及关系，进而构建了基于知识图谱的智能 Web 搜索引擎。随后，知识图谱在精准推荐、风险识别、医疗诊断等领域得到广泛应用。

知识图谱可为机器智能提供先验知识。机器想要认知语言、理解语言，需要背景知识的支持。知识图谱富含大量的实体及概念间的关系，可以作为背景知识来支撑机器理解自然语言。通过知识图谱等先验的知识去赋能机器学习，可以降低机器学习对样本的依赖，增强机器学习的能力。例如，现在的深度学习常因缺少可解释性受人诟病，而知识图谱中包含的概念、属性、关系是天然可用作可解释性的。

互联网的发展为知识工程的发展提供了丰富的土壤，知识规模的量变带来了知识效用的质变。知识图谱作为一种海量的知识组织方式，可为知识工程的大规模知识表示提供支撑，极大扩展了知识工程所使用知识的规模，宣告了知识工程进入了一个新的发展时期。

1.2.2　基本概念

大数据（big data）指无法在一定时间范围内用常规算法或方法进行采集、管理和处理的数据集合[18]。Schönberger 在《大数据时代》中指出大数据不用随机分析法（抽样调查），而用所有数据进行分析处理[19]。一般认为大数据具有 5V 特点：volume（大量）、velocity（高速）、variety（多样）、value（价值）、veracity（真实性）。随着大数据时代的到来，以专家系统为代表的传统知识工程，面临人工成本过高、专家经验局限等困境。同时大数据导致跨域跨源、场景动态、规则事先未知的问题，需要新的知识获取、表示及推理技术。

大数据知识工程指利用知识工程的思想和方法，从大数据中获取、验证，表征其中蕴含的知识，并基于这些知识进行推理和应用，形成解决大数据背景下实际工程问题的专家系统[20]。基于海量数据清洗、大规模并行计算、群智计算等大数据技术，大数据技术使得大规模获取知识成为可能，解决了传统知识工程的知识获取瓶颈问题，即利用大数据算法实现数据驱动的大规模知识自动获取与融合。

大数据知识工程是教育、政务、金融、医疗等各领域面临的共性需求。例如，在线教育中，面临着如何将来自在线课程、百度百科等跨媒体资源转化为结构化知识，进而支持个性化导学的需求。又例如，我国自1994年实施金税工程以来，积累了工商、税务、海关等数万亿税收历史数据，只有将其转化为可推理计算的结构化知识库，才能实现偷逃骗税的智能识别。在大数据背景下，人工根本无能为力。

通过上述典型应用场景分析发现，碎片化是大数据知识工程的共性问题，具有数据跨源、知识跨域、表示跨媒体的特点，从中凝练出碎片知识融合科学问题，面临散、杂、乱的难题挑战。散是指碎片知识空间分散、关联稀疏、内容片面；杂表现为模态多样、良莠不齐；乱表现为碎片知识跨域交叉、线索凌乱。针对散、杂、乱的难题挑战，传统的知识表示方法、获取与融合方法、推理应用方法都无法适用，因而需要新的理论与技术。

1.2.3　与传统知识工程的区别

大数据知识工程将大数据转化为人类可理解，而且机器可表示、可计算的结构化知识库/知识图谱，让机器也能拥有知识，并进行推理应用。其来源可以是用户生成的含有大量噪声的内容，也可能是物联网传感器生成的内容。传统知识工程则是将人类或专家的知识表示到计算机中，并建立推理机制，进行计算和推理。和传统知识工程相比，大数据知识工程在知识的表征方式、获取融合、推理应用三个方面实现拓展和创新。表1.1给出传统知识工程和大数据知识工程的对比分析。大数据知识工程获取途径中的众包与群智获取知识指互联网上的海量用户通过在线数据编辑器构建大规模知识，典型的是Wikidata[16]。2022年2月共有527万注册用户为该知识库贡献了近10亿个数据项①，数据项每天还在增加。

表1.1　传统知识工程和大数据知识工程的对比分析

对比角度	传统知识工程	大数据知识工程
表征方式	逻辑规则，包括命题逻辑、一阶逻辑等经典逻辑的规则，规则所表示的内容清晰、边界确定	（1）逻辑规则与分布式表示相结合。分布式表示指Word2Vec[21]、ELMo[22]等自然语言文本表示方法 （2）支持跨媒体表征，如使用预训练模型VL-BERT[23]同时表征文本和图像
获取融合	领域专家以自上而下的方式人工构建规则知识	基本思路是“知识引导+数据驱动”，具体形式多样，如从大数据中挖掘知识、抽取知识，并通过众包与群智获取知识
推理应用	基于经典逻辑可方便进行归纳和演绎两种符号推理，如三段论推理等	除了支持归纳和演绎两种典型的符号推理，还支持基于知识图谱的链式推理、神经逻辑规则推理等不确定推理

传统知识工程与大数据知识工程在表征方式、获取融合、推理应用三方面的差异导致两者适用场景不同：传统知识工程适合于场景静态、规则明确、边界确定的问题，如五子棋、国际象棋；大数据知识工程适合于场景动态、规则事先未

① https://www.wikidata.org/wiki/Special:Statistics，2022-2-15访问。

知、边界未知、多领域知识混合的问题。例如，在线学习、偷逃骗税等都属于场景动态、问题求解前不知道有哪些规则、需要融合多个领域知识才能求解的问题。

从技术上，在大数据背景下，针对碎片知识散、杂、乱的难题挑战，需要解决碎片知识融合这一核心科学问题。对这一问题，传统的专家系统、机器学习理论都无法解决。

1.3　与新一代人工智能的关系

1.3.1　新一代人工智能的特点

人工智能这一概念在1956年美国达特茅斯学院的学术会议上首次被提出，目的是研究或开发用于模拟并扩展人类智能的理论、方法、技术及应用系统。人工智能的迅速发展深刻改变了人类社会生活和世界，成为国际竞争的新焦点。世界主要发达国家把发展人工智能作为提升国家竞争力、维护国家安全的重大战略。我国在人工智能领域取得重要进展，国际科技论文发表量和发明专利授权量已居世界第二，部分领域核心关键技术实现重要突破。

人工智能在过去60多年的发展过程中，一直存在符号主义与连接主义两种相互竞争的范式，这两种范式基本上同时出现。符号主义在20世纪80年代之前一直主导着人工智能的发展，而连接主义从20世纪90年代才逐渐主导人工智能的发展，并于21世纪初进入快速发展时期，尤其是深度学习出现之后。一般将符号主义主导的人工智能称为第1代，而将连接主义主导的人工智能称为第2代。第1代人工智能擅长抽象表示（对象和关系）和确定性的推理，具有可组合(compositionality)、可解释的优点，但领域专家构建规则导致表示学习困难，并引发知识获取瓶颈问题，大量规则导致规则的组合爆炸[24]及一致性验证难题[25]，规则对不确定性处理低效[26]。以符号逻辑为基础的知识表示方法，易于刻画显性、离散的知识，但并不是所有知识都可用或适合用规则表示。Dreyfus[12]认为规则方法只适合解决小规模问题，规则获取、问题求解过程的组合爆炸等难题，导致难以构建含有大量规则的复杂系统来解决实际问题。以深度学习为代表的第2代人工智能通过多层神经网络实现数据的多层抽象表示与计算，显著提升语音识别、视觉对象识别、药物识别、机器翻译等任务的性能[27]。然而深度学习需要大量的训练数据进行归纳学习[28]，泛化能力差，很难处理与训练数据分布不同的实例(out-of-distribution sample)[29]，容易被欺骗和攻击，结果不可解释[2]，和人类智能有着实质的区别[30]。Lecun等[27]认为未来人工智能的发展需要表示学习和复杂推理的融合。

新一代人工智能把第1代的知识驱动和第2代的数据驱动结合起来，通过知识、数据、算法和算力 4 个要素构造更强大的智能系统[2]，其典型范式是“知识引导+数据驱动”。新一代人工智能作为新一轮产业变革的核心驱动力，将进一步释放历次科技革命和产业变革积蓄的巨大能量。新一代人工智能包括大数据智能、跨媒体智能、群体智能、混合增强智能、自主智能系统等基础理论和核心技术[31]。大数据知识工程是一种典型的大数据智能技术。

1.3.2 大数据知识工程是共性技术

目前，各行业都面临信息化到智能化的共性需求。教育、政务、税务、交通、医疗、金融等各领域，经过几十年的信息化建设，积累了大量数据，都面临如何将大数据转化为计算机可表征、可计算的结构化知识体系并进行应用的问题，这也是目前许多行业在开展知识工程的原因，是信息化迈向智能化的基础之一。

大数据知识工程是人工智能的基础设施，为其提供动态变化的知识，学习知识的能力，以及推理思维能力。现在以深度学习为代表的人工智能，已经在计算机视觉、自然语言处理等领域取得了巨大进展，但是也明显地暴露出参数规模巨大、计算代价大、计算过程黑盒、不可解释性、结果可信性难以求证等问题。针对这些理论和技术难题，只有依靠大规模知识，改变机器学习和推理的策略，才能让智能算法在知识的指导下破解现有数据驱动的深度学习面临的各种问题。大数据知识工程把大数据转化为计算机可表征、可计算的结构化知识库，基于“知识引导+数据驱动”的模式，支持演绎、归纳等知识推理，进而构建各种智能应用，如在线教育的个性化导学和智能问答、偷逃骗税的证据链智能识别和生成、智能交通路径导航等。

大数据知识工程是信息化迈向智能化的必由之路。麦肯锡全球研究院（McKinsey Global Institute，MGI）的报告《展望 2025：决定未来经济的 12 大颠覆技术》认为知识工程是决定未来经济的 12 大颠覆性技术之一，具有广阔的产业前景，将创造 5.2 万亿美元的产值，相当于 1.1 亿劳动力创造的价值[32]。大数据知识工程已经纳入我国《新一代人工智能发展规划》、美国《国家人工智能研发战略规划》等新一代人工智能发展规划。大数据知识工程在智能制造、智能医疗、智慧城市、智能农业、国防建设等领域得到广泛应用。

1.4 本书的组织结构

知识工程是智能科学和技术的分支科学，是人工智能的重要课题之一。大数据知识工程从大数据中获取知识、表示知识，并基于这些知识进行推理计算，解决大数据背景下的实际工程问题。全书共 9 章，其组织结构如图 1.3 所示。大数据工程涉及的内容繁多，本书力求涵盖大数据知识工程相关的基本概念及关键技术。

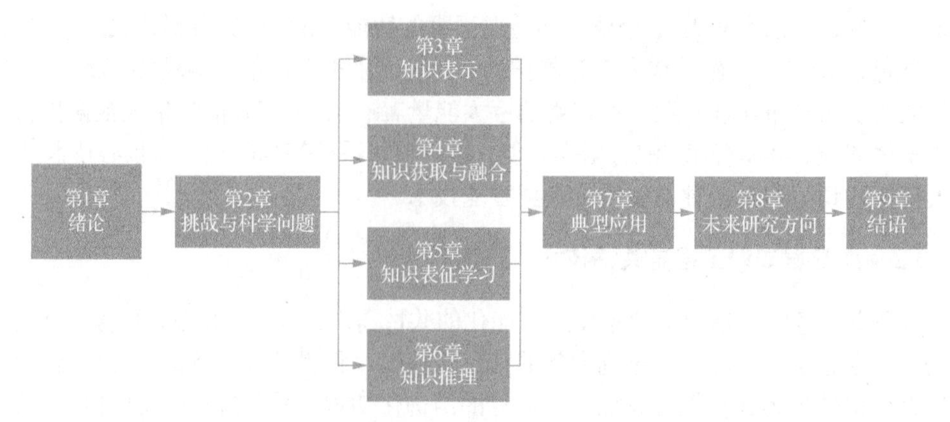

图 1.3　本书组织结构

第 1 章主要内容是大数据知识工程概述，先介绍了知识工程的背景、目的、意义和典型例子，然后从传统知识工程到大数据知识工程，分析了大数据知识工程面临的问题及其与新一代人工智能的关系。

第 2 章介绍大数据知识工程的“三跨”特点和面临的散、杂、乱三个挑战，提出大数据知识工程的“数据知识化→知识体系化→知识可推理”通用研究框架。

第 3～6 章分别介绍大数据知识工程的 4 个核心环节，其中第 3 章总结知识表示的研究现状与趋势，介绍传统的知识表示方法及三种大数据知识表示方法。第 4 章阐述大数据时代碎片知识的获取与融合，介绍知识图谱、逻辑公式和知识森林的自动构建方法。第 5 章阐述知识表征学习的研究现状与趋势，并分别给出知识图谱、异构图和逻辑公式三种不同知识结构的表征学习方法。第 6 章分别阐述传统知识推理方法、带有记忆的推理模型和符号化分层递阶学习模型，并论述知识推理在知识检索和智能问答中的应用。

第 7 章分别介绍教育、税务、网络舆情领域的大数据知识工程应用案例，分别是知识森林个性化导学、智能化税务治理、网络舆情的智能监控。

第 8 章分别从复杂大数据知识获取、知识引导+数据驱动的混合学习、脑启发的知识编码与记忆三个方面论述大数据知识工程的未来研究方向。

第 9 章对全书进行总结。

1.5　本 章 小 结

本章从发展历程、核心思想和重要意义三方面全面介绍了大数据知识工程，为进一步理解大数据知识工程的关键问题提供背景知识。首先介绍知识、知识工程、传统知识工程的基本概念及发展历程。其次通过介绍知识图谱和大数据引入大数据知识工程，并对比了传统知识工程与大数据知识工程的不同。最后给出新一代人工智能和大数据知识工程的关系。大数据知识工程是信息化迈向智能化的必由之路，必将在智能制造、智能医疗、智慧城市、智能农业、国防建设等领域得到广泛应用。

参考文献

[1] FEIGENBAUM E. The art of artificial intelligence[C]. Proceedings of the Fifth International Joint Conference on Artificial Intelligence, Cambridge, Massachusetts, USA, 1977: 1014-1029.
[2] 张钹，朱军，苏航. 迈向第三代人工智能[J]. 中国科学:信息科学, 2020, 50(9): 1281-1302.
[3] SCHREIBER A T, AKKERMANS H, ANJEWIERDEN A. Knowledge Engineering and Management: The Common KADS Methodology[M]. Cambridge: MIT Press, 2000.
[4] JACKSON P. Introduction to Expert Systems[M]. Harlow: Addison-Wesley, 1999.
[5] DURKIN J. Expert Systems: Design and Development[M]. New York: Prentice Hall, 1994.
[6] WATERMAN D A. A Guide to Expert Systems[M]. London: Addison-Wesley Publishing Company, 1985.
[7] LEDERBERG J. How dendral was conceived and born[C]. Proceedings of ACM conference on History of medical informatics, Bethesda, Maryland, USA, 1987: 5-19.
[8] SHORTLIFFE E H, BUCHANAN B G. A model of inexact reasoning in medicine[J]. Mathematical Biosciences, 1975, 23(3): 351-379.
[9] HART P E, DUDA R O, EINAUDI M T. PROSPECTOR——A computer-based consultation system for mineral exploration[J]. Journal of the International Association for Mathematical Geology, 1978, 10(5): 589-610.
[10] BANKS G. Artificial intelligence in medical diagnosis: The INTERNIST/CADUCEUS approach[J]. Critical Reviews in Medical Informatics, 1986, 1(1): 23-54.
[11] HOFMEISTER A M, ALTHOUSE R B, LIKINS M, et al. SMH.PAL: An expert system for identifying treatment procedures for students with severe disabilities[J]. Exceptional Children, 1994, 61(2): 174-181.
[12] DREYFUS H L. From Micro-worlds to Knowledge: AI at an Impasse[M]. Cambridge: MIT Press, 1981.
[13] BERNERS-LEE T. Linked data[EB/OL]. [2022-01-07]. https://www.w3.org/DesignIssues/LinkedData.html.
[14] AUER S, BIZER C, KOBILAROV G , et al. DBpedia: A nucleus for a web of open data[C]. Proceedings of the International Semantic Web Conference, Asian Semantic Web Conference, Berlin, Heidelberg, 2007: 722-735.
[15] BOLLACKER K, EVANS C, PARITOSH P, et al. Freebase: A collaboratively created graph database for structuring human knowledge[C]. Proceedings of the 2008 ACM SIGMOD international conference on Management of data, Vancouver, Canada, 2008: 1247-1250.
[16] VRANDEČIĆ D, KRÖTZSCH M. Wikidata: A free collaborative knowledgebase[J]. Communications of the ACM, 2014, 57(10): 78-85.
[17] MAHDISOLTANI F, BIEGA J, SUCHANEK F. Yago3: A knowledge base from multilingual wikipedias[C]. Proceedings of the 7th biennial conference on innovative data systems research, Asilomar, CA, USA, 2014.
[18] MARX V. The big challenges of big data[J]. Nature, 2013, 498(7453): 255-260.
[19] MAYER-SCHÖNBERGER V, CUKIER K. Big Data: A Revolution That Will Transform How We Live, Work, and Think[M]. Boston: Mariner Books, Houghton Mifflin Harcourt, 2014.
[20] WU X, CHEN H, WU G, et al. Knowledge engineering with big data[J]. IEEE Intelligent Systems, 2015, 30(5): 46-55.
[21] MIKOLOV T, SUTSKEVER I, CHEN K, et al. Distributed representations of words and phrases and their compositionality[C]. Proceedings of the 26th International Conference on Neural Information Processing Systems, Lake Tahoe, Nevada, 2013: 3111-3119.

[22] PETERS M E, NEUMANN M, IYYER M, et al. Deep contextualized word representations[C]. Proceedings of the 2018 Conference of the North American Chapter of the Association for Computational Linguistics, New Orleans, Louisiana, 2018: 2227-2237.

[23] SU W, ZHU X, CAO Y, et al. VL-BERT: Pre-training of generic visual-linguistic representations[C]. International Conference on Learning Representations, Addis Ababa, Ethiopia, 2020: 1-16.

[24] LENAT D B, FEIGENBAUM E A. On the thresholds of knowledge[J]. Artificial Intelligence, 1991, 47(1): 185-250.

[25] BEZEM M. Consistency of rule-based expert systems[C]. 9th International Conference on Automated Deduction, Berlin, Heidelberg, 1988: 151-161.

[26] BENGIO Y, LECUN Y, HINTON G. Deep learning for AI[J]. Communications of the ACM, 2021, 64(7): 58-65.

[27] LECUN Y, BENGIO Y, HINTON G. Deep learning[J]. Nature, 2015, 521(7553): 436-444.

[28] GOYAL A, BENGIO Y. Inductive biases for deep learning of higher-level cognition[J]. arXiv e-prints, 2020: arXiv:2011.15091.

[29] MARCUS G. The next decade in AI: Four steps towards robust artificial intelligence[J]. arXiv e-prints, 2020: arXiv:2002.06177.

[30] LAKE B M, SALAKHUTDINOV R, TENENBAUM J B. Human-level concept learning through probabilistic program induction[J]. Science, 2015, 350(6266): 1332-1338.

[31] 国务院. 新一代人工智能发展规划[EB/OL]. [2017-07-20]. http://www.gov.cn/zhengce/content/2017-07/20/content_5211996.htm.

[32] McKinsey Global Institute. Disruptive technologies: Advances that will transform life, business, and the global economy[R]. San Francisco, CA: McKinsey Global Institute, 2013.

第 2 章　挑战与科学问题

本章首先介绍大数据知识工程中碎片知识的跨源、跨域、跨媒体三个特点；其次阐述由此引发的散、杂、乱三个挑战；最后给出“数据知识化→知识体系化→知识可推理”的大数据知识工程研究框架，凝练出其中的科学问题。

2.1　“三跨”特点

传统知识工程主要遵循“事先（ex-ante）”模式[1]，即问题先于知识库构建。在这种模式中，用户首先提出问题或需求，然后由知识工程师与领域专家沟通，共同建立知识库。知识库中的专家知识通常具有两个特点：一是领域受限。由于专家自身的知识局限性，专家的知识或经验仅涉及一到两个领域，在求解复杂的跨领域问题方面存在不足。二是形式规范。知识工程师通常将专家知识或经验表达为结构化形式，早期主要包括产生式规则（production rule）、语义网络[2]、框架（frame）[3]、脚本（script）[4]等形式。2001 年，Berners-Lee 等[5]提出了以资源描述框架（resource description framework，RDF）为核心的语义网，这也是目前多数知识图谱所采用的知识表达方式。这些知识表达形式遵循严格的语法规范，虽然便于机器直接进行推理计算，但缺少普适性，难以表达非结构化、非规范的多媒体数据（如文本、图像、视频等）中的知识。传统知识工程的上述特点使其只能应对目标明确、边界清晰的问题。

与传统知识工程不同的是，大数据知识工程注重解决实际工程问题。这类问题通常具有场景动态、边界模糊、跨越领域等特点，单纯基于“事先”模式或专家知识很难应对这类问题。如何挖掘、融合大数据中的碎片知识进行问题求解是大数据知识工程的核心问题。与专家知识不同，这类碎片知识具有“三跨”特点。

一是跨源。表现为求解特定问题所需的碎片知识分散在不同的数据源。例如，在我国“金税工程”III期的税收风险识别研制中，为了识别穿越时空、深层隐匿的偷逃骗税行为，需要从来自税务、海关、工商等 16 个数据源，涉及 5000 万个企业 90 个行业的税务大数据中挖掘出碎片知识并进行融合。再如，精确估计公交车到站时间能够提升等车乘客的体验，但国内大量的公交车没有安装 GPS 设备，到站时间估计是一个难题。为此，部分地图程序融合了来自公交车时刻表、实时交通状况、用户移动信息等的碎片知识，能够较准确地估计公交车到站时间。融合碎片知识有助于发挥不同来源碎片知识的互补性，这是求解复杂问题的关键。

但是数据源通常孤立、自治，且彼此之间缺少联系，导致碎片知识之间的语义关联通常高度稀疏且隐式存在，这给碎片知识融合提出了挑战。

二是跨域。很多实际的工程问题属于 Ill-defined 问题，这类问题通常没有明确的边界条件与单一固定的目标，靠单一领域或学科的知识不足以解决，需要引入大量跨领域的碎片知识[6]。典型的这类问题如下所述。

问题 2-1：如何准确地预测空气质量？

问题 2-2：如何评估环境变化对人类健康的影响？

例如，对于问题 2-1，不仅涉及空气质量本身的碎片知识，还需要融合实时交通、气象、道路网等不同领域的碎片知识[7]。对于问题 2-2，该问题涉及人、气候和生态环境等因素，一个好的评估方案需要运用生物学、生态学、医学、气象学、农业学等多领域的知识。

三是跨媒体。传统的数据融合主要针对结构化数据，如来自传感器的数据[8]。然而，大数据知识工程需要融合的碎片知识具有跨媒体特点。除了结构化的符号知识外，碎片知识的载体还包括文本、图像、视频等非结构化数据。要实现这类碎片知识的推理计算，需要解决两个问题：一是如何将单一媒体的碎片知识表征为结构化形式。目前，对于文本形式的碎片知识，可采用向量空间模型（vector space model，VSM）、主题模型（如 PLSA[9]、LDA[10]等）、嵌入模型（如 Word2vec[11]、GloVe[12]、ELMo[13]、BERT[14]等）将其表征为向量或张量（tensor）；对于图像形式的碎片知识，可采用深度学习、稀疏编码（sparse coding）[15]、流形学习（manifold learning）[16]等手段进行表征学习。这些表征方法会导致不同程度的语义缺失，并引入噪声，如何实现富语义表征是一个难题。二是不同媒体的碎片知识具有不同的特征空间，要实现跨媒体推理中的语义互操作，必须解决跨媒体碎片知识的统一表征、关联理解和知识图谱构建等难题[17]。

2.2　散、杂、乱三个挑战

大数据知识工程中的“三跨”特点导致碎片知识的挖掘与融合面临散、杂、乱三个挑战。

（1）散是指碎片知识空间分散、关联稀疏、内容片面，表现为与特定主题或待求解问题相关的知识高度分散在不同数据源，单一数据源通常只涉及少量碎片知识，并且彼此之间缺少关联。例如，在 Google 上搜索“内角和定理”（“平面几何”中的一个知识主题），与之相关的碎片知识（fragment）分散在近 50 万个页面中，大多数页面中只涉及“内角和定理”少数分面（facet）的碎片知识，如“定理描述”和“证明过程”等，并且碎片知识之间缺少显式的关联。再如，对文本中不同距离下的学习依赖关系数量进行了统计分析，结果如图 2.1 所示。其中，横坐标 d 表示学习依赖关系的距离，纵坐标 s 表示不同距离 d 下学习依赖关系数量的比重。通过曲线拟合发现：碎片知识之间的距离越大，该距离下学习依赖关系的数量越稀疏，且学习依赖关系数量的比重 s 与距离 d 的指数函数成反比[17]，即 $S \propto e^{-\beta d}$。式中，β 为分布系数。图 2.1 中，“计算机网络”和“高等数学”课程的分布系数 β 分别为 0.4 和 0.43。

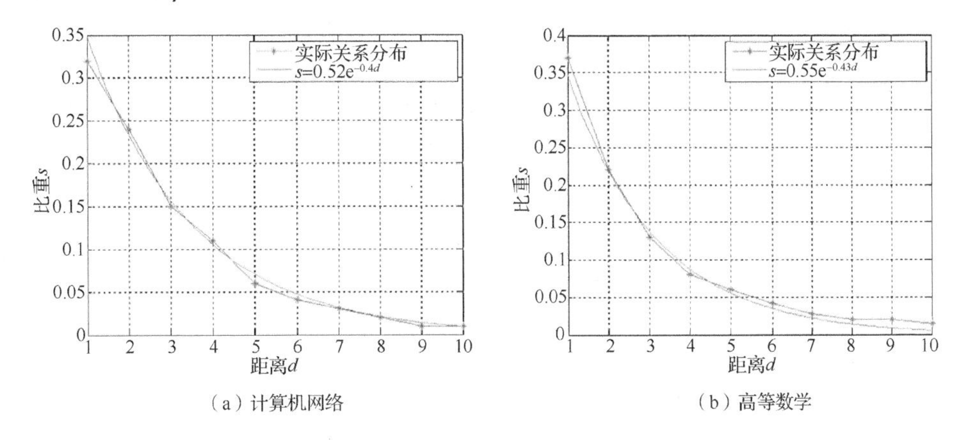

（a）计算机网络　　（b）高等数学

图 2.1　不同距离下学习依赖关系的分布（$S \propto e^{-\beta d}$）[18]

团队针对初中数学、初中物理及计算机专业的数据结构、计算机系统结构等课程中 220 个知识主题（topic）相关的碎片知识在不同数据源的分布情况进行分析。如图 2.2 所示，数据源中碎片知识的分布具有长尾特性，表现为大部分数据源只包含某个知识主题的少量碎片知识，只涉及 1～2 个分面；只有少量数据源，如 Wikipedia、百度百科包含了该知识主题较全面的碎片知识。这进一步表明，靠单一数据源难以提供与主题或问题相关的完整碎片知识。

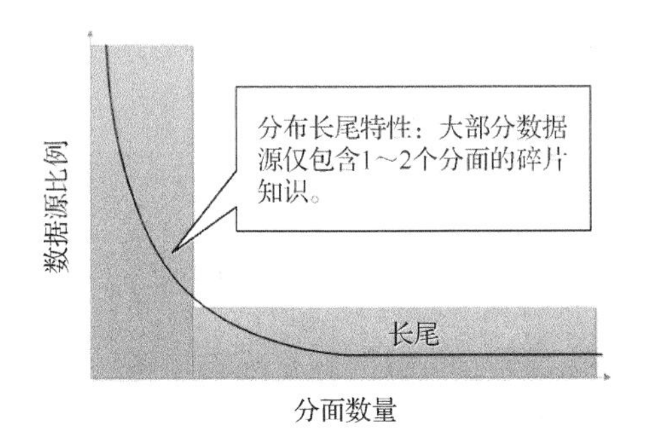

图 2.2　数据源中碎片知识的长尾分布[19]

（2）杂表现为模态多样、良莠不齐。模态多样不仅表现为碎片知识跨媒体，而且同一类媒体的碎片知识也可能包含多种模态。例如，文本碎片知识包含长文本与短文本两种不同的模态，对于前者，简单的 VSM 就能在下游任务（如文本分类）上取得很好的效果；而对于后者，如果仍用 VSM，就会产生高度稀疏的向量，严重影响下游任务的性能。再如，图像碎片知识包含自然图像与人工绘制的示意图（diagram）等不同模态。后者是对事物结构或原理的高度抽象，由线、矩形、圆等简单几何形状或简笔画构成，缺少自然图像中丰富的颜色、纹理等特征。实证分析表明：示意图的尺度不变特征转换（scale-invariant feature transform，SIFT）、加速稳健特征（speeded up robust features，SURF）的特征点数明显少于相同尺寸的自然图像，甚至处于不同量级。进一步实验表明：自然图像上表现很好的 AlexNet[20]、ZFNet[21]、VGG16[22]、ResNet101[23]等模型难以适用于示意图。

要实现不同模态碎片知识的融合与推理，如何表征是一项基础性问题。目前，研究侧重于将语义相近，但模态不同的碎片知识进行统一表征。图 2.3 中不同模态的碎片知识映射到一个公共空间，同类型不同模态的碎片知识在该空间中距离较近。当前最常用的表征方法是子空间学习（subspace learning）[17]，这类方法善于捕获不同模态共有的特征，但是忽略了不同模态碎片知识中表达互补性信息的特征，这类互补性信息对于深度理解碎片知识具有重要作用。如何捕获互补性信息并实现富语义的碎片知识表征目前是一个开放性的问题。

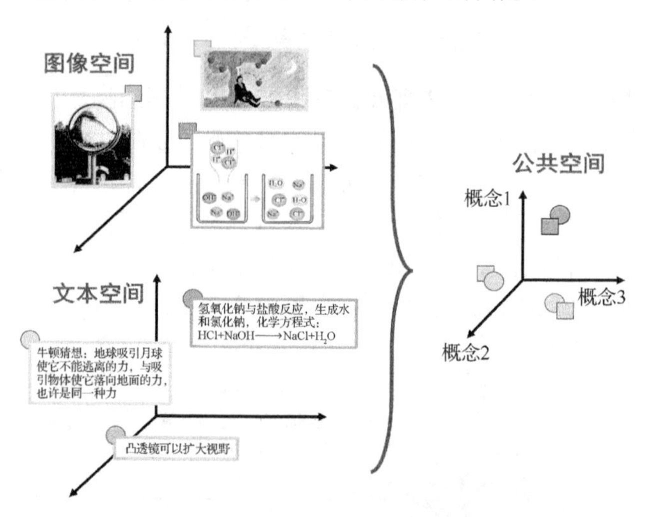

图 2.3　跨媒体统一表征的例子

专家知识通常可信度较高，可用性强。与之相比，海量碎片知识继承了大数据“5V”中的 veracity 特征[24]，质量上存在真实性、自洽性、完备性等问题。特别是随着以去中心化为特点的用户生成内容（user generated content，UGC）模式的兴起，不同数据源的碎片知识呈现出良莠不齐、真伪难辨甚至相互矛盾的状况。例如，图 2.4 展示了一个健康社交网站上关于糖尿病患者吃什么水果好的一系列碎片知识，这些知识彼此不一致，存在自洽性问题。再如，W3C 的关联开放数据（linked open data，LOD）项目管理了大量链接数据源（linked data source），这些数据源采用 RDF 三元组形式<Subject，Predicate，Object> 保存了不同学科、不同领域的人类知识。DBpedia[25]、Freebase[26]、YOGA[27]等属于其中的权威数据源，这些数据源或由人工构建，或从 Wikipedia 中构建，具有较高的信度，可即便如此，仍然存在大量的冲突[28]。例如，Freebase 与 DBpedia 关于北京的 dbp:populationTotal 的数值就存在很大偏差，分别为 20180000 与 21516000。

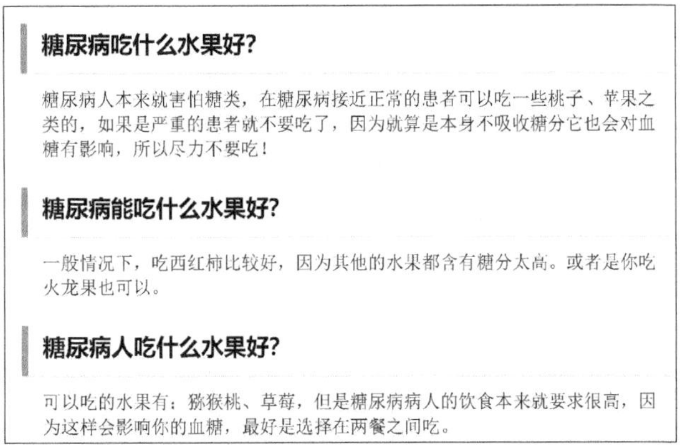

糖尿病吃什么水果好？

糖尿病人本来就害怕糖类，在糖尿病接近正常的患者可以吃一些桃子、苹果之类的，如果是严重的患者就不要吃了，因为就算是本身不吸收糖分它也会对血糖有影响，所以尽力不要吃！

糖尿病能吃什么水果好？

一般情况下，吃西红柿比较好，因为其他的水果都含有糖分太高。或者是你吃火龙果也可以。

糖尿病人吃什么水果好？

可以吃的水果有：猕猴桃、草莓，但是糖尿病病人的饮食本来就要求很高，因为这样会影响你的血糖，最好是选择在两餐之间吃。

图 2.4　碎片知识自洽性问题的实例

该图仅用来举例说明

在计算机科学中，有一个普适的原理称为“垃圾进，垃圾出”（garbage in，garbage out，GIGO），含义是低质的、有缺陷的输入数据不会产生有价值的、有意义的输出结果。GIGO 原理同样适用于大数据知识工程，直接使用低质的碎片知识进行推理计算，很难在实际问题求解中发挥效用。因此，需要解决海量碎片知识的量质转换问题。

（3）乱表现为碎片知识跨域交叉、线索凌乱。在求解实际工程问题，特别是 Ill-defined 问题时，具有很大的局限性。现有的专家系统由于领域局限性很难应对这类问题，需要融合多源、跨域、凌乱的碎片知识，主要面临两个难题：

一是如何识别出求解问题所需的碎片知识？所需的碎片知识通常事先是未知的，候选空间涉及多个来源、多个领域，可能导致组合爆炸问题。Ill-defined 问题的复杂性带来不确定性，进一步加大了识别难度。复杂性体现在三个方面：①问题涉及大量变量，且相互依赖[29]。图 2.5 描述了 2.1 节中问题 2-2 顶层的因果关系，涉及的变量涵盖气候变化、土地退化等维度，且相互交织。②与问题相关的场景具有高度的动态性，各种因果关系使得场景不断演化。③问题通常是多目标的，这些目标可能具有不同的优先级，甚至可能相互冲突。仍以 2.1 节中问题 2-2 为例，保障水资源质量与安全性这一目标和提高农业生态系统的效率就是相互冲突的两个目标。

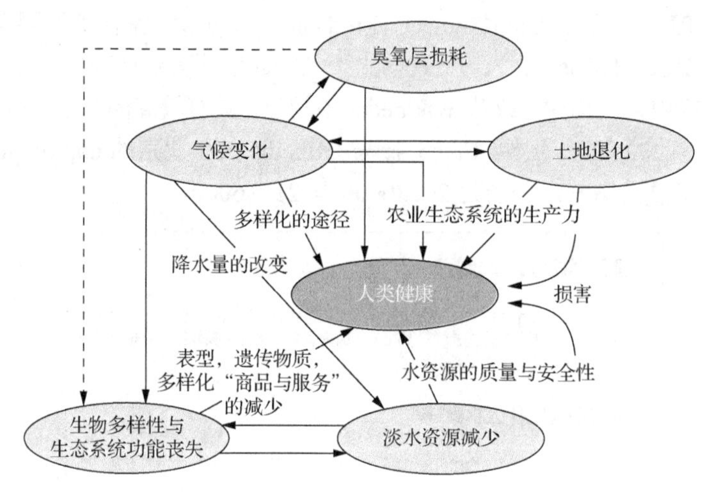

图 2.5　环境变化与人类健康的因果关系[30]

二是如何挖掘碎片知识间的因果关系以形成因果图或证据链？其核心是构建因果模型，即挖掘类似图 2.5 中的因果关系，这是人工智能领域中的基础性问题。不少研究者仍然企图完全依靠数据来构建因果模型，但图灵奖获得者 Pearl 对这一做法的可行性持否定态度。在其与 Mackenzie 合著的 *The Book of Why: The New Science of Cause and Effect* 中，他们认为因果模型应该能够预测干预的结果，但是从原始数据中无法获得有关行动或干预措施效果的信息[31]。更通俗地说，人们只能得到来自真实世界的数据，无法得到反事实世界（counterfactual world）的数据，仅利用数据很难回答诸如“如果我们采取了不同的行动，会发生什么”这样的反事实问题，这类问题是区分相关性与因果关系的重要依据。

2.3　研究框架与科学问题

著名管理学家 Ackoff 在 *From data to wisdom*[32]中首次提出了 DIKW 模型，该模型自底向上刻画了从数据（data）、信息（information）、知识（knowledge）到智慧（wisdom）的层次关系以及不断增值的过程。大数据知识工程需要研究的问题也可以纳入到 DIKW 模型中，对此，提出了如图 2.6 所示的研究框架，包括数据知识化、知识体系化、知识可推理三个阶段。其中，数据知识化阶段通常是离线执行，在给定求解问题之前已经完成；而知识体系化、知识可推理两个阶段通常是在线执行，即需要根据待求解的问题动态跨域融合生成知识体系，据此进一步找出求解问题的推理路径。

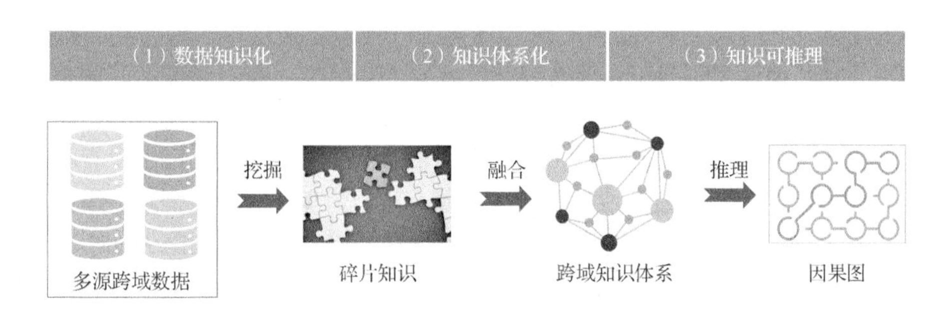

图2.6　大数据知识工程的研究框架

（1）数据知识化。该阶段旨在实现数据增值，进一步可分为三个环节：首先，从多源海量的大数据中挖掘出能够用于问题求解的碎片知识，形式包括文本片段、图像、逻辑规则等；其次，通过去冗消歧，实现碎片知识的量质转换；最后，采用表征学习方法，将不同模态的碎片知识表征到一个低维稠密的公共空间中，为后续推理计算中跨模态互操作提供支撑。该阶段产生的碎片知识与采取输入的数据相比，不仅从规模上得到约简，而且实现了由低质向可信，非结构化向结构化的转化，由此提高了数据的价值密度。

在该阶段，如何对从大数据中挖掘出的多模态碎片知识进行量质转换与统一表征，是大数据知识工程需要解决的第一个科学问题。

（2）知识体系化。该阶段根据实际工程问题将跨域的碎片知识融合成知识体系，实现知识增值，进一步可分为两个环节：

第一个环节：挖掘出碎片知识之间因果、前序等各种语义关系。例如，化学领域的碎片知识“处于高价态的物质具有氧化性”与“氧气具有氧化性”就存在因果关系；在计算机领域，与“线性表”相关的碎片知识和“堆栈”就存在前序关系，表示必须先学习前者，再学习后者。

第二个环节：通过对碎片知识及语义关系进一步非线性融合，能够产生不同于已有碎片知识的新知识，这也符合系统论中“整体大于部分之和”基本原理。一个典型的例子是情报学家 Swanson 提出的生成新知识模式[33]：若文献集 L_{AB} 阐述了主题 A 与 B 之间的语义关系，文献集 L_{BC} 阐述了主题 B 与 C 之间的语义关系，当 L_{AB} 与 L_{BC} 满足互补性与独立性两个条件时，A 与 C 之间的关联可能具有科学意义。利用这种模式，Swanson 先后发现二十碳五烯酸与雷诺病间存在关联[34]、偏头痛和镁间存在关联[35]等新知识。

在该阶段，如何将碎片知识非线性融合生成求解实际工程问题的跨域知识体系，是大数据知识工程需要解决的第二个科学问题。

（3）知识可推理。该阶段根据融合生成的知识体系，找出求解实际工程问题所需的推理路径。当前，机器推理在强监督学习、可微分（differentiable）和封闭静态的场景下具有较好的效果[36, 37]，但实际工程问题通常边界不明确、目标多样、样本不完善，在这类场景下还没有很好的解决方案。当前基于深度学习的机器推理模型具有较强的表征与学习能力，但需要大量训练数据进行归纳学习，很难处理与训练数据分布不同的实例[38]，且大多属于黑盒（black-box）模型，存在可解释性问题[39]。传统符号系统擅长确定性推理，易于刻画显性知识，具有可组合、可解释的优点，但也存在组合爆炸问题[40]，并在不确定性推理、隐性知识刻画等方面存在局限性。仅靠传统符号系统或深度学习难以满足实际中的复杂推理需求，正如 LeCun、Bengio、Hinton 所说，需要融合符号推理和深度学习[41]。此外，推理过程涉及诸多优化目标，包括精准度、时效性、可解释性，这些目标又可分解为多个子目标，因此实际工程问题中的机器推理是一个多步骤多目标组合优化难题。

在该阶段，如何融合跨域知识体系与深度学习进行可解释的机器推理，是大数据知识工程需要解决的第三个科学问题。

2.4 本 章 小 结

大数据知识工程利用碎片知识解决具有场景动态、边界模糊、跨越领域等特点的实际工程问题。本章首先介绍了大数据知识工程中碎片知识的跨源、跨域、跨媒体特点，其次引出碎片知识挖掘与融合中面临的散、杂、乱三个挑战，最后参考 DIKW 模型提出“数据知识化→知识体系化→知识可推理”的大数据知识工程研究框架。

参 考 文 献

[1] 汪建基, 马永强, 陈仕涛. 碎片化知识处理与网络化人工智能[J]. 中国科学: 信息科学, 2017, 4: (2): 171-192.
[2] RICH J B. Semantic Memory: Encyclopedia of Clinical Neuropsychology[M]. New York: Springer, 2011.
[3] MINSKY M. A Framework For Representing Knowledge: Frame Conceptions and Text Understanding [M]. Boston: De Gruyter, 2019.
[4] SCHANK R C, ABELSON R P. Scripts, plans, and knowledge[C]. Proceedings of the International joint conference on artificial intelligence, Tbilisi, USSR, 1975: 151-157.
[5] BERNERS-LEE T, HENDLER J, LASSILA O. The semantic web[J]. Scientific American, 2001, 284(5): 34-43.
[6] LI X S, WU W S, WANG H, et al. How to solve Ill-defined problems intelligently in the big data environment[C]. Proceedings of the Conference on Web intelligence and intelligent agent technology, Virtual Conference, 2020: 922-926.
[7] ZHENG Y. Methodologies for cross-domain data fusion: An overview[J]. IEEE Transactions on Big Data, 2015, 1(1): 16-34.
[8] ZHANG L, XIE Y, LUAN X, et al. Multi-source heterogeneous data fusion[C]. Proceedings of the International conference on artificial intelligence and big data, Chengdu, China, 2018: 47-51.

[9] HOFMANN T. Probabilistic latent semantic indexing[C]. Proceedings of the conference on Research and development in information retrieval, Berkeley, USA, 1999: 50-57.

[10] BLEI D M, NG A Y, JORDAN M I. Latent dirichlet allocation[J]. Journal of Machine Learning Research, 2003, 3(1): 993-1022.

[11] MIKOLOV T, CHEN K, CORRADO G, et al. Efficient estimation of word representations in vector space[C]. Proceedings of the International Conference on Learning Representations, Scottsdale, USA, 2013: 1-12.

[12] PENNINGTON J, SOCHER R, MANNING C D. Glove: Global vectors for word representation[C]. Proceedings of the conference on Empirical methods in natural language processing, Doha, Qatar, 2014: 1532-1543.

[13] ILIĆ S, MARRESE-TAYLOR E, BALAZS J A, et al. Deep contextualized word representations for detecting sarcasm and irony[C]. Proceedings of the Workshop on Computational Approaches to Subjectivity, Sentiment and Social Media Analysis, Brussels, Belgium, 2018: 2-7.

[14] DEVLIN J, CHANG M W, LEE K, et al. Bert: Pre-training of deep bidirectional transformers for language understanding[C]. Proceedings of the North american chapter of the association for computational linguistics: Human language technologies, Minneapolis, USA, 2019: 4171-4186.

[15] YANG J, YU K, GONG Y, et al. Linear spatial pyramid matching using sparse coding for image classification[C]. Proceedings of the conference on Computer vision and pattern recognition, Miami, USA, 2009: 1794-1801.

[16] PLESS R, SOUVENIR R. A survey of manifold learning for images[J]. IPSJ Transactions on Computer Vision and Applications, 2009, 1(8): 83-94.

[17] PENG Y X, ZHU W W, ZHAO Y, et al. Cross-media analysis and reasoning: Advances and directions[J]. Frontiers of Information Technology & Electronic Engineering, 2017, 18(1): 44-57.

[18] LIU J, JIANG L, WU Z, et al. Mining learning-dependency between knowledge units from text[J]. The VLDB Journal, 2011, 20(3): 335-345.

[19] DONG X, GABRILOVICH E, HEITZ G, et al. Knowledge vault: A web-scale approach to probabilistic knowledge fusion[C]. Proceedings of the international conference on Knowledge discovery and data mining, New York, USA, 2014: 601-610.

[20] KRIZHEVSKY A, SUTSKEVER I, HINTON G E. Imagenet classification with deep convolutional neural networks[C]. Proceedings of the advances in Neural information processing systems, Lake Tahoe, USA, 2012: 84-90.

[21] ZEILER M D, FERGUS R. Visualizing and understanding convolutional networks[C]. Proceedings of the European conference on computer vision, Zurich, Switzerland, 2014: 818-833.

[22] SIMONYAN K, ZISSERMAN A. Very deep convolutional networks for large-scale image recognition[C]. Proceedings of the International Conference on Learning Representations, San Diego, USA, 2014: 1-14.

[23] HE K, ZHANG X, REN S, et al. Deep residual learning for image recognition [C]. Proceedings of the conference on Computer vision and pattern recognition, Las Vegas, USA, 2016: 770-778.

[24] MATTMANN C A. A vision for data science[J]. Nature, 2013, 493(7433): 473-475.

[25] AUER S, BIZER C, KOBILAROV G, et al. Dbpedia: A nucleus for a web of open data[C]. Proceedings of the premier international forum for the Semantic Web and Knowledge Graph Community, Busan, Korea, 2007: 722-735.

[26] BOLLACKER K, EVANS C, PARITOSH P, et al. Freebase: A collaboratively created graph database for structuring human knowledge[C]. Proceedings of the international conference on Management of data, Vancouver, Canada, 2008: 1247-1250.

[27] REBELE T, SUCHANEK F, HOFFART J, et al. YAGO: A multilingual knowledge base from wikipedia, wordnet, and geonames[C]. Proceedings of the International semantic web conference, Kobe, Japan, 2016: 177-185.

[28] LIU W, LIU J, WEI B, et al. A new truth discovery method for resolving object conflicts over linked data with scale-free property[J]. Knowledge and Information Systems, 2019, 59(2): 465-495.

[29] DÖRNER D, FUNKE J. Complex problem solving: What it is and what it is not[J]. Frontiers in Psychology, 2017, 8(5): 1153.

[30] INYINBOR ADEJUMOKE A, ADEBESIN BABATUNDE O, OLUYORI ABIMBOLA P, et al. Water pollution: Effects, prevention, and climatic impact[J]. Water Challenges of an Urbanizing World, 2018, 33(3): 33-47.
[31] PEARL J, MACKENZIE D. The Book of Why: The New Science of Cause and Effect[M]. New York: Basic Books, 2018.
[32] ACKOFF R L. From data to wisdom[J]. Journal of Applied Systems Analysis, 1989, 16(1): 3-9.
[33] SWANSON D R, SMALHEISER N R. An interactive system for finding complementary literatures: A stimulus to scientific discovery[J]. Artificial intelligence, 1997, 91(2): 183-203.
[34] SWANSON D R. Fish oil, Raynaud's syndrome, and undiscovered public knowledge[J]. Perspectives in Biology and Medicine, 1986, 30(1): 7-18.
[35] SWANSON D R. Migraine and magnesium: Eleven neglected connections[J]. Perspectives in Biology and Medicine, 1988, 31(4): 526-557.
[36] SHAW J, RUDZICZ F, JAMIESON T, et al. Artificial intelligence and the implementation challenge[J]. Journal of medical Internet research, 2019, 21(7): 13659.
[37] 丁梦远, 兰旭光, 彭茹. 机器推理的进展与展望[J]. 模式识别与人工智能, 2021, 34(1): 1-13.
[38] LENAT D, FEIGENBAUM E. On the thresholds of knowledge[C]. Proceedings of the International joint conference on artificial intelligence, Cambridge, MA, 1992: 185-250.
[39] 张钹, 朱军, 苏航. 迈向第三代人工智能[J]. 中国科学: 信息科学, 2020, 5(9): 1281-1302.
[40] MARCUS G. The next decade in AI: Four steps towards robust artificial intelligence[J]. arXiv preprint, 2020, 2002. 06177(2): 1-59.
[41] LECUN Y, BENGIO Y, HINTON G. Deep learning[J]. Nature, 2015, 521(7553): 436-444.

第3章 知识表示

知识表示是对知识的一组约定，一种可被计算机接受并用于描述知识的数据结构，也是人工智能的一个重要研究课题。应用人工智能技术解决实际问题，须涉及各类知识如何表示。具体地，研究如何合理地表示知识，正确地使用知识，使得问题的求解变得容易和具有较高的求解效率。知识表示是数据结构和控制结构及解释过程的结合，涉及计算机程序中存储信息的数据结构设计，并对这些数据结构进行智能推理演变的过程。本章以知识表示为出发点，首先介绍知识表示研究现状以及传统的知识表示方法，其次从相对静态的事实类知识（知识图谱）向动态的过程类知识（事件图谱）进行延伸，最后介绍高度结构化、体系化、层次化的知识表示——知识森林。

3.1 研究现状与趋势

知识表示是知识应用的基础，知识表示学习问题是贯穿知识系统的构建与应用全过程的核心问题。20 世纪 90 年代，来自美国麻省理工学院（Massachusetts Institute of Technology，MIT）的计算机科学和人工智能实验室（Computer Science and Artificial Intelligence Laboratory，CSAIL）的 Davis 定义了知识表示（knowledge representation）的 5 个特点[1]，包括：①知识表示是客观事物的替代；②知识表示是一组本体约定和概念模型；③知识表示是智能推理的表示基础；④知识表示是用于有效计算的方法；⑤知识表示是人类表达的媒介。

关于知识表示的研究最早可以追溯到语义网络表示方法，它以网络的形式描述概念间的语义关系。典型的语义网络包括 WordNet[2]、Freebase[3]等。其中，WordNet 属于词典类的知识库，定义了名词、动词、形容词和副词之间的语义关系。早期的语义网络缺乏严格的语义理论模型和形式化的语义定义。为解决这一问题，一些具有较好理论模型基础和较低计算复杂度的知识表示框架被提出，如描述逻辑（description logic）语言[4]。描述逻辑是目前多数本体语言的基础。第一个描述逻辑语言是 1989 年由 Brachman 等[5]提出的 KL-ONE。描述逻辑主要用于刻画概念（concepts）、属性（roles）、个体（individual）、关系（relationships）、公理（axioms）等知识表达要素。与传统专家系统知识表示语言不同，描述逻辑更侧重于知识表示能力和推理计算复杂度之间的关系，研究各种表达形式组合带来的查询、分类、一致性检测等推理计算的复杂度问题。

基于语义网络的数据模型资源描述框架（RDF）受到了元数据模型、框架系统和面向对象语言等多方面的影响，其目的是为人们在 Web 上发布结构化数据提供一个表述的框架。与此同时，语义网络进一步集成描述逻辑的研究成果，发展出用网络本体语言（web ontology language，OWL）的标准化本体语言。现代知识图谱，如 DBpedia、Freebase、Schema.ORG、WikiData 等大多以语义网络表示模型为基础进行添加或删减。

早期的基于专家系统的知识表示，以及基于语义网络的知识表示模型，均属于以离散符号为基础的知识表示方法［图 3.1（a）］。其优点是易于刻画显式、离散的知识，因而具有内蕴的可解释性。然而，人类知识中包含大量的不易符号化的隐含知识，由于知识的不完备性，基于符号逻辑的知识表示难以实现有效表达，从而失去稳健性，对一些推理任务更是无能为力。因此，人们的研究重点转向了基于连续向量的知识表示［图 3.1（b）］。

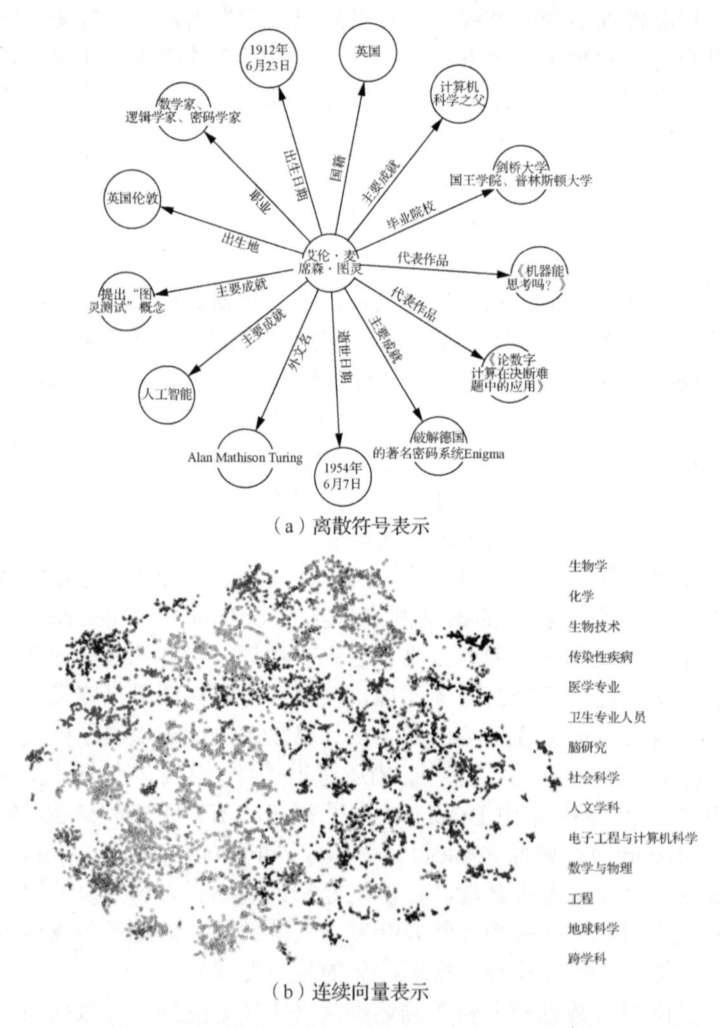

（a）离散符号表示

（b）连续向量表示

图 3.1　离散符号表示与连续向量表示对比示意图

随着知识表示的发展，得益于自然语言处理领域词向量嵌入（word embedding）技术手段，人们开始利用低维稠密向量表示知识。通过嵌入将知识图谱中的实体和关系投射到低维连续向量空间，可以为每一个实体和关系学习出一个低维向量表示（图 3.1）。利用这种方式，可以通过数值计算发现新事实和新关系，因而具有能够表示隐式知识，弱逻辑约束，易于对接神经网络的特点，并能有效发现更多人类不易观察和总结的隐式知识和潜在假设。特别地，知识图谱通常作为一种先验知识辅助深度神经网络模型的训练。图 3.2 总结了知识表示发展的重要时间节点。

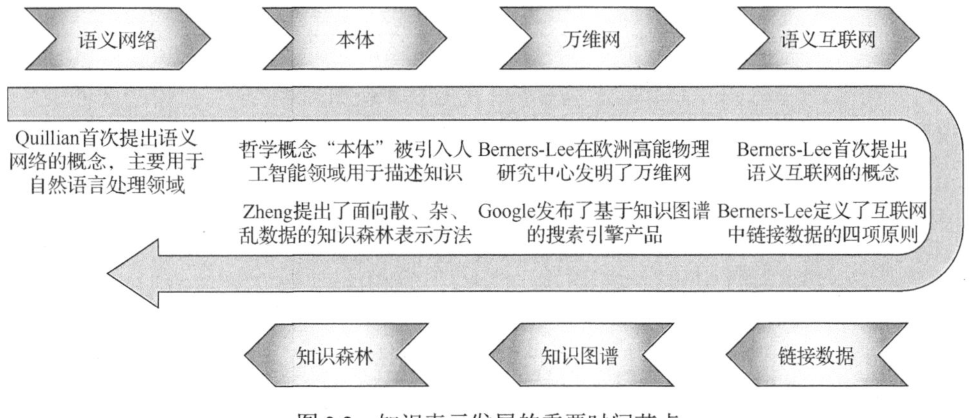

图 3.2 知识表示发展的重要时间节点

综上所述，当前对知识表示方法的研究较之于传统知识表示已经发生了巨大变化。一方面，在复杂大数据场景下，现代知识表示采用以三元组为基础的知识表示，弱化了对强逻辑表示的要求；另一方面，基于向量表示的知识图谱表示使得数据易于被深度神经网络模型集成，从而为基于知识图谱的问答系统开发设计、大数据分析奠定良好的基础。

3.2 传统的知识表示方法

知识表示的目标是利用信息技术将真实世界中的海量信息转化为符合计算机处理模式的结构化数据。本节着重介绍传统的知识表示方法，具体包括一阶逻辑（first-order logic）、霍恩逻辑（Horn logic，HL）、语义网络、产生式规则、框架、脚本理论等。图 3.3 展示了这些传统知识表示方法的优缺点。

（1）一阶逻辑[6, 7]，它是公理系统的标准形式逻辑，与命题逻辑（propositional logic）不同，一阶逻辑支持量词（quantifier）和谓词（predicate）。如在命题逻辑中，以下两个句子表述的是不同的命题，“Terence Tao 是菲尔兹奖得主”（p）、

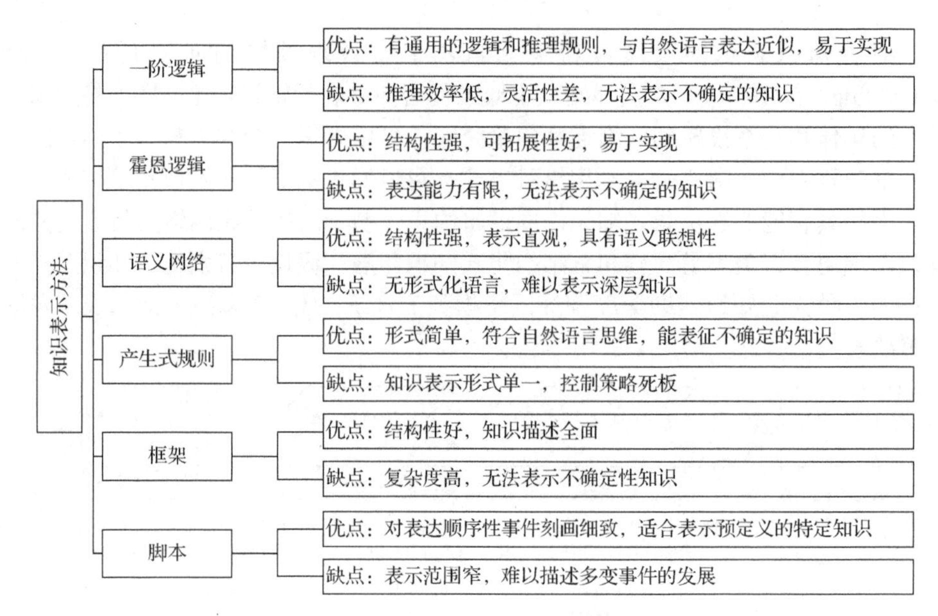

图 3.3　传统知识表示方法的优缺点

“Gregory Margulis 是菲尔兹奖得主”（q）。但是在一阶逻辑里，可仅用谓词和变量表示知识，如菲尔兹奖得主（x）表示 x 是菲尔兹奖得主，其中，菲尔兹奖得主是一元谓词，x 是变量，菲尔兹奖得主是一个原子公式（atomic formula）。

（2）霍恩逻辑[8, 9]，它是一阶逻辑的子集。基于 HL 的知识库是一个霍恩规则的集合。一个霍恩规则由原子公式构成：

$$A_1 \wedge A_2 \wedge \cdots \wedge A_n \rightarrow H \tag{3.1}$$

式中，H 是头原子公式；$A_1, A_2, \cdots, A_n$ 是体原子公式。事实是霍恩规则的特例，它们对应于没有体原子公式且没有变量的霍恩规则。例如，“→菲尔兹奖得主（Terence Tao）”是一个事实，可表示为“菲尔兹奖得主（Terence Tao）”。

（3）语义网络[10,11]，它是由 Quillian 等提出的用于表达人类语义知识且支持推理功能。其形式上是一个带标签的有向图，图中的“节点”用来表示各种概念、事实、状态等。每个节点可以有多种属性，节点间对应的边（又称连接弧）表示语义间的联系、动作。语义网络的基本单元是三元组，具有如下格式：（节点 1，边，节点 2），如（Terence Tao，类型，菲尔兹奖得主）。由于所有节点均通过边相连，因此可以通过图上的操作进行推理。

（4）产生式规则[12-14]，它在一阶逻辑表示基础上，进一步解决了不确定性知识的表示问题。具体地，产生式规则基于三元组（对象，属性，值）或（关系，对象 1，对象 2）进一步加入置信度形成四元组（对象，属性，值，置信度）或（关系，对象 1，对象 2，置信度），以此表示事实，并以 $P \rightarrow Q$ 或者 If　P　Then　Q 的形式表示规则，这种方法可以表示不确定性知识和过程性知识，具有一致性和模块化的优点。

（5）框架[15-17]，它最早由 Minsky 在 1975 年提出，目标是更好地进行自然语言处理和视觉推理。其基本思想：人们对现实世界中各种事物的认知都以一种类似于框架的结构存储在记忆中。当遇见新事物时，会从记忆中搜寻合适的框架，并依据实际情况对其进行补充、修改，从而形成对新事物的认识。在框架系统体系中，类是知识的基本单位，每个类有一些槽，每个槽又分为若干“侧面”。每个槽对应对象的一个属性，而一个侧面用语表示槽属性的一个方面。槽和属性均可以有属性值，分别为槽值和侧面值。

（6）脚本[18]，它是由框架系统发展出的一种表示方法，可以描述事件及时间顺序，已成为基于示例的推理（case-based reasoning）的基础之一。与框架系统类似，脚本理论的原理在于把人类日常事物中的基本概念抽取出来，构成一组原子概念，并确定这些原子概念间的相互关系，然后将事物利用这组原子概念及依赖关系进行表示。从构成上看，脚本用来表示特定领域内的事件发生序列，包含了紧密相关的动作及状态，在知识结构表示上，引入条件、角色、场景等组件作为整个事件的表示，能够细致地刻画一段时间内的步骤和时序关系。

伴随互联网的发展和语义网的提出，知识表示迎来了新的契机和挑战，契机在于语义网为知识表示的发展提供了丰沃的土壤，而挑战在于暂无基于语义网的标准知识表示能够刻画 Web 中的各种信息。由于面向语义网的知识表示标准语言亟须发展，可拓展标记语言（extensible markup language，XML）、RDF、RDF Schema（RDFS）和 OWL 等描述语言被相继提出。

可拓展标记语言作为最早的语义描述语言，它以文档为单位进行知识表示，可用于标记数据以及定义数据类型。通过 XML，用户可以自由设计元素和属性标签。由于不能显式定义标签的语义约束，个性化的标签设置导致 XML 通用性较差。RDF 提供一个统一的标准以“主体（subject）-谓词-宾语（object）”的 SPO 三元组来描述实体和资源。RDF 可以表示为有向图结构，其中谓词作为边，它可以连接主体和宾语的关系，或者连接主体和数据的属性等。但 RDF 中缺乏对类和属性的明确定义，抽象能力不足。RDFS 可以看作 RDF 的拓展，在 RDF 的基础上，对 RDF 中的类、属性及关系提供了模式定义，为 RDF 提供了数据模型和简单的约束规则。但 RDFS 只能声明子类关系，无法对互斥类、多个类或实例进行声明。OWL 则是在 RDFS 的基础上，针对复杂场景，添加了额外的预定义词汇来描述资源，如可以声明数据的等价性、属性的传递性、互斥性、对称性等。然而，这些传统的知识表示方法都是基于符号逻辑，能够刻画显式、离散的知识，无法对真实世界中大量不易用符号逻辑解释的知识进行有效表示，难以胜任对复杂知识实体间的语义关系挖掘。

3.3 知识图谱

3.3.1 知识图谱的定义

定义 3.1 知识图谱（knowledge graph，KG）。知识图谱是一种结构化的语义知识库，用于描述现实世界中的概念及其相互关系。其基本组成单位是“实体-关系-实体”三元组和实体及其对应相关属性-值对（attribute-value pair）。

知识图谱一般以三元组 $G=\{E,R,F\}$ 的形式表示，其中 E 表示实体集合 $\{e_1,e_2,\cdots,e_E\}$，实体 e 是知识图谱最基本的组成元素。R 表示关系的集合 $\{r_1,r_2,\cdots,r_R\}$，关系 r 是知识图谱的边，表示不同实体的某种联系。F 表示事实集合 $\{f_1,f_2,\cdots,f_F\}$，每个事实 f 又被定义为一个三元组 $(h,r,t)\in f$。其中，h、r 和 t 分别表示头实体、关系和尾实体。实体 e 指代客观存在并能相互区分的事务，可以是具体的人、物、事件等，也可以是抽象的概念。事实 f 的基本类型可以用三元组表示为（实体，关系，实体）和（实体，属性，属性值）等。在事实中，实体一般指代特定的对象和事务，如具体的某个人物或者地名等；关系表示实体间的某种外在联系；属性和属性值表示一个实体特有的参数名和参数值。（实体，关系，实体）三元组可以表示为有向图结构，以单向箭头表示非对称关系，而以双向箭头表示对称关系。

知识图谱最初是由 Google 提出用来优化搜索引擎的技术，与传统的专家系统和知识工程依靠手工获取知识的途径不同，知识图谱以 RDF 三元组和属性图表示知识，其目的在于从数据中识别、发现并推断事物与概念间的复杂关系，是事物关系的可计算模型。知识图谱不仅可以改进搜索质量，提供与检索对象直接相关的信息，并能提供搜索问题的答案。知识图谱可将位置分散、内容片面的海量资源整合成内容完整、便于获取及学习的知识，极大地缓解了海量资源引起的信息过载问题。知识图谱的构建涉及知识建模、关系抽取、关系推理、实体融合等内容，而知识图谱可以用于知识问答、语言理解、决策分析等多个领域，构建一个完备的知识图谱需要系统性的知识，包括自然语言处理、机器学习、数据库等多方面的技术。本书将在 4.2 节具体介绍知识图谱的自动构建。

3.3.2 知识图谱的分类

从知识图谱的构建过程来看，可大致分为两类：一类是早期的知识库，通常由人类专家手工构建，其优点在于准确率高、可信度好，但存在构建过程复杂、资源消耗大、覆盖范围有限等缺点。典型的早期知识库包括 WordNet[2]、ConceptNet[19]等。其中，WordNet 是由普林斯顿大学认知科学实验室于 1985 年开始构建，主要用于词义消歧。其定义了名词、动词、形容词和副词之间的语义关系。例如，名词之间的上下位关系，如“American”是“Hawaiian”的上位词。WordNet包含超过15万个词和20万个语义关系。ConceptNet是由麻省理工学院媒体实验室于1999年开始构建，其采用了非形式化、类自然语言的描述，偏向表达词与词之间的关系，主要由三元组形式的关系型知识构成，包含了超过2800万个关系描述。

另一类是从开放的互联网信息中自动抽取实体与关系构建的知识图谱，这类知识图谱规模庞大，允许任何人在遵循开源协议和开放性原则的前提下进行访问、使用、修改和共享，典型的开放知识图谱包括Freebase[3]、Wikidata[20,21]等。Freebase是MetaWeb从2005年开始研发的大规模链接知识库，作为谷歌知识图谱的数据来源之一，其包含了多种主题和类型的知识，如人类、媒体、地理位置等信息。Freebase采用RDF三元组表示，以图数据库的形式进行存储，包含约4400万个实体及29亿条相关的事实。Wikidata是由维基百科从2012年开始研发的多语言大规模链接知识库，它以三元组形式存储知识条目，如“NewYork”的条目为“<NewYork，IsAStateOfTheUnitedOf，America>”。Wikidata包含超过9610万个知识条目。但因数据源具有散、杂、乱的特点及自动抽取算法不完全精确，基于自动构建的知识图谱往往存在大量不完整信息、噪声等。

伴随工业界及学术界对知识图谱研究的不断发展，中文的知识图谱纷纷涌现，与英文知识库相比，中文数据存在语义复杂多样、结构内涵丰富的特点，且包含的（半）结构化数据有限，为知识图谱的构建提出了巨大挑战。当前中文的知识图谱主要包括Zhishi.me[22]和CN-DBpedia[23]等。Zhishi.me和CN-DBpedia均通过从百度百科、互动百科和维基百科中提取结构化知识，采用固定的规则将它们等价的实体链接起来，前者包含了超过1000万个实体和1.25亿个三元组，后者包含了940万个实体和8000万个三元组。

领域知识图谱则是面向特定领域（如军事、交通、医疗等）所构建的知识图谱，用于数据分析和辅助决策，具有知识结构复杂、知识质量高、粒度细等特点。典型的领域知识图谱包括经济知识图谱[24]、医疗知识图谱[25]、军事知识图谱[26]等，具体内容见表3.1。在描述知识的范围上，领域知识图谱不仅刻画确定性的知识，而且可以刻画不确定的知识（在关系边上标注置信度信息），这些知识组织可以表示整个领域知识全景。借助于本体表示框架，领域知识图谱可以对领域的整个知识体系，包括上下位概念体系、属性关系结构信息等进行描述，并对人类认知能力进行模拟。抽象能力和概括能力是实现人类认知的两个必备能力之一。其中，抽象能力就是在思维活动中，通过对事物整体性的科学分析，把事物的本质方面提取出来，舍弃非本质的东西，从而形成概念和范畴的思维能力。美国心理学家贾德认为，概括是产生学习迁移的关键，学习者只有对他的经验进行了概括，获得了一般原理，才能实现从一个学习情景到另一个学习情景的迁移，从而“举一反三”“闻一知十”。概括能力是智能的基本功，儿童将知识概括化的过程就是将知识结构转化成认知结构的过程，就是将知识智能化的过程。知识图谱中的概念以及概念之间的上下位关系可以对应于抽象能力，知识图谱中事实之间的相关性可以为知识之间的概括和迁移能力提供帮助。

表 3.1　部分中文领域知识图谱一览表

知识图谱	研发机构	领域	备注
SciKG	清华大学	科学研究	描述计算机领域的发展，实现领域专家与论文的推荐和搜索
影视双语知识图谱	清华大学	影视	融合 LinkedIMDB、百度百科、豆瓣等数据源
基于 CNSchema 的城市知识图谱	浙江大学	交通	包含上海市公交站点、地铁站点静态数据及事件流动数据（如刷卡进出站等）
空气质量语义描述	浙江大学	环境	增加上下文语义描述空气质量数据，可链接至疾病、健康等数据
中国旅游景点知识图谱	中国科学院自动化研究所	旅游	包含中国主要旅游景点的描述
微观经济学知识库	深圳市爱智慧科技有限公司	经济学	关于微观经济学的知识图谱，面向经济金融领域的问答推理
疾病术语集	开放医疗和健康联盟	医学	包含疾病实体及疾病的术语集
中医药知识图谱	中国中医科学院中医药信息研究所	医学	由多个医学领域知识图谱组成，包括中医医案知识图谱、中医特色诊疗技术知识图谱、中医养生知识图谱、中医药学语言系统等
星河知识图谱	摄星智能科技有限公司	军事	国内防务领域最大规模知识平台，全域军事知识智能服务应用平台

3.3.3　知识图谱的存储

随着知识图谱规模的日益增长，其数据存储及管理的问题愈加突出。在完成知识图谱的构建后，需以适当的格式进行存储，以方便完成后续的查询与推理任务。知识图谱的主要数据模型有 RDF 图（RDF graph）和属性图（property graph）两种。

RDF 三元组库主要是由语义网领域推动开发的数据库管理系统，其数据模型 RDF 图和查询语言 SPARQL 都遵循 W3C 标准。查询语言 SPARQL 从语法上借鉴了 SQL 语言，属于声明式查询语言。其中，SPARQL 1.1 版本包含了多种针对 RDF 三元组集合的查询模式，如三元组模式（triple pattern）、基本图模式（basic graph pattern）和属性路径（property path）等。图数据库则采用属性图存储和管理图模型数据，其上的声明式查询语言非常丰富，包括：Cypher、PGQL 和 G-Core。Cypher 是开源图数据库 Neo4j 中的图查询语言；PGQL 是 Oracle 公司开发的查询语言；G-Core 是关联数据基准委员会（Linked Data Benchmarks Council，LDBC）组织设计的图查询语言。

当前基于三元组库和图数据库的通用存储方法可大致分为三类：①基于关系的存储方案包括三元组表、水平表、属性表、六重索引和 DB2RDF 等；②面向 RDF 的三元组库包括商业系统 Virtuoso、AllegroGraph、GraphDB，开源系统 Jena、RDF-3X、gStore 等；③原生图数据库包括 Neo4j、Taitan、JanusGraph、OrientDB 等。基于关系的存储系统的成熟度较高，在硬件性能和存储容量允许的条件下，能够实现千万级别到十亿级别三元组的管理。研究表明，关系数据库 Oracle 12c 搭配空间和图数据（spatial and graph）拓展组件可以管理的三元组数量可达 1.08 万亿条。近年来，以 Neo4j 为代表的图数据库系统迅猛发展，它以网状而非表的形式表示数据，因此可用于存储丰富的关系数据。Taitan 是图形数据库的代表之一，主要在集群环境中使用，它支持分布式，满足分布式的容易扩展等特性，在处理大规模的图形上具有优势。尽管使用图数据库管理 RDF 三元组是一种好的方法，但当前大多图数据库还不支持 RDF 三元组存储，针对这种情形，通常采用数据转换的思路，先对 RDF 进行预处理，转换成图数据库支持的形式（如图属性模型），再进行后续管理操作。

随着三元组库和图数据库系统的不断发展，知识图谱的存储和管理方式呈现多样化的趋势，当前还未有一种数据库系统被广泛接纳成为主流，该领域也是知识图谱的重要研究方向。

3.4　事 件 图 谱

近年来，随着知识图谱技术被广泛应用于互联网数据中知识的结构化表征，大量通用型知识图谱（如 Google KG[27]、DBpedia[28]、YAGO[29]等）被构建并逐步成为各类信息检索系统的数据底座。然而，面对当前互联网新媒体逐渐取代传统媒体所引发的事件类信息（如“美国大选”“新型冠状肺炎疫情”“2022 北京冬奥会”等）在网络数据中的激增，上述通用型知识图谱因其一般性的数据模型，无法提供信息聚焦于事件相关应用场景需求的知识表征服务。在此背景下，事件图谱（event knowledge graph，EKG）作为通用型知识图谱的一种扩展或变形被陆续提出[30-32]，旨在为互联网新闻事件报道及社交媒体中的事件类数据提供结构化表征的新型数据结构，以支撑事件相关信息高效检索与分析的各类实际应用。

相较于通用型知识图谱，事件图谱强调以事件类实体为中心，通过建模一定时间段内事件及其关联实体间的时序关系来刻画真实世界中事件动态演化知识网络。得益于其自身对大规模事件类数据的高效存取，事件图谱开始逐渐活跃于各类事件信息系统应用场景中。其中，时间线生成（timeline generation）目标是为用户给定的查询实体（如特定人物、特定组织或特定事件）生成确定时间段内的直观时序事件流，以呈现查询实体基于相关事件的演化脉络[33, 34]。使用事件图谱，借助查询实体与事件间的从属关系快速获取并筛选得到相关事件集合，并借助事件间丰富的时序关系进行事件流生成[35]。此外，事件问答系统（event-centric question answering）作为一种特定领域的问答系统，主要面向事件类相关查询提供问答服务[36]。同样借助事件图谱，该类问答系统可基于各种时序关系高效定位和处理包含多时间变量的复杂事件相关问题[37]。

3.4.1　事件图谱的定义

继承知识图谱基于图结构的知识组织方式，事件图谱同样可被表示为由事件及相关实体和各种时序关系所组成的知识网络。基于此，并参考已有的事件图谱[30-32]，现设计如图 3.4 所示的包含两个事件（“2022 北京冬奥会申请”和“2022 北京冬奥会举办”）的简易事件图谱示例，并由此给出事件图谱的一般性定义。

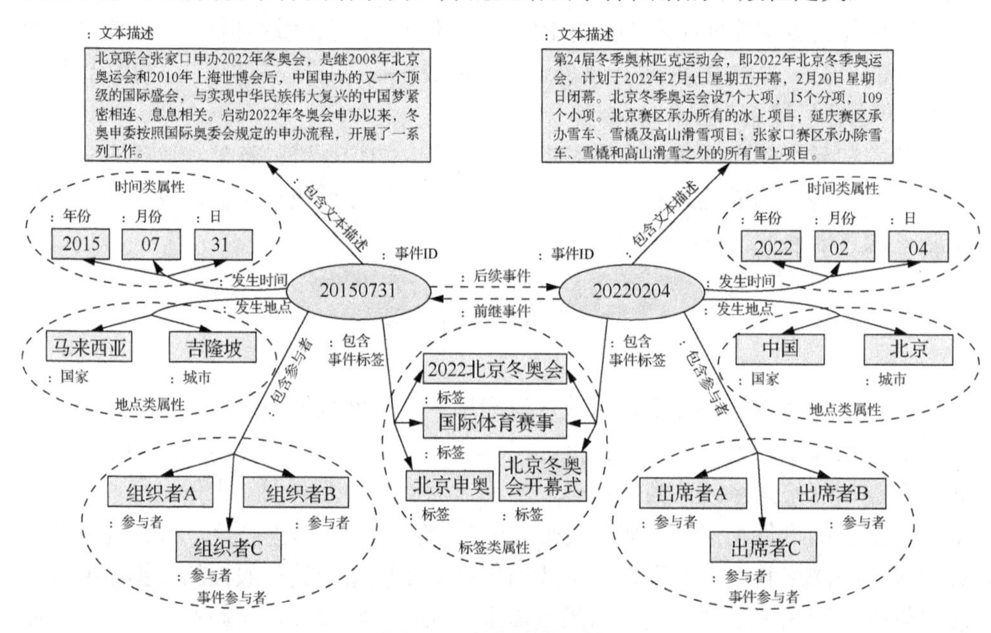

图 3.4　事件图谱示例

定义 3.2　事件图谱。事件图谱可表示为一个有向异质图$\mathcal{G}=(\mathcal{E},\ \mathcal{R})$。其中，节点集合$\mathcal{E}$用以表示抽象的事件实体及与之相关的一般性抽象实体；边集合$\mathcal{R}\subseteq\mathcal{E}\times\mathcal{E}$用以表征各类实体间的关系。此外，事件图谱中一条事实通过三元组表示为$f=\langle h,r,t\rangle$，其中，$h,t\in\mathcal{E},\ r\in\mathcal{R}$。

基于以上定义，事件图谱中包含事件类实体（见图 3.4 中椭圆状实体）和一般性实体（见图 3.4 中矩形状实体），分别表征特定事件和事件关联的通用实体（如人物、地点等）。为准确描述该两类实体，现将事件图谱中实体具体定义如下：

定义 3.3 事件图谱实体（entities in EKG）。事件图谱中的实体集合可表示为 $\mathcal{E}=\mathcal{E}_{\text{event}}\cup\mathcal{E}_{\text{usual}}$。其中，事件类实体 $\mathcal{E}_{\text{event}}$ 唯一表示现实世界中发生的特定事件，主要通过事件统一标识符 e_{uri} 和时间信息 e_{time} 进行具体表征，即 $e=\left[e_{\text{uri}},e_{\text{time}}\right]\in\mathcal{E}_{\text{event}}$；而一般性实体 $\mathcal{E}_{\text{usual}}$ 通过和事件类实体相关联用以表示事件发生相关地点、人物和组织等属性特征。

此外，上述事件图谱实体间存在多种关联关系。根据关系所关联实体的类别，现将事件图谱中的关系划分为三大类：事件间关联（图 3.4 中虚线箭头）、事件及其属性间关联（图 3.4 中实线箭头），并给出以下具体定义：

定义 3.4 事件图谱关系（relations in EKG）。事件图谱中的关系集合可表示为 $\mathcal{R}=\mathcal{R}_{\text{ee}}\cup\mathcal{R}_{\text{eu}}\cup\mathcal{R}_{\text{uu}}$。其中，$\mathcal{R}_{\text{ee}}\subseteq\mathcal{E}_{\text{event}}\times\mathcal{E}_{\text{event}}$ 用来表示事件间时序关系和相关的关联关系；$\mathcal{R}_{\text{eu}}\subseteq\mathcal{E}_{\text{event}}\times\mathcal{E}_{\text{usual}}$ 用来表示事件和与其属性相关的一般性实体间的关联关系；$\mathcal{R}_{\text{uu}}\subseteq\mathcal{E}_{\text{usual}}\times\mathcal{E}_{\text{usual}}$ 用来表示一般性实体间客观存在的关联关系。

基于以上定义，通用型知识图谱与事件图谱的主要区别如表 3.2 所示。

表 3.2 通用型知识图谱与事件图谱的主要区别

图谱类型	实体内容	关系内容	数据来源	应用场景	关注问题	面临挑战
通用型知识图谱	一般性概念，面向全领域常识性知识且强调广度	各类实体间复杂的联系，无具体类型偏好	百科类网站为主	主要面向通用知识检索	关注知识概念之间的关系	知识图谱的补全和去噪
事件图谱	以事件及事件相关属性为主	以时序关系、共指关系、从属关系和因果关系为主	新闻类网站为主	主要面向事件分析和决策	关注事件之间的关系	事件的识别抽取和事件关系的生成

3.4.2 事件图谱的数据模型

在事件图谱实际应用中，首先需构建满足图谱定义的数据模型以明确数据表征范围和具体形式。一般而言，为事件图谱构建数据模型需实现以下目标：①在实体层面，为事件类实体及与其相关的一般性实体的关键属性进行规范化表征；②在关系层面，对各类实体间的关联关系进行梳理和具体定义。此处为详细说明构建策略，为基于 W3C 提出的 RD 构建如图 3.5 所示的事件图谱数据模型简易示例。在构建中，将在 RDF 提供的丰富命名空间（namespace）基础上，引入 ekg 这一新命名空间对事件相关实体和关系进行表征。

（1）实体数据模型构建。为表示事件类数据中的相关实体，在 ekg 命名空间下引入一个事件类来对事件类实体进行表征，同时为表示事件相关属性，进一步引入两个属性类来对一般性实体进行表征。根据图 3.5 所示，各实体类具体定义如下。①ekg:Core：所有事件类实体的抽象元类，可实例化为任意事件相关实体。其

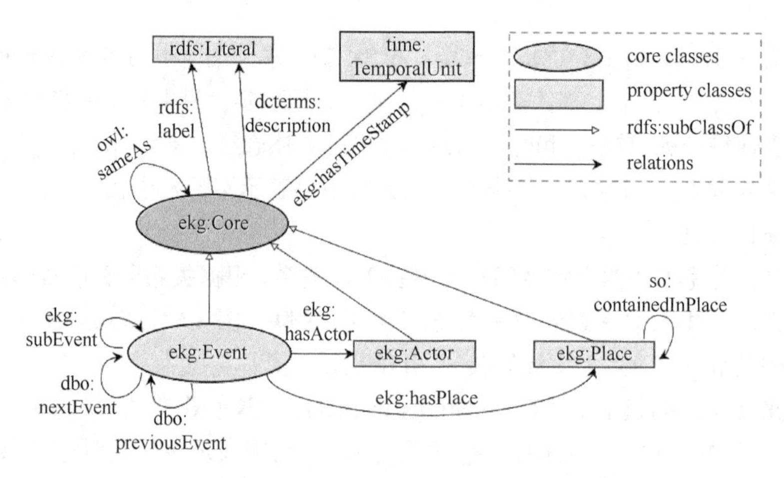

图 3.5　事件图谱数据模型简易示例

主要与 rdfs:Literal 和 time:TemporalUnit 两个 RDF 中属性类相关联，分别表示事件的类型标签、基本描述和时间戳信息。②ekg:Event：对事件类实体进行表征，为 ekg:Core 子类。③ekg:Actor 和 ekg:Place：两个属性类，分别表示事件相关参与者实体和事件发生地点实体，都为 ekg:Core 子类。

（2）关系数据模型构建。为明确事件图谱中的关联关系，在此分别对应事件图谱定义中三种关系类型引入图 3.5 中关系数据模型定义。①事件实体间关系：主要包含三种关联关系，dbo:previousEvent 和 dbo:nextEvent 为 RDF 中已有的关系定义，分别表示某一事件同其前继事件和后续事件间的时序关系；ekg:subEvent 为 ekg 命名空间下的关系，用来描述某一事件同其子事件间的附属关系。②事件实体与一般实体间关系：主要包含事件同其所有属性类实体之间的描述关系，其中 ekg:hasActor 和 ekg:hasPlace 分别用来表示事件实体同人物实体间的参与关系和同地点实体间的发生所处关系。③一般实体间关系：主要包含一般实体间客观存在的关系事实，如 so:containedInPlace 用来表示多个地点实体间地理范围上的隶属关系。

3.4.3　常见事件图谱

随着图谱构建技术的日益成熟，已有数量众多的事件图谱在学术界及工业界出现。其中，按其所包含事件类型可分为通用型事件图谱和领域型事件图谱：通用型事件图谱强调事件覆盖广度，主要包括以全球事件、语音、音调资料库（global database of events，language and tone，GDELT）[32]、百度事件图谱[38]等为代表的大型事件图谱构建项目；而领域型事件图谱则面向特定领域以服务具体场景，主要以综合危机预警系统（integrated crisis early warning system，ICEWS）、政治事件网络[30]等领域图谱为主。

通用型事件图谱起源于事件类数据的搜集整理，最早可追溯至 20 世纪 60 年代[39]，主要用于为各国国内政策提供决策支持和实施反馈[40]。在该阶段，由于数据搜集及存储技术的限制，并未形成成熟的事件图谱。直至 21 世纪初，GDELT 项目成立后，成形的事件图谱才开始出现。GDELT 是由乔治城大学的 Kalev Leetaru 成立的，用以构建覆盖全球人类社会新闻事件的巨型数据网络项目[32]。该项目数据时间跨度为从 1979 年至今，并仍以每 15 分钟更新一次的频率持续扩充。对搜集的数据，此项目首先使用机器翻译将其统一为英文，其次从每个新闻事件中抽取主题、情感倾向、位置、人物或组织等相关信息，最后将其编码至已有的事件图谱中。此后，除学术机构外，以百度事件图谱[38]为代表的来自工业界的研究推动了通用型事件图谱的大规模应用。当今，百度事件图谱已收录各类事件千万条以上，并以分钟级时效性持续增长更新。同时，基于该图谱所开发的搜索引擎、事件脉络生成系统、金融事件归因及预测平台等已广泛应用于各行业实际场景中。

领域型知识图谱是对通用型事件图谱的进一步发展，主要解决了在特定领域的场景需求中通用型事件图谱无关信息过多所引起的信息冗余和复杂低效问题。相关研究起源于由美国国防高级研究计划局主导构建的国家危机预警系统 ICEWS，其构建了覆盖全球 250 多个国家和地区的事件图谱，因为其使用场景以军事、政治为主，所以主要侧重于各种宗教暴动和战争叛乱等冲突类事件[41]。此政治军事领域事件图谱虽起步较早，发展较为成熟，但因其政府背景无法公开获取。因而，在学术机构的主导下，此后又陆续出现了开源的领域型事件图谱。例如，来自西安交通大学的 Chen 等[30]提出了政治事件网络的概念，其通过设计文本类政治事件抽取流程和政治事件网络数据模型构建了中文政治事件图谱，并介绍了各种基于该图谱的政治事件分析方法。

3.5 知 识 森 林

知识森林是一种支持多源碎片化知识“分面聚合+导航学习”的教育知识图谱模型。本节主要介绍知识森林的提出背景、形式化定义和数据存储模型。

3.5.1 知识森林的提出背景

知识森林（knowledge forest）是一种面向智慧学习的知识图谱，用于聚合知识碎片，为在线学习者提供智能导学服务。知识森林的提出有三方面原因：①受到认识论中“既见树木，又见森林”知识表达方式的启发，提出知识森林的概念和想法，用“树叶-树木-森林”结构分别对应表征“碎片知识-主题知识-知识体系”。实际应用表明，知识森林模型符合知识体系的层次结构、聚集特性等特点。②问题倒逼，目标驱动。碎片化是共性特征，具有散、杂、乱的特点。如何将散、杂、乱的大规模碎片知识，按照知识之间的语义关系，实现层次化、主题化、结构化的表征。这是提升碎片化知识可用性的关键，也符合系统论中“整体大于部分之和”的基本原理。③传统知识表达方式不适用。以专家系统为代表的知识工程，采取逻辑规则知识表达方式，后来提出的本体、语义网络等表示方法，也不能同时满足层次化、主题化、跨领域知识表示的需求。

对于知识点“三角形的内角和定理”，与其相关的碎片化知识分散在维基百科、百度百科、Quora 等多个知识源。而且，单一知识源中知识的不完整性易引发认知片面问题，多个知识源的孤立自治割裂了知识间固有的认知关系。知识森林采用“分面聚合”与“导航学习”相结合的策略，形成如图 3.6 所示的知识组织形式。其中，“分面聚合”指通过由主题-分面结构形成的分面树（facet tree）聚合碎片化知识。例如，“三角形的内角和定理”的分面树中，树干是该主题本身，树枝是“证明方法”“相似定理”“提出者”等多个分面，树叶是描述某一特定分面的文本、图像、视频等碎片知识。“导航学习”指为用户规划一条由知识主题间学习依赖关系（learning dependency）组成的导学路径。例如，图 3.6 中的导学路径“三角形定义→内角定义→内角和定理”表明在学习“三角形的内角和定理”之前要先学习“三角形定义”与“内角定义”。

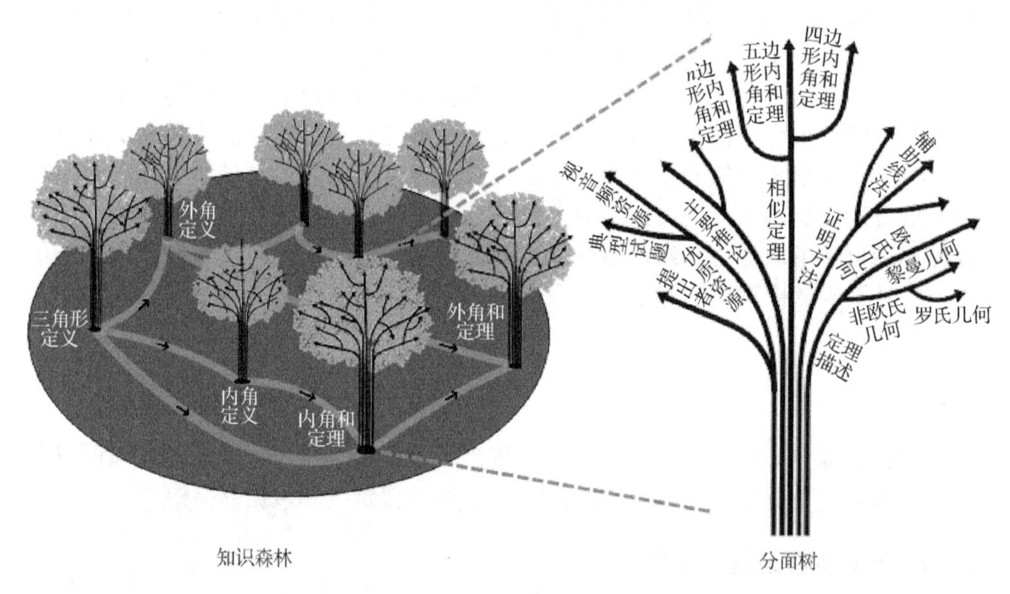

图 3.6　与“三角形”相关的知识森林实例

知识森林中的分面树与学习依赖关系有助于缓解知识碎片化对知识获取与认知带来的挑战。分面树不仅能够展示知识主题的完整分面，实现对该主题全方位的认知，还能帮助学习者以分面导航方式快速定位碎片化知识。知识森林中的学习依赖关系是实现导航学习的依据，不仅能缓解碎片化知识结构无序导致的迷航问题，而且能通过对知识内在结构的可视化提高学习效率[42]。

3.5.2　知识森林的定义

知识森林的构成过程中包含知识主题、分面、碎片知识三大基本要素。其中，①主题指现实世界中真实存在并且可以和其他物体区分开的特定对象或者物体。一般可以用一系列的属性来描述这个对象或物体，如常见的人物、地点和组织等。知识森林中的主题指课程中的某一知识点，可以理解为课程中的知识单元，如“二叉树”、“堆栈”和“数组”等。表 3.3 中列出了数据结构、高等数学、操作系统三个领域下的部分知识主题。②分面指主题的某一具体维度或视角，如“二叉树”的“定义”、“特征”和“应用”等。分面的概念最早由“印度图书馆学之父”Ranganathan 提出，其旨在表示图书文献的多维属性[43]。不同分面间存在平面和层次两类关系。平面分面指分面都属于同一平面，不具备其他关系，也称为扁平化分面。例如，主题“二叉树”下的“定义”、“特征”、“举例”和“应用”等分面属于同一扁平化层级，不具备层次关系。层次分面指某个主题下的分面具有父子关系，即上位分面与其下位分面组成层次分面结构。例如，“二叉树”的“操作”分面与“删除”分面为父子关系，“删除”分面与“删除叶子节点”分面为父子关系。表 3.4 中展示了数据结构课程下三个主题的分面集。③碎片知识指特定主题在某个分面上的知识，可表现为文本、图像等多种媒体形态。例如，“二叉树是指树中节点的度不大于 2 的有序树，它是一种最简单且最重要的树”是知识主题“二叉树”下“定义”分面的一个文本碎片知识。

表 3.3 数据结构、高等数学、操作系统三个领域下的部分知识主题

领域	知识主题
数据结构	逻辑结构、物理结构、顺序表、链表、树、二叉树、红黑树、B 树、有向图、无向图、索引、散列、快速排序、希尔排序……
高等数学	集合、极限、映射、连续性、导数、偏导数、微分、积分、全微分、微分中值定理、常微分方程、梯度、曲率、高斯公式、级数……
操作系统	处理器调度、内存调度、磁盘调度、文件、进程、线程、同步互斥、多处理器操作系统、用户界面、系统调用、微内核、上下文切换……

表 3.4 数据结构课程下三个主题的分面集

知识主题	分面集
二叉树	一级分面：定义、特征、举例、应用、实现、构建、存储、操作、编码 二级分面：递归定义、图论定义、物理存储、逻辑存储、插入操作、删除操作、遍历操作 三级分面：删除叶子节点、删除内部节点
栈	一级分面：定义、特征、举例、应用、实现、操作 二级分面：入栈操作、出栈操作
冒泡排序	一级分面：定义、特征、举例、应用、实现、复杂度、原理、稳定性 二级分面：空间复杂度、时间复杂度

基于上述三大基本元素，给出分面树、实例化分面树和知识地图的定义。

定义 3.5 分面树。知识主题通常具有更细粒度的分面结构，每个分面对应该主题的一个子主题。对于知识主题 $t_i \in T$ ，由其分面集合 F_i 、主题-分面关系

$TF_i \subseteq \{t_i\} \times F_i$ 以及分面间的从属关系 $FR_i \subseteq F_i \times F_i$ 构成的以 t_i 为根节点的树状结构，称为分面树，可表示为二元组 $FT_i = (F_i \cup \{t_i\}, TF_i \cup FR_i)$。

图 3.7 是数据结构课程中主题“堆栈”的分面树。由图中可以看到，“堆栈”包含了“操作”“定义”“应用”“存储结构”“逻辑结构”等分面。其中，“链栈”和“顺序栈”是“存储结构”更细粒度的分面。主题分面树有助于形成对特定知识主题各个分面的全方位展示，符合人类“始于整体性知觉，整体到局部”[44]的认知特点，有助于避免碎片化知识的内容片面性导致的认知片面与偏差问题。

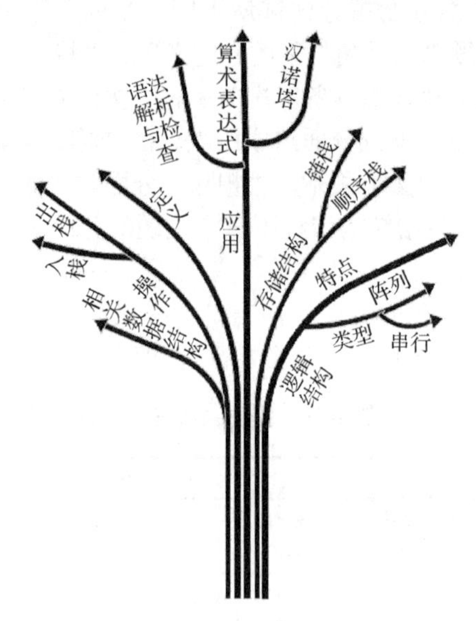

图 3.7　数据结构课程中主题“堆栈”的分面树

定义 3.6　实例化分面树。实例化分面树是将分面树中分面与碎片化知识建立映射关系后形成的结构。设知识主题 $t_i \in T$ 的碎片化知识集合为 FK_i，t_i 的实例化分面树可表示为三元组 $MFT_i = (FT_i, FK_i, M_i)$。其中，$M_i \subseteq F_i \times FK_i$ 表示分面集合 F_i 与碎片化知识集合 FK_i 之间的映射关系。

定义 3.7　知识地图。知识地图是由知识主题集 T 及其之间的学习依赖关系集合 $LD \subseteq T \times T$ 构成的有向图，可表示为二元组 (T, LD)。学习依赖关系 $(t_i, t_j) \in LD$ 表示要学习知识主题 t_j，必须要先掌握知识主题 t_i。

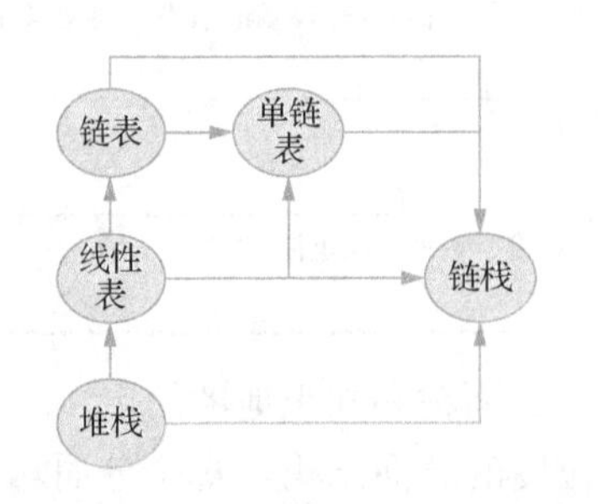

图 3.8　数据结构课程知识地图（局部）

图 3.8 是由数据结构课程中部分知识主题及其学习依赖关系构建的知识地图。由图可知，“线性表”与“堆栈”间存在学习依赖关系，“链表”与“单链表”间也存在学

习依赖关系。知识地图及其中的学习依赖关系能够为导航学习提供依据，从而缓解知识碎片化引发的学习迷航问题。

定义 3.8 知识森林。知识森林是一种面向在线学习的知识图谱，是将知识地图中各个知识主题扩展为对应实例化分面树后形成的知识组织结构。一门课程的知识森林可表示为一个二元组 $KF=(MFT,LD)$。其中，$MFT=\{MFT_i\}_{t_i\in T}$ 表示 T 中所有知识主题对应的实例化分面树的集合。

图 3.9 是一个知识森林示意图，描述了数据结构课程中部分知识主题对应的实例化分面树及其之间的学习依赖关系。

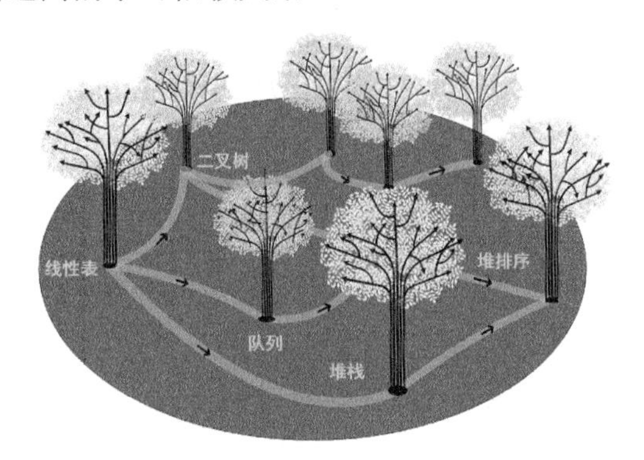

图 3.9 知识森林示意图

3.5.3 知识森林的存储模型

资源描述框架（RDF）是一种描述有关 Web 资源的标记语言。RDF 使用国际化资源标识符（internationalized resource identifier，IRI）来标识事物，并通过属性和属性值来描述资源。RDF 的核心思想是由主语、谓语、宾语构成的三元组。例如，“二叉树”的定义为“二叉树是……”，其可表示为如图 3.10 所示的 RDF 结构。

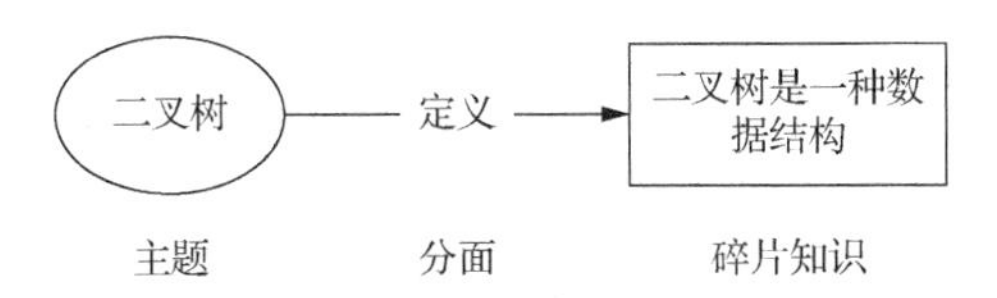

图 3.10 基于 RDF 表示的“主题-分面-碎片知识”三元组

资源描述框架定义集 RDFS 提供 RDF 的描述词汇，相当于不同领域特有的概念。基于 RDFS 定义了知识森林的 4 个概念，命名为 RDFSPlus，具体介绍如下：

（1）主题是知识森林中树木的名称，其 RDF 表示必须以 IRI 形式存在，IRI 的表示规则为“http://kf.skyclass.net/topic/”+“知识主题名字”，如“二叉树”的 IRI 表示为“http://kf.skyclass.net/topic/二叉树”。

（2）关系在知识森林中存在三种情况：知识主题之间的关系（认知依赖关系）、主题与分面之间的关系（主题-分面关系）、分面与分面之间的关系（上下位关系）。关系在知识森林中必须以 IRI 形式存在，表示规则为“http://kf.skyclass.net/relation/” + “关系”，如学习依赖关系表示为“http://kf.skyclass.net/relation/学习依赖关系”。

（3）分面可以理解为术语的某一属性或某特征，其 RDF 表示必须以 IRI 形式存在，表示规则为“http://kf.skyclass.net/facet/” + “分面名字”，如“二叉树”的“定义”可表示为“http://kf.skyclass.net/facet/定义”。另外，分面必须定义其取值范围（range），也可以理解为取值类型。例如，“http://kf.skyclass.net/facet/定义”在生成分面时，必须定义三元组“<http://kf.skyclass.net/facet/定义> <http://www.w3.org/2000/01/rdf-schema#range> <http://www.w3.org/1999/02/22-rdf-syntax-ns#langString>”，其采用前缀缩写可表示为“kff:定义　rdfs:range　rdf:langString”。

（4）领域是知识森林中知识主题所属的课程或者学科领域，其 RDF 表示必须以 IRI 形式存在，表示规则为“http://kf.skyclass.net/domain/” + “领域名”，如数据结构领域的 RDF 表示为“http://kf.skyclass.net/domain/数据结构”。对于主题和领域之间的从属关系，不再定义新的关系，在这里统一用都柏林核心中的“http://purl.org/dc/terms/subject”来表示（简化为 dcterms:主题），如“kft:二叉树　dcterms:主题　kfd:数据结构”。

为了简化表示，使用表 3.5 中的前缀将冗长的 IRI 表示得更简短。

表 3.5　前缀命名规范

前缀	命名空间
kfr	http://kf.skyclass.net/relation/
kff	http://kf.skyclass.net/facet/
kft	http://kf.skyclass.net/topic/
kfu	http://kf.skyclass.net/unit/
kfd	http://kf.skyclass.net/domain/

图 3.11 给出一个基于 RDFSPlus 表示的知识森林示意图，包括数据结构领域的 3 个主题及相关的分面与碎片知识。根据上述定义，其 RDF 表示如下：

kft:数组　kfr:学习依赖关系　kft: 二叉树

kft:二叉树　kfr:学习依赖关系　kft:红黑树

kft:二叉树　kff:定义　“二叉树是一种树据结构……”

kft:二叉树　kff:插入　“一个被插入的节点称为……”

kft:红黑树　kff:定义　“红黑树是一种平衡二叉树……”

kft:数组　kff:索引　“数组的元素可以通过索引进行访问……”

kft:数组　dcterms:主题　kfd:数据结构

kft:二叉树 dcterms:主题 kfd:数据结构
kft:红黑树 dcterms:主题 kfd:数据结构

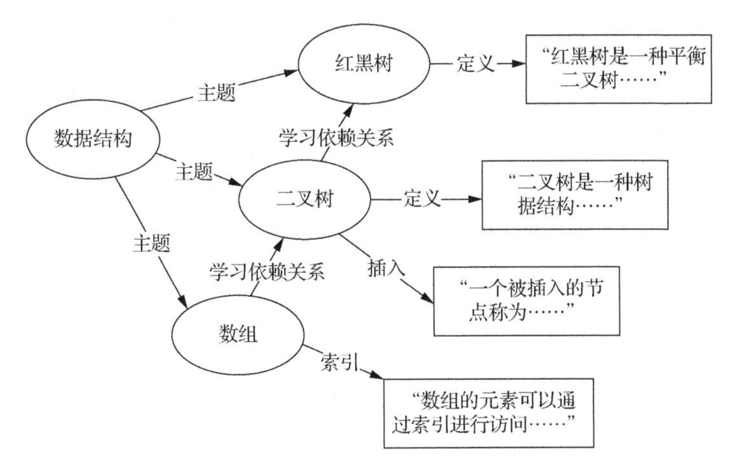

图3.11 基于RDFSPlus表示的知识森林示意图

3.6 本章小结

本章主要介绍了知识表示的研究现状与趋势，首先概述了传统的知识表示方法，如一阶逻辑、霍恩逻辑、语义网络、产生式规则、框架、脚本理论等方法的优缺点；其次介绍了面向相对静态的事实类知识——知识图谱和面向动态的过程类知识——事件图谱的概念以及对应的构建方法；最后介绍了面向教育大数据的知识森林模型，采用主题+分面的形式表示多源碎片化的知识，从而实现对知识高度结构化、层次化的表示。

参考文献

[1] DAVIS R, SHROBE H, SZOLOVITS P. What is a knowledge representation?[J]. AI Magazine, 1993, 14(1): 17-18.

[2] MILLER G A. WordNet: A lexical database for english[J]. Communications of the ACM, 1995, 38(11): 39-41.

[3] BOLLACKER K E C, PARITOSH P. Freebase: A collaboratively created graph database for structuring human knowledge[C]. Proceedings of the ACM SIGKDD International Conference on Knowledge Discovery and Data Mining, New York, USA, 2008: 1247-1250.

[4] BAADER F, HORROCKS I, SATTLER U. Description logics[J]. Foundations of Artificial Intelligence, 2008, 3(1): 135-179.

[5] BRACHMAN R J, SCHMOLZE J G. An overview of the KL-ONE knowledge representation system[J]. Readings in Artificial Intelligence and Databases, 1989, 9(1): 207-230.

[6] SMULLYAN R M. First-order Logic[M]. North Chelmsford: Courier Corporation, 1995.

[7] BARWISE J. An Introduction to First-order Logic[M]. Amsterdam: Elsevier, 1977.

[8] GUPTA G. Horn Logic Denotations and Their Applications[M]. New York: Springer, 1999.
[9] BLOK W J, PIGOZZI D. Algebraic semantics for universal Horn logic without equality[J]. Universal Algebra and Quasigroup Theory, 1992, 19(56): 111-112.
[10] SOWA J F. Principles of Semantic Networks: Explorations in the Representation of Knowledge[M]. Burlington: Morgan Kaufmann, 2014.
[11] QUILLAN M R. Semantic Memory[M]. Massachusetts: Bolt Beranek and Newman Inc Cambridge MA, 1966.
[12] QUINLAN J R. Generating production rules from decision trees[C]. Proceedings of the International Joint Conference on Artificial Intelligence, Milan, Italy, 1987: 304-307.
[13] DAVIS R, BUCHANAN B, SHORTLIFFE E. Production rules as a representation for a knowledge-based consultation program[J]. Artificial Intelligence, 1977, 8(1): 15-45.
[14] CERI S, WIDOM J. Deriving production rules for constraint maintenance[C]. Proceedings of the International Conference on Very Large Data Bases, San Francisco, USA, 1990: 566-577.
[15] GARLOCK M M, SAUSE R, RICLES J M. Behavior and design of posttensioned steel frame systems[J]. Journal of Structural Engineering, 2007, 133(3): 389-399.
[16] BREWKA G, AUGUSTIN D. The logic of inheritance in frame systems[C]. Proceedings of the International Joint Conference on Artificial Intelligence, Milan, Italy, 1987: 483-488.
[17] KOLLER D, PFEFFER A. Probabilistic frame-based systems[C]. Proceedings of the AAAI Conference on Artificial Intelligence, Madison, USA, 1998: 580-587.
[18] TOMKINS S S. Script theory: Differential magnification of affects[J]. Nebraska Symposium on Motivation, 1978, 51(3): 451-466.
[19] SPEER R, CHIN J, HAVASI C. Conceptnet 5.5: An open multilingual graph of general knowledge[C]. Proceedings of the AAAI conference on artificial intelligence, San Francisco, USA, 2017: 4444-4451.
[20] MALYSHEV S, KRÖTZSCH M, GONZÁLEZ L, et al. Getting the most out of wikidata: Semantic technology usage in wikipedia's knowledge graph[C]. Proceedings of the International Semantic Web Conference, Monterrey, USA, 2018: 376-394.
[21] WIKIDATA. Main Page of Wikidata[EB/OL]. [2019-12-30]. https://www.wikidata.org/wiki/Wikidata:Main_Page.
[22] NIU X, SUN X, WANG H, et al. Zhishi.me——weaving Chinese linking open data[C]. Proceedings of the International Sematic Web Conference, Berlin, Germany, 2011: 205-220.
[23] XU B, XU Y, LIANG J, et al. CN-DBpedia: A never-ending Chinese knowledge extraction system[C]. Proceedings of the International Conference on Industrial, Engineering and Other Applications of Applied Intelligence Systems, Bogota, Colombia, 2017: 428-438.
[24] CHEN Y, KUANG J, CHENG D. AgriKG: An agricultural knowledge graph and its applications[C]. Proceedings of the International Conference on Database Systems for Advanced Applications, Chiang Mai, Thailand, 2019: 533-537.
[25] 腾讯．腾讯觅影[EB/OL]. [1995-05-04]. https://miying.qq.com/official.
[26] 南京摄星智能科技有限公司．星河知识图谱平台(StarSee.Starrkg)[EB/OL]．[2018-08-08]．https://starkg.starsee.cn.
[27] 腾讯．Introducing the knowledge graph: Things, not strings[EB/OL]. [2016-08-13]. https://blog.google/products/search/introducing-knowledge-graph-things-not/.
[28] LEHMANN J, ISELE R, JAKOB M, et al. DBpedia - A large-scale, multilingual knowledge base extracted from Wikipedia[J]. Semantic Web, 2015, 6(2): 167-195.
[29] FABIAN M, GJERGJI K, GERHARD W. Yago: A core of semantic knowledge unifying wordnet and wikipedia[C]. Proceedings of the International World Wide Web Conference, Banff, Canada, 2007: 697-706.
[30] CHEN Y, ZHENG Q, TIAN F, et al. Exploring open information via event network[J]. Natural Language Engineering, 2018, 24(2): 199-220.
[31] GOTTSCHALK S, DEMIDOVA E. Eventkg: A multilingual event-centric temporal knowledge graph[C]. Proceedings of the European Semantic Web Conference, Crete, Greece, 2018: 272-287.

[32] LEETARU K, SCHRODT P A. Gdelt: Global data on events, location, and tone, 1979-2012[C]. Proceedings of the International Studies Association, San Francisco, USA, 2013: 1-49.

[33] ALTHOFF T, DONG X L, MURPHY K, et al. Timemachine: Timeline generation for knowledge-base entities[C]. Proceedings of the ACM SIGKDD International Conference on Knowledge Discovery and Data Mining, Sydney, Australia, 2015: 19-28.

[34] TUAN T A, ELBASSUONI S, PREDA N, et al. Cate: Context-aware timeline for entity illustration[C]. Proceedings of the International Conference Companion on World Wide Web, Hyderabad, India, 2011: 269-272.

[35] GOTTSCHALK S, DEMIDOVA E. EventKG+TL: Creating cross-lingual timelines from an event-centric knowledge graph[C]. Proceedings of the European Semantic Web Conference, Crete, Greece, 2018: 164-169.

[36] HÖFFNER K, WALTER S, MARX E, et al. Survey on challenges of question answering in the semantic web[J]. Semantic Web, 2017, 8(6): 895-920.

[37] SOUZA COSTA T, GOTTSCHALK S, DEMIDOVA E. Event-QA: A dataset for event-centric question answering over knowledge graphs[C]. Proceedings of the ACM International Conference on Information & Knowledge Management, New York, USA, 2020: 3157-3164.

[38] 百度. 百度事件图谱[EB/OL]. [1999-10-11]. http://ai.baidu.com/tech/kg/event_graph/.

[39] MCCLELLAND C A. The acute international crisis[J]. World Politics, 1961, 14(1): 182-204.

[40] AZAR E E. The conflict and peace data bank project[J]. Journal of Conflict Resolution, 1980, 24(1): 143-152.

[41] WARD M D, BEGER A, CUTLER J, et al. Comparing GDELT and ICEWS event data[J]. Analysis, 2013, 21(1): 267-297.

[42] WIEGMANN D A, DANSEREAU D F, MCCAGG E C, et al. Effects of knowledge map characteristics on information processing[J]. Contemporary Educational Psychology, 1992, 17(2): 136-155.

[43] RANGANATHAN S R. Elements of Library Classification[M]. Kukatpally: Asia Publishing House, 1892.

[44] ZHUO Y, ZHOU T G, RAO H Y, et al. Contributions of the visual ventral pathway to long-range apparent motion [J]. Science, 2003, 299(5605): 417-420.

第 4 章　知识获取与融合

随着大数据和人工智能技术的发展，大规模知识获取与融合受到了广泛关注，其是实现人工智能的关键。知识获取旨在从海量的数据中提取有用的碎片知识，知识融合旨在将提取到的碎片知识融合为便于人类理解的知识组织形式。本章首先给出碎片知识获取与融合的研究现状及趋势，在此基础上介绍知识图谱自动构建技术、逻辑公式抽取技术、知识森林自动构建技术。

4.1　研究现状与趋势

随着科学技术的迅猛发展，知识以碎片化形式广泛存在于文本、图像、音视频等载体中，以满足不同知识层次的表达需求。例如，维基百科中词条概念的解释、线上教学使用的电子课件、教科书中对知识点的示意图例等内容都可以使学习者快速汲取知识。斯坦福大学的研究学者 Gruber[1]认为知识获取就是将知识从世界上可用的形式转移和转化为知识系统可使用的形式。将获取的碎片知识进一步融合为特定的形式有利于学习者直观、高效地学习，可以为后续的知识内容组织及解析奠定基础。

常见的碎片化知识主要以 XML、HTML、文本、图像、音视频等多种非/半结构化形态存在，该类型数据没有严格固定的数据格式，导致机器理解和直接应用难度较高。对碎片知识进行获取与融合旨在以特定的形式将多样化的知识组织为机器易理解的模式，进而更好地应用于智慧医疗、智慧教育等高层次服务平台。具体来说，知识获取主要经历问题识别、概念化、形式化、实现和检验等步骤，并在计算机上进行传输和存储。不同数据源中抽取的知识通常存在数据格式不一致且伴有信息错误等情况，知识融合的根本性问题在于如何对不同来源的数据进行合并，去除冗余知识，实现对知识内容的最优整合。

4.1.1　研究现状

知识获取方式主要经历了三个阶段的演变：传统模板匹配、统计机器学习和深度学习。如图 4.1 所示，①早期的传统模板匹配方法依赖于专家系统，它是通过专家多年的经验和知识，模拟专家的思维过程，在特定领域内解决专家水平问题的程序系统。例如，刘显敏等[2]提出了一种基于键规则的 XML 实体抽取方法，主要基于键规则中有关实体的语义信息和 XML 查询提供实体的表示方法以进行实体抽取。传统模版匹配方法在少量数据集上能够实现较高的准确率和召回率，但该类方法需要针对不同的知识领域由专家构造大规模知识库，其抽取效果受到知识库规模和质量的制约，导致其不适用于大量数据集下的知识抽取任务，且系统移植和扩展需要耗费大量人力、物力重建知识库。②为了缓解传统模版匹配方法明显的局限性，随后人们开始尝试采用统计机器学习的方法辅助知识获取任务。该类方法主要利用标注数据进行模型的训练，常用模型为马尔可夫模型（Markov model，MM）、条件随机场（conditional random field，CRF）等。Kambhatla[3]利用自然语言中的词法、句法以及语义特征进行实体关系建模，通过最大熵方法实现了不依赖于硬规则编码的实体关系类别的知识获取。基于机器学习的方法需要构造特征，且存在误差传播问题。③随着深度学习时代的到来，研究者开始将知识获取方法转向深度学习领域进行研究。深度学习方法降低了对人工构造模板的依赖，弥补了特征提取过程中的误差传播缺陷。

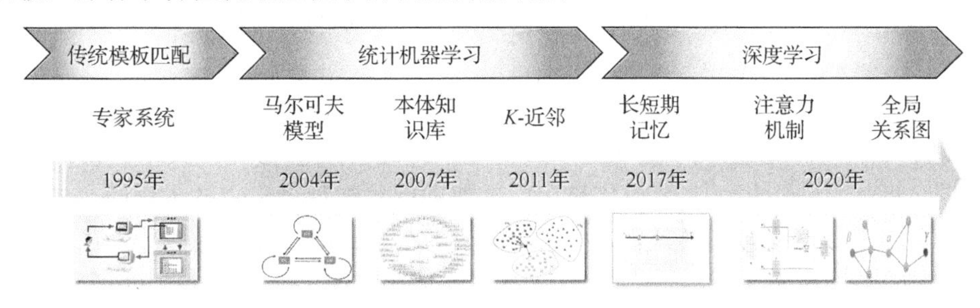

图 4.1 知识获取的发展历程

知识融合的根本性问题在于如何对不同来源的数据进行合并，去除冗余知识，实现对知识的最优整合。按照知识类型的差异，常见的知识融合方式主要包括多模态知识融合、关系型知识融合和推理型知识融合。当某个知识以多种模态形式存在时，需要多模态知识融合技术利用不同模态间的信息互补以丰富对知识的表达。知识图谱作为一种语义网络，拥有极强的表达能力和建模灵活性，即知识图谱可以将现实世界中零散的碎片化知识以不同种类、不同强度的关系进行有效的融合。知识图谱侧重于表达实体、概念之间的语义关联，难以表达逻辑规则，在一些推理场景中需要采用蕴涵逻辑的表述形式对知识碎片进行融合。

多模态知识融合是指将从文本、图像、音视频等不同模态中获取的知识融合为具有语义相近性的知识单元。Liu 等[4]提出了一种低秩多模态融合方法。通过将张量和权重并行分解，利用模态特定的低阶因子来执行多模态融合。简单的双线性或三线性池化融合能力有限，忽略了模态内部复杂的局部交互关系。因此，Hou 等[5]设计了一个多项式张量池（polynomial tensor pooling，PTP）块，通过考虑高阶矩阵来集成多模态信息。随着深度学习浪潮来袭，Huang 等[6]采用深度神经网络（deep neural network，DNN）将不同模态数据表达为低维语义向量，通过余弦相似度来计算两个语义向量的距离进而达到融合的目的。记忆融合网络（memory fusion network，MFN）模型[7]采用注意力机制和记忆机制同时捕捉时序上和模态间的交互，以得到更好的信息融合效果。具体来说，通过记忆机制可以有效保存上一时刻的多模态交互信息，采用门控机制过滤冗余及噪声信息，最后通过注意力分配权重。多模态知识组织侧重于相同语义且不同模态的信息融合，忽略了不同语义的知识单元之间的关联。

关系型知识融合可以有效组织各种碎片化知识的关联关系。知识图谱是一种典型的具有语义信息的关系型知识组织方法。例如，Trisedya 等[8]从学习不同知识图谱中的实体间相似性出发，结合实体嵌入和属性嵌入，将两个知识图谱映射到统一的嵌入空间，从而提升实体融合的效果。2019 年，Wang 等[9]提出多模态知识图谱，该类图谱相较于传统知识图谱，可以实现对多种模态实体的支持，进而对多模态实体间的语义关系进行关联。IMGpedia、MMKG、Richpedia 等经典的多模态知识图谱已经证实了多模态数据之间融合和关联的可行性。具体的知识图谱构建技术参见 4.2 节。

随着智能服务的发展，以逻辑公式为代表的推理型知识融合方法应运而生。逻辑公式是一种通过谓词、量化符和变量来描述客观事物逻辑关系的形式化语言[10]。将从半结构化、非结构化来源中抽取的碎片知识显式表达为逻辑公式，使智能答疑等复杂推理场景具备可解释性。例如，Schoenmackers 等[11]提出了一种无监督的一阶逻辑学习方法，利用点间互信息（pointwise mutual information，PMI）等评分函数，从文本中挖掘一阶霍恩子句（Horn clause）。更多逻辑公式抽取技术参见 4.3 节。

4.1.2 挑战与发展趋势

早期的知识获取方法取得了一定的效果，但其仍然存在局限性，主要体现在：①现有的知识获取方法大多是基于封闭域，预先设定了特定知识类型集合，无法满足实际应用中新知识的不断衍生、更新的现象；②碎片化知识种类多样，但并非所有类别都是均衡分布的，关系类型的长尾分布现象普遍，对尾部低频关系的抽取技术仍不成熟。如何实现开放域知识获取，满足高低频知识有效捕捉需求仍是当前研究领域中的一项挑战。

将获取的碎片知识以某种方式进行融合，组织为语义关联、结构清晰、具备可推理性的知识单元，可以促进学习者的知识汲取和融会贯通。然而，现实场景中的碎片知识具有来源广泛、形式多样、规模不一等特点。例如，多模态碎片知识存在模态异构现象，需要挖掘并融合其蕴涵的高层语义知识。建立大规模知识图谱是实现大数据智能的必由之路，实现开放域知识图谱扩充与更新，以及将多种知识碎片组织为可推理、可解释的学习模式是未来研究领域中的热点问题。

4.2　知识图谱自动构建

近年来，知识图谱逐渐在语义搜索[12, 13]、智能问答[14, 15]、辅助语言理解[16, 17]、辅助大数据分析[18]、增强机器学习的可解释性[19, 20]、结合图卷积辅助图像分类[21, 22]等多个领域发挥出越来越重要的作用，已成为碎片化知识获取与融合的主要技术路径之一。本节将讨论知识图谱自动构建研究方向的进展，分析其针对不同知识处理任务的适用性。

总体而言，知识图谱构建技术架构如图 4.2 所示。从基于本体的知识图谱角度而言，知识图谱的构建路径包括：①从关联开放数据或其他知识资源中抽取知识实例；②对已构建实例进行知识融合，通过知识实例构建顶层本体，从而创建 KG。知识图谱构建是一个迭代更新的过程，包括知识抽取、知识融合、知识存储等步骤。其中，知识抽取旨在从结构化数据、半结构化数据和非结构化数据等不同数据来源中提取知识，其主要任务包括：①实体抽取，即从文本中检测出命名实体，并将其分类到预定义的类别中，如人物、组织、地点、时间等；②关系抽取，即从文本中识别抽取实体及实体之间的关系；③事件抽取，即识别文本中关于事件的信息，并以结构化的形式呈现。知识融合旨在解决知识图谱异构问题。通过建立异构本体或异构实例之间的联系，使不同知识图谱之间能够相互沟通，实现互操作。

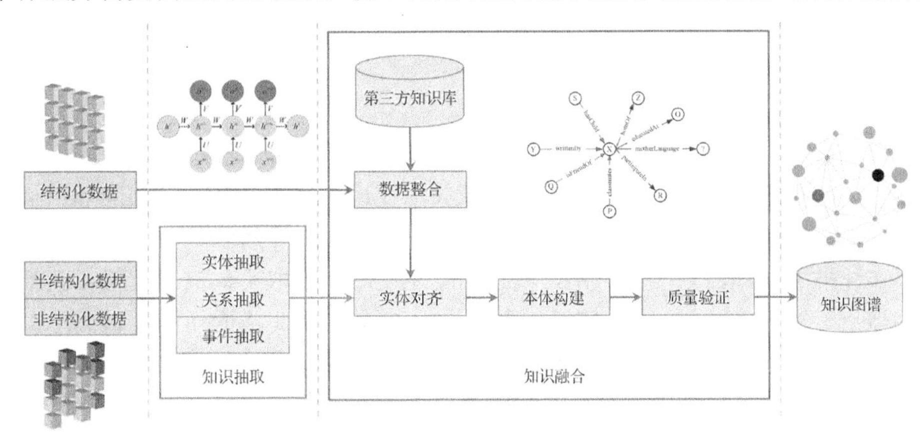

图 4.2　知识图谱构建技术架构

4.2.1　三元组知识抽取

三元组知识抽取是实现自动化构建大规模知识图谱的重要技术，其目的在于从不同来源、不同结构的数据中进行知识提取并存入知识图谱中。其概念最早在 20 世纪 70 年代后期出现于自然语言处理研究领域，是指自动化地从文本中发现和抽取相关信息，并将多个文本碎片中的信息进行合并，将非结构化数据转换为结构化数据，包括某一特定领域的模式、实体关系或 RDF 三元组。

1. 数据来源

知识抽取主要有三种数据来源：结构化数据（如关系数据库）、半结构化数据（如 HTML、XML 和 JSON 数据）和非结构化数据（如自由文本、图像和文档数据）。面向不同类型的数据源，知识抽取涉及的关键技术和需要解决的技术难点有所不同。知识抽取的结果通常存储为机器直接可读的格式，如 RDF 或 JSON-LD 格式。

多数早期的知识图谱仅从特定的单一数据源中提取知识。例如，早期的医疗行业知识图谱，其数据来源通常是线上电子病历或医疗记录。如今，构建大规模综合知识图谱需要从种类繁多的数据源中提取知识，典型例子为 Google Knowledge Vault，其数据来源包括纯文本文档、HTML 树、HTML 表格和人工标注页面等。异构、跨领域、多语言是当下大规模知识图谱构建所需数据的典型特征，这给知识抽取技术带来了巨大挑战。

挑战同时带来了机遇，经过多年的技术积累，现有的数据集、网站等知识库已为知识图谱构建提供了一系列高质量的知识实例。例如，典型的基于 Web 的百科全书——维基百科已经成为知识图谱最重要的实例来源之一，如 YAGO[23]和 DBpedia[24]。此外，WordNet、GeoNames、ConceptNet[25]、IMDB 和 MusicBrainz[26]等知识库也为领域学者提供了丰富的知识来源。

2. 实体抽取

由于非结构化数据的广泛存在，如新闻报道、科技文献和政府文件等，面向文本数据的知识抽取一直是知识图谱领域关注度最高的问题之一。面向非结构化数据的知识抽取技术，可分为实体抽取、关系抽取与属性抽取。

实体抽取又称命名实体识别，其目的是从文本中抽取实体信息元素，包括人物、地点、组织、新闻标题、服务、时间等。实体抽取完成的质量会极大地影响后续知识抽取任务的效率与准确度，是知识抽取中最基本、最重要的任务，是解决很多自然语言处理问题的基础。实体抽取技术发展历程如图 4.3 所示。早期的实体抽取方法是由语言学家手工构造规则模板，以模式与字符串匹配为主要手段。但是这种方法需要大量人力工作、系统周期较长、知识更新较慢、移植性较差。随着机器学习应用的推广，基于统计学的方法相继被提出，包括隐马尔可夫模型（hidden Markov model，HMM）[27]、最大熵马尔可夫模型（maximum entropy Markov model，MEMM）[28]、支持向量机（support vector machine，SVM）[29, 30]、条件随机场（conditional random field，CRF）模型[31, 32]等。基于统计的抽取方法对特征选择要求较高，对语料库的依赖较大。

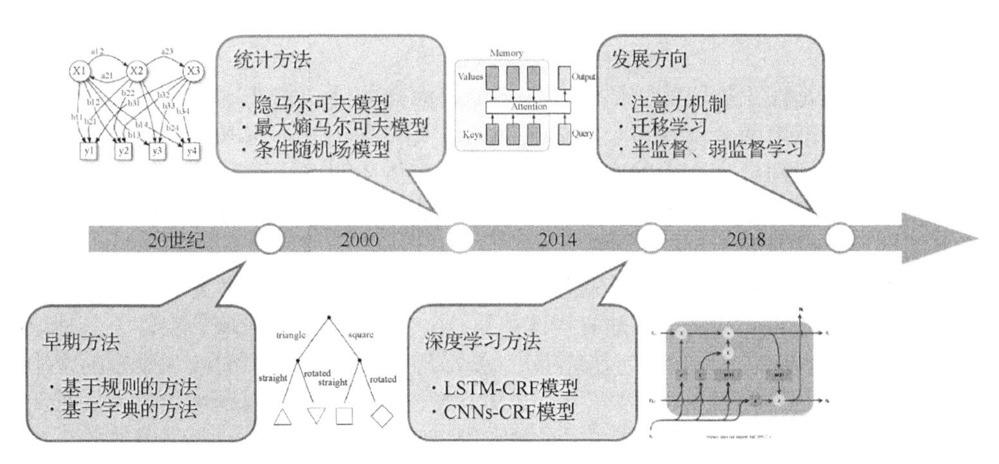

图 4.3　实体抽取技术发展历程

近年来出现的基于深度学习的表征学习方法，对复杂非线性系统的拟合具有更大的优势。Rei 等[33]于 COLING 2016 上提出了基于注意力机制的词向量和字符级向量组合方法，在通过双向长短时记忆（bi-directional long short-term memory，Bi-LSTM）获得词嵌入表示的基础上计算字符级特征向量，如图 4.4 所示。注意力机制的引入使得模型可以动态地确定每个词向量和字符级向量在最终表征中的重要性，有效地提升了命名识别的效果。相较于传统机器学习，深度学习方法能够学习到更为复杂的特征，以替代复杂的特征工程。在工程落地方面深度学习还可以搭建端对端的模型，构建复杂的实体抽取系统，将实体抽取任务提高到了一个新的高度[34, 35]。

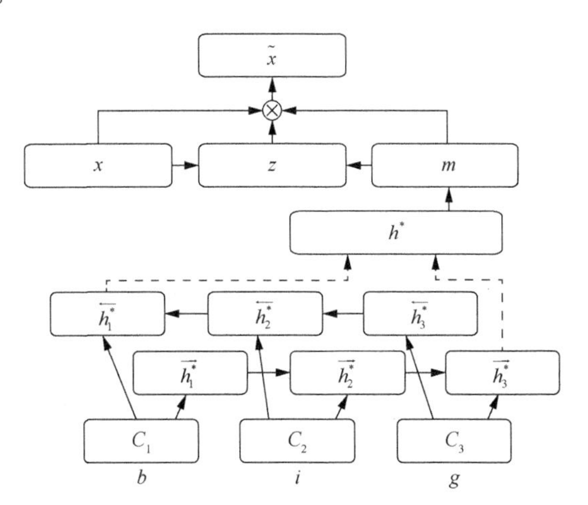

图 4.4　基于注意力机制的词向量和字符级向量组合方法[33]

3. 关系抽取

关系抽取是知识抽取的重要子任务之一，面向非结构化文本数据，关系抽取是从文本中抽取出两个或者多个实体之间的语义关系。关系抽取与实体抽取密切相关，一般在识别出文本中的实体后，再抽取实体之间可能存在的关系。目前，关系抽取方法可以分为基于模板的关系抽取方法、基于监督学习的关系抽取方法和基于弱监督学习的关系抽取方法。

早期的实体关系抽取同样依赖于领域专家知识。通过预先定义的语言模板，进行模板匹配来实现从文本中抽取实体关系。在小规模、限定领域的实体关系抽取问题上，基于模板的关系抽取方法能够取得较好的效果。但是面对较大规模的文本数据时，手工构建模板时间成本较高，且可移植性较差，切换问题场景时需要重新构建模板。针对专家系统的缺陷，关系抽取领域随后出现了基于监督学习的关系抽取方法。通过将关系抽取转化为分类问题，在大量标注数据的基础上有监督地训练机器学习模型进行关系抽取，经典模型有支持向量机、朴素贝叶斯等。其重点在于对关系抽取特征的定义，往往对模型效果有直接影响。随后，深度学习的出现避免了人工构建特征的困难，直接输入文本语料便能够进行特征提取。目前，已有的基于深度学习的关系抽取方法可按其模型组织结构分为两种：①将实体识别与关系识别分离进行的流水线式方法，如CR-CNN[36]、Attention CNN[37]、Attention Bi-LSTM[38]等模型；②将实体识别与关系识别合并共同进行抽取的联合抽取方法[39]。

近年来，随着新一代图形处理单元（graphics processing unit，GPU）算力的提升，深度学习模型不再满足于有限的人工标注数据，而是致力于仅需少量标注甚至无需标注的弱监督学习的关系抽取方法。由于无标注文本语料更容易获得，此类方法得以在大规模训练数据集上进行学习，出现了一系列性能远超监督模型的深度学习算法[40-42]。Ji 等[42]提出了基于句子级注意力和实体描述的神经网络关系抽取模型 APCNNs，如图 4.5 所示。该模型以同一关系的所有样例句子的特征向量作为输入，学习获得每个句子的权重，最后通过加权求和得到所有句子组成的包特征。通过多示例学习策略，基于样例包的特征进行关系分类。实验结果表明，该模型可以有效提高远程监督关系抽取的准确率。

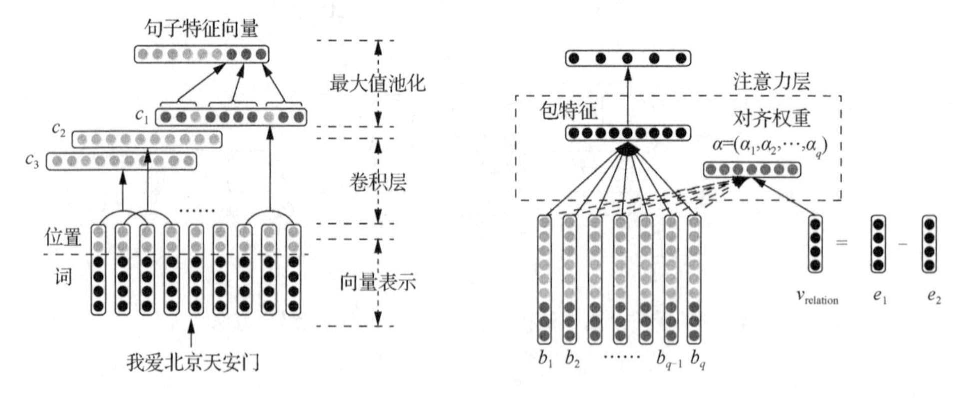

图 4.5　关系抽取模型 APCNNs[42]

4.2.2　三元组知识融合

三元组知识融合，即融合两个知识图谱（本体）的共有知识，其基本问题在于研究如何将来自多个来源的关于同一个实体或概念的描述信息融合起来。在实际应用中，不同的用户和团体根据不同的应用需求和应用领域来构建或选择合适的本体。不同本体描述的内容往往有部分重叠或关联，但使用的本体在表示语言和表示模型上却具有差异，同名实例可能指代不同的实体，异名实例可能指代同一个实体，大量的共指问题会给知识图谱的应用造成负面影响，使得不同本体间的信息交互无法正常进行。例如，“Class”声明的对象，既可以指代编程语言中的类，也可以指代一个班级，更可以指代一个分类类别；一个本体中有表示“People”，而另一个本体有表示“Persons”，它们实际指代了相同的实体。解决本体异构、消除应用系统间的互操作障碍是很多知识图谱应用面临的关键问题之一。

知识融合是解决知识图谱异构问题的有效途径。通过建立异构本体或异构实例之间的联系，从而使异构的知识图谱能相互沟通，实现它们之间的互操作。知识融合的核心问题是本体中概念与实例的匹配问题，目前的融合方法从技术上可分为基于自然语言处理的匹配、基于本体结构的匹配、基于实例的机器学习等几类。不同的技术在效果、效率以及适应的范围等方面都有不同，实际应用中需要结合具体需求选择或综合使用多种方法以提高融合的结果质量。

1. 本体映射

本体映射的方法在本体之间建立映射规则，信息借助这些规则在不同的本体间传递，以实现基于异构本体的系统间的信息交互。如图 4.6 所示，建立本体映射过程可分为三步：①导入待映射的本体，以获取本体中待映射的实例；②发现映射，即利用一定的算法，如计算概念间的相似度等，寻找异构本体间的联系，然后根据这些联系建立异构本体间的映射规则；③表示映射，即当本体之间的映射被找到后，根据映射的类型，借助工具将发现的映射进行合理的表示和组织。

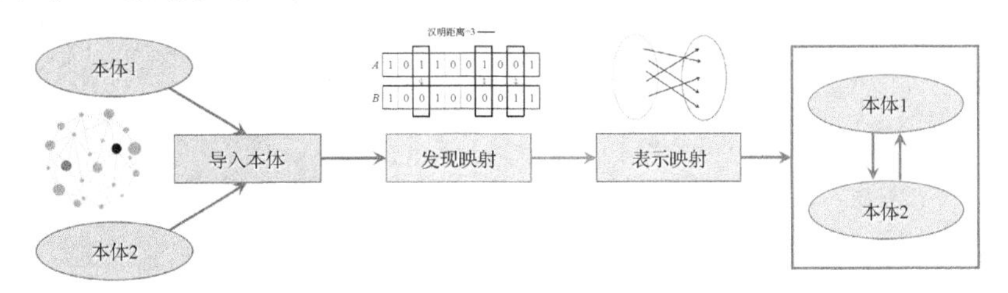

图 4.6　建立本体映射过程

根据使用技术的不同，本体映射可分为基于术语的本体映射与基于结构的本体映射。基于术语的本体映射技术从本体的术语出发，比较与本体成分相关的名称、标签或注释，以寻找异构本体间的相似性。首先对目标文本数据进行规范化，通常包括统一大小写、消除变音符、空格规范化、消除标点、消除无用词等操作。针对不同语种，需针对其特点单独制定规范化标准。在规范化文本的基础上，方能进一步度量不同文本间的相似程度。常用的字符串度量方法包括汉明距离、子串相似度、编辑距离和路径距离等[43]，如下所示：

$$\delta(s,t)=1-\frac{\left(\sum_{i=1}^{\min(|s|,|t|)} s[i]\neq t[i]\right)+\left||s|-|t|\right|}{\max\left(|s|,|t|\right)} \tag{4.1}$$

式中，s 与 t 分别表示两个字符串；$|\cdot|$ 表示字符串长度；$s[i]$ 与 $t[i]$ 分别表示字符串 s 与 t 中的第 i 个字符。

根据文本的相似程度，可进一步制定术语映射建立的准则。

基于结构的本体映射技术在寻找映射的过程中，同时考虑本体的结构，能够在一定程度上弥补术语比较中的缺失信息，提高映射精度。PROMPT[44]是斯坦福大学开发的常用本体结构映射工具集，其算法以经典的 SMART[45]算法为基础进行扩展，通过输入多个本体及其相关术语对集合，利用本体的结构和用户反馈来判断术语对之间的映射。

2. 实例匹配

实例匹配的过程与本体匹配有相似之处。但实例匹配通常是一个大规模数据处理问题，基于本体映射的方法由于其较高的时间复杂度不再适用于此类情景，从而需要进行适配以解决其中的时间复杂度和空间复杂度问题，其难度和挑战更大。根据其采用技术不同，实例匹配可分为以下几类：①快速相似度计算，即鉴于本体实例两两之间需要进行大量的相似度计算，通过降低其考虑的结构信息以减小整体匹配的复杂度；②实例匹配规则，即使用人工构建或机器学习方法寻找实例匹配规则[46]，以进行本体实例的快速匹配；③分治方法，即将整体知识图谱匹配问题划分为多个小规模图匹配，以将现有方法应用于大规模本体数据上。

由于数据规模的制约，实例匹配方法无法同本体映射一样提供高精度的匹配结果。实际应用中还需根据待处理数据大小，选择合适的知识融合方法。

4.3 逻辑公式抽取

近年来，端到端架构的知识获取与融合方法不断涌现，它们借助深度学习较强的表征与学习能力，在文本和图像知识抽取、知识图谱构建和知识图谱推理等任务中取得了重大进展。然而，这类知识抽取与融合方法也存在两个局限性：①泛化能力差，即在使用知识进行问答、推理的过程中很难处理数据分布不同的实例；②缺乏可解释性，即大多属于黑盒模型，无法为知识间的融合及推理提供可解释性。逻辑公式指描述客观事物逻辑关系的形式化语言，通过将符号系统中的逻辑公式进行抽取与融合，可以有效克服传统碎片化知识中无法提供知识间的逻辑关系的问题[47]。图 4.7 是一个逻辑公式抽取的简要流程。

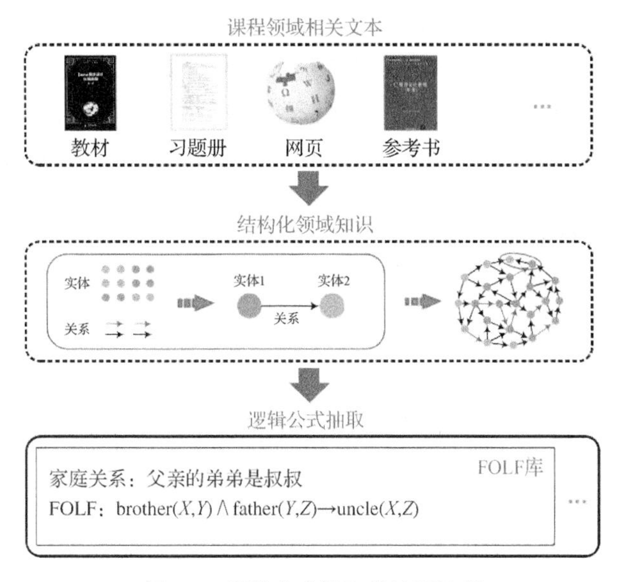

图 4.7　逻辑公式抽取的简要流程

4.3.1　逻辑公式的形式化定义

逻辑公式是一种通过谓词、量化符、操作符和参数等描述客观事物逻辑关系的形式化语言。逻辑公式包括陈述简单逻辑的命题逻辑公式（propositional logic formula，PLF），引入谓词、函数和量词等更多词汇的一阶逻辑公式（first-order logic formula，FOLF），以及可以对一阶逻辑公式中的谓词和函数进行量化的高阶逻辑公式（high-order logic formula，HOLF）[48]，具体介绍如表 4.1 所示。与其他两种逻辑公式相比，FOLF 可以引入复杂的领域逻辑知识，同时具有较好的可理解性。本小节重点介绍 FOLF 的概念及抽取方法。

表 4.1　逻辑公式类型、定义和实例

类型	定义	实例
命题逻辑公式	由一组固定属性特征所对应的原子以及连接原子的逻辑操作符组成	$P\wedge Q$，$P\vee Q$，$P\wedge Q\rightarrow R$，$\neg P$
一阶逻辑公式	在 PLF 基础上增加谓词、函数和量词等更多逻辑词汇	$f(X)\rightarrow g(X)$ $f(X,Y)\wedge g(Y,Z)\rightarrow p(X,Z)$
高阶逻辑公式	对 FOLF 中的谓词与函数进行量化，FOLF 是其具体个例	$\exists f, g, f(X,Y)\rightarrow g(X,Y)$ $\forall f, g, p, f(X,Y)\wedge g(Y,Z)\rightarrow p(X,Z)$

一个完整的 FOLF 通常以霍恩子句的形式表示。将其表示成蕴含表达式的实例如下[49]：

$$\forall Z, \overbrace{\text{brother}(X,Z) \wedge \text{father}(Z,Y)}^{\text{body}} \rightarrow \overbrace{\text{uncle}(X,Y)}^{\text{head}} \tag{4.2}$$

式中，FOLF 主要由四部分组成：量词（如式中 $\forall$）、谓词（如式中 brother、father、uncle）、操作符（如式中 $\wedge$、$\rightarrow$）、参数（包括变量和常量，如 X、Y）。brother(X,Z) 与 father(Z,Y) 为原子公式，由谓词与其中的参数构成。原子公式通常用来约束参数间的关系，如 brother(X,Z) 表示变量 X 是 Z 的兄弟，father(Z,Y) 表示 Z 是 Y 的父亲。“$\rightarrow$”表示蕴含符号，其左边是 FOLF 的体（body），表示前提；右边是 FOLF 的头（head），表示结果。式（4.2）的 FOLF 可以表述为“对任意一人 Z，满足 X 为 Z 的兄弟，且 Z 为 Y 的父亲，则 X 为 Y 的叔叔”。FOLF 蕴含的逻辑体现在 FOLF 的赋值中，其结果可能为“是”或“否”。如果存在一种赋值方式使得某 FOLF 的结果为“是”，则称此 FOLF 可满足。FOLF 的抽取是指通过修改和扩充逻辑表达式来完成对碎片知识的归纳。目前，从知识库中抽取 FOLF 的方法可以分为基于统计量、基于矩阵序列和基于关系路径三类，将分别在 4.3.2、4.3.3 和 4.3.4 小节中介绍。

4.3.2　基于统计量的抽取方法

基于统计量的 FOLF 抽取方法首先生成 FOLF 的候选集，然后根据特定的评估函数筛选符合要求的 FOLF。AMIE[50]与 SHERLOCK[11]是两种基本的基于统计量的抽取方法。本小节以式（4.3）中长度为 2 的 FOLF 抽取为例，对 AMIE 与 SHERLOCK 抽取方法展开介绍。

$$\text{marry}(X,Y) \wedge \text{mother}(Y,Z) \rightarrow \text{father}(X,Z) \tag{4.3}$$

如图 4.8 所示，AMIE 方法从不完备的知识库中挖掘隐藏的关联 FOLF，首先选取某一谓词作为 FOLF 的头，其次从 FOLF 体为 $\varnothing$ 开始通过三种操作扩展公式体，最后保留评估函数的结果大于阈值的候选公式。这三种扩展公式体的操作：①添加悬挂原子公式，即将新的原子添加到 FOLF 中。如图 4.8 中，新的原子公式 marry(X,Y) 与已知原子公式 mother(Y,Z) 共享一个参数 Y，另一个参数使用一个新的变量 X 作为参数之一。②添加实例原子公式，该操作与添加悬挂原子公式类似。原子公式的参数之一是出现过的变量或常量，如图 4.8 中 marry(John,Y) 的 Y，另一端是新的常量，也就是知识库中的实例 John。③添加闭合原子公式。闭合原子连接了两个已存在于 FOLF 中的元素，如图 4.8 中添加的闭合原子公式 father(X,Z) 中的 X 与 Z 元素。

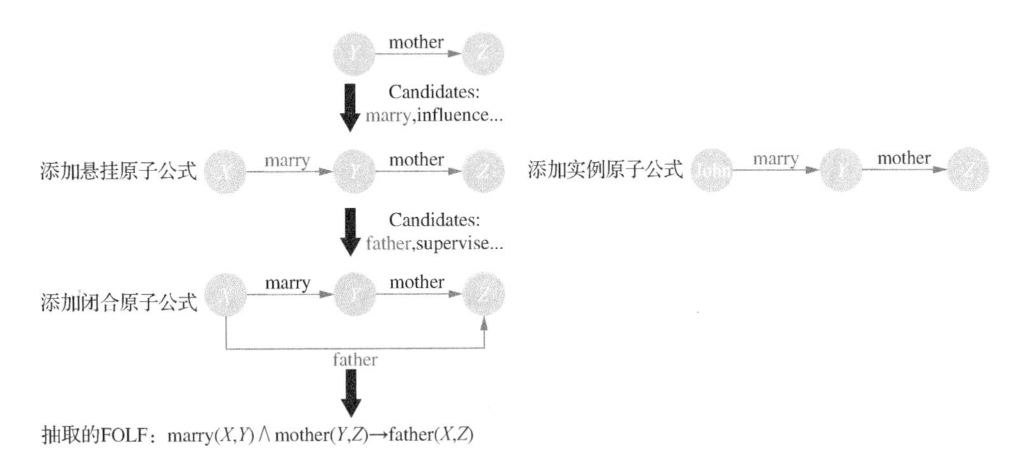

图 4.8　AMIE 方法的 FOLF 抽取流程

目前，有三种通用的评估函数来对抽取的公式进行评估，分别是支持度（support）、头覆盖率（head coverage）和标准置信度（standard confidence）。其中，FOLF 的支持度量化了知识库中正确实例的数量，也就是同时符合 FOLF 头与尾的实例数目，计算方法如式（4.4）；头覆盖率指知识库中符合 FOLF 的实例与仅符合 FOLF 头部实例的比例，计算方法如式（4.5）；标准置信度指知识库中符合 FOLF 的实例除以仅符合 FOLF 体的实例，计算方法如式（4.6）：

$$\text{supp}(\vec{B} \Rightarrow \text{father}(X,Z)) = \#(x,z): \exists y_1,\cdots,y_m : \vec{B} \wedge r(X,Z) \tag{4.4}$$

$$\text{hc}(\vec{B} \Rightarrow \text{father}(X,Z)) = \frac{\text{supp}(\vec{B} \Rightarrow \text{father}(X,Z))}{\#(x,z): \text{father}(X,Z)} \tag{4.5}$$

$$\text{conf}(\vec{B} \Rightarrow \text{father}(X,Z)) = \frac{\text{supp}(\vec{B} \Rightarrow r(X,Z))}{\#(x,z): \exists y_1,\cdots,y_m : \vec{B}} \tag{4.6}$$

式（4.4）～式（4.6）中，$\vec{B}$ 表示 FOLF 体中所有原子公式；$y_1,\cdots,y_m$ 表示 FOLF 中除了 X、Z 的其他变量。

SHERLOCK[11]采用了一种无监督的学习 FOLF 的方法，利用基于统计结果的评估函数，如点间互信息，从文本中挖掘 FOLF。与 AMIE 不同的是，SHERLOCK 是从网络文本中抽取 FOLF，不仅挖掘出了知识库中原子公式的关联关系，还对原子公式中的参数进行分类，明确参数的类别。如图 4.9 所示，SHERLOCK 方法的 FOLF 抽取流程分为四个步骤，首先，根据知识库中的数据分布确定参数的类别与和其相关的实例。其次，利用评估函数 PMI 衡量类与类之间的相关性，计算方法如下：

$$\text{PMI}(\text{marry}(X,Y)) = \frac{p(\text{marry},X,Y)}{p(\text{marry},\cdot,\cdot) * p(\cdot,X,\cdot) * p(\cdot,\cdot,Y)} \tag{4.7}$$

式中，p 为文本中满足括号内条件的实例概率；marry 为 marry(X,Y) 中的谓词；X 为第一个参数；Y 为第二个参数。再次，利用目标谓词作为 FOLF 的头，规定 FOLF 的最大长度以及对其量化的阈值，产生满足要求的 FOLF。最后，对 FOLF 的头尾进行后验概率的计算，对产生的 FOLF 进行准确性评价与筛选。

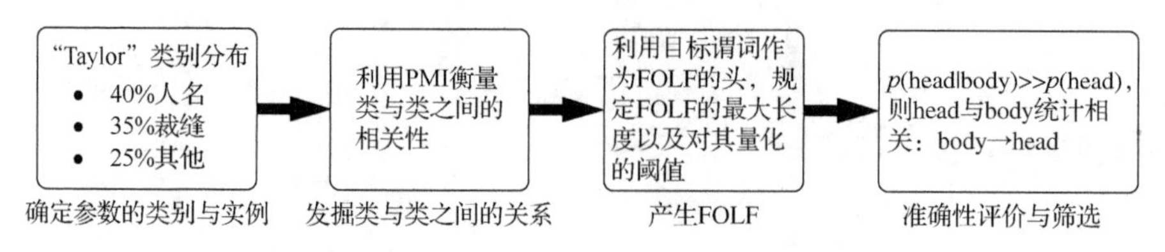

图 4.9　SHERLOCK 方法的 FOLF 抽取流程

综上，基于统计量的方法主要依据概念间的统计相关性，在已有知识库中进行数据挖掘与筛选，最终得到 FOLF 的集合。但是此类方法通常需要对知识进行搜索，时间与空间复杂度较大，并且通过统计量筛选 FOLF 难以挖掘与表达复杂的语义关系，对抽取出的 FOLF 质量有一定的影响。

4.3.3　基于矩阵序列的抽取方法

传统的机器学习方法通过搜索、筛选等方法来获取 FOLF，此方法易造成组合爆炸，难以在控制时间、空间复杂度的基础上抽取高质量 FOLF，需要深度学习中较强的表征与学习能力来解决。基于深度学习的 FOLF 抽取方法采用可微的思想，将离散的 FOLF 抽取过程转化为连续的、可基于梯度优化的过程。此过程可以挖掘知识库中复杂的语义信息，有助于短时、高效地抽取 FOLF。

基于矩阵序列的深度学习抽取方法可以同时学习 FOLF 的结构与置信度，形成可微分模型，并表示为如下形式：

$$\alpha:\quad \overbrace{R_1(X,Y_1)\wedge R_2(Y_1,Y_2)\wedge\cdots\wedge R_n(Y_{n-1},Z)}^{\text{顺序：}\beta}\rightarrow R_h(X,Z) \tag{4.8}$$

式中，$\alpha\in[0,1]$ 为此 FOLF 的置信度；β 为结构；$R_1,R_2,\cdots,R_n$ 与 R_h 是 FOLF 中原子公式的谓词。TensorLog 框架[51]中将谓词表示成一个稀疏的邻接矩阵：

$$M_{R_n}[x,y]=\begin{cases}0,\ R_n(x,y)\notin G\\1,\ R_n(x,y)\in G\end{cases} \tag{4.9}$$

式中，G 表示已知的知识库。通过 TensorLog 框架构建基于 FOLF 的参数（置信度 α 与结构 β）的得分函数 $J(\alpha,\beta)$ 并对其进行梯度优化，将离散的 FOLF 抽取方法转化成可微的矩阵运算。

Neural-LP[52]使用了 TensorLog 框架中的基本思想：将实体表示为 one-hot 向量，用邻接矩阵表示关系，结合这两种操作从知识库中可微地抽取 FOLF。利用 FOLF

在知识库中可以引导推理的特点，通过对实体的预测过程同时得到 FOLF 的结构与置信度。Neural-LP 将每一个原子公式看作一次推理步骤，长度为 T 的 FOLF 会经过 T 次推理过程。对于每次推理，给出一个目标函数作为推理的得分函数：

$$\sum_l \alpha_l \prod_{k\in\beta_l} M_{R_k} \tag{4.10}$$

此得分函数依旧为不可微的形式，因此，要使得模型可以对其进行梯度优化，就要把其推理过程表示改为

$$\prod_{t=1}^{T}\sum_{k}^{|R|} a_t^k M_{R_k} \tag{4.11}$$

式中，a_t 表示在第 t 个推理步骤时对于每个谓词的注意力。同时利用记忆向量 u_t 来确定 FOLF 的长度：

$$u_t = \sum_k^{|R|} a_t^k \mathrm{M}_{R_k}\left(\sum_\tau^{t-1} b_t^\tau u_\tau\right),\quad 1 \leqslant t \leqslant T \tag{4.12}$$

式中，$|R|$ 表示知识库中谓词的个数；记忆向量 u_t 表示第 t 个推理步骤输出的答案；记忆注意力向量 b_t 表示第 t 个推理步骤时对于之前每个步骤的注意力，由此得到 FOLF 可能的长度与其权重。通过谓词注意力 a_t 和记忆注意力向量 b_t 可以得到 FOLF 的结构与置信度，具体方法如图 4.10 所示。

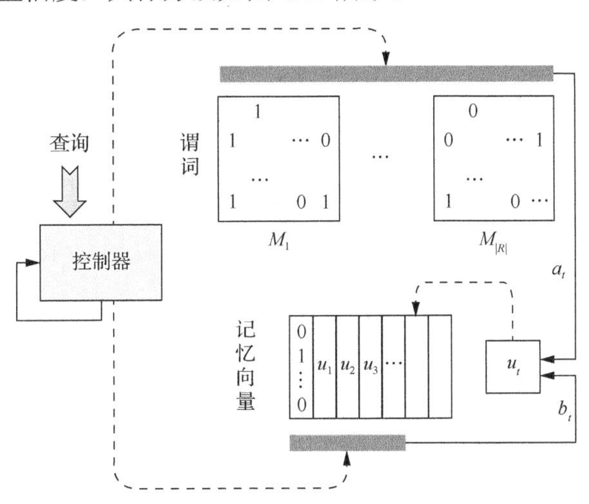

图 4.10　基于矩阵序列的 FOLF 抽取方法

在此基础上，DRUM[53]提出了一种端到端的 FOLF 抽取模型。DRUM 通过加入一个特殊的谓词矩阵，其邻接矩阵为单位矩阵 I，由此实现抽取长度可变的 FOLF。另外，Neural-LP 方法会抽取出置信度较高的错误 FOLF，为了解决此问题，DRUM 引入了置信度张量，并将推理过程（4.11）改写为

$$\sum_{j=1}^{L}\{\prod_{i=1}^{T}\sum_{k}^{|R|}a_{j,i,k}A_{R_k}\} \tag{4.13}$$

式中，L 表示以置信度排序的前 L 个 FOLF；A_{R_k} 表示谓词的邻接矩阵。与 M_{R_k} 不同，A_{R_k} 不是直接得到的邻接矩阵，而是通过双向 LSTM 加全连接层生成的。

4.3.4　基于关系路径的抽取方法

除基于统计量和矩阵序列的抽取方法外，还提出一种基于关系路径的 FOLF 抽取方法 RPC-IR[54]。该方法构建了一个创新的可微分网络模型来同时学习 FOLF 的置信度 α 与结构 β，其具备良好的通用性和泛化能力。RPC-IR 与归纳推理（inductive reasoning）相结合，在完成归纳推理的任务中生成用于推理的 FOLF，以增强其推理的可解释性。

RPC-IR 方法一共分为三个步骤：首先进行图网络初始化与对比路径的构造；其次进行关系路径的表示；最后通过联合自监督学习与监督学习的训练策略进行 FOLF 的抽取，具体方法如图 4.11 所示。

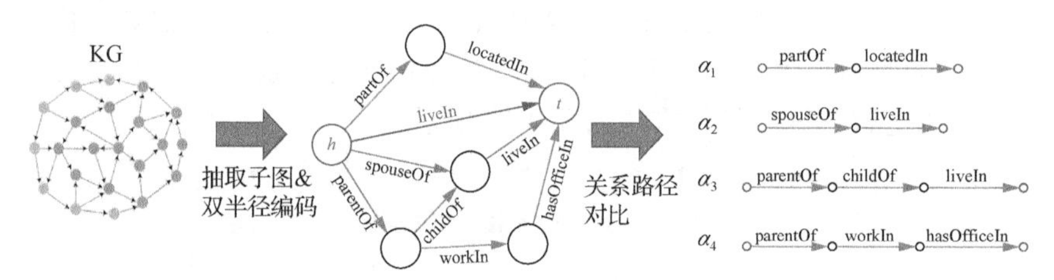

图 4.11　基于关系路径的 FOLF 抽取方法

在模型初始化阶段，通过双半径编码策略[55]进行节点编码，利用图论中的广度优先算法抽取闭合子图中的路径。对用于自监督学习的对比路径，将从原子图中抽取的路径作为正样本，随机替换一段子图中的关系生成负样本，如原子图中抽取的路径正样本 $\text{partOf} \rightarrow \text{locatedIn}$ 转换为负例后为 $\text{partOf} \rightarrow \text{authorOf}$ 。

在关系路径表示阶段，通过度量子图中每条关系路径 p_i 与目标关系 $r_{h\rightarrow t}$ 的语义相似性，得到每条关系路径的注意力权重 α_i，之后进行加权求和得到子图中关系路径的表示：

$$p_{h\rightarrow t}=\sum_{i=1}^{n}\alpha_i p_i \tag{4.14}$$

式中，n 为子图中从头节点 h 到尾节点 t 所有关系路径的个数，通过与注意力权重 α_i 加权求和，将子图中所有的路径聚合为一个向量，以 $p_{h\rightarrow t}$ 表示。

通过之前挖掘的正负样本，将关系路径的语义信息以及节点间的结构信息进行训练。利用对比学习中的 InfoNCE[56]来让正例 x^+ 与目标关系语义距离更加接近，负例 x^- 与其语义距离更远。训练损失函数如下：

$$L = -\log_2 \frac{\exp\left[s(x^+)\right]}{\exp\left[s(x^+)\right] + \exp\left[s(x^-)\right]} \tag{4.15}$$

式中，$s(\cdot)$ 为样本的得分函数。最后，将计算得到的关系路径的注意力作为 FOLF 的置信度 α，将关系路径的序列作为 FOLF 的谓词结构，连同变量一起构成完整的 FOLF。

4.3.5　挑战与展望

随着深度学习技术的不断发展，FOLF 的抽取方法从离散的、基于统计量的机器学习方法转化为连续的、可微的深度学习方法。这类方法可以通过梯度优化挖掘知识库中复杂的语义信息，抽取出质量更高的 FOLF。

然而，目前的逻辑公式抽取方法依然存在两点局限：①抽取的对象受限。现阶段 FOLF 抽取方法的抽取对象大多为知识库或知识图谱，无法利用文本中的知识生成 FOLF。另外，FOLF 的抽取方法主要针对原子公式中的序列信息，而挖掘知识库或知识图谱拓扑信息的方法（如 GraIL[57]等）没有将其中的 FOLF 显式地抽取出来。未来的 FOLF 抽取工作可以着眼于挖掘文本或者知识库中的逻辑拓扑信息，将 FOLF 显式地表示并使得模型具有更强的可解释性。②应用的场景单一。目前抽取出的 FOLF 应用场景多为通用场景，如人物关系、简单语法关系的推测等，很少应用于复杂的推理场景，而大部分现实中的推理场景，如数学推断、视觉问答等更需要具有逻辑性的推断来回答复杂推理问题。这主要是由于抽取的 FOLF 结构简单，表示形式单一，不足以支撑复杂场景推理问题的求解，因此需要在推理过程中抽取更高阶的逻辑公式。

4.4　知识森林自动构建

本节通过“主题分面树生成—文本碎片知识装配—认知关系挖掘”三个步骤完成知识森林的自动构建（图 4.12），并在此基础上介绍一种便于学习者使用的知识森林可视化方案。

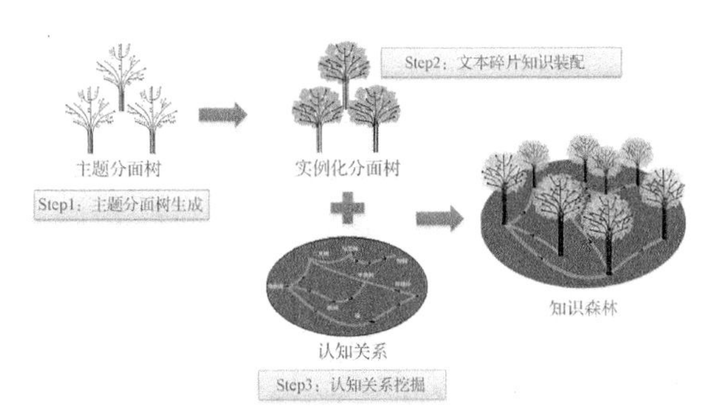

图 4.12　知识森林的自动构建过程

4.4.1　主题分面树生成

在知识森林中，特定课程中的每个主题对应着一棵主题分面树，树干是该主题本身，树枝则是各个分面。主题是课程领域下的特殊知识术语，通常具有一定代表性和抽象性，可以指代某一个知识点；而分面是主题下的某一个维度或视角，本质上是主题的属性。例如，“计算机组成原理”课程中有“浮点数”主题，其下拥有“定义”“类型”“历史”等分面。本小节介绍主题分面树生成方法，包括候选主题与候选分面抽取和主题分面联合抽取两个子步骤。

1. 候选主题与候选分面抽取

候选主题与候选分面是生成主题分面树的基础数据。主题抽取的主要数据来源为百科类网站中的结构化数据，百科类网站通常由用户根据特定规则对特定领域的知识主题进行释义。一般情况下，百科类网站提供领域目录和主题术语页面。以“计算机组成原理”在维基百科中所对应的“电脑架构”领域为例，图 4.13 是其领域目录页面结构示意图。

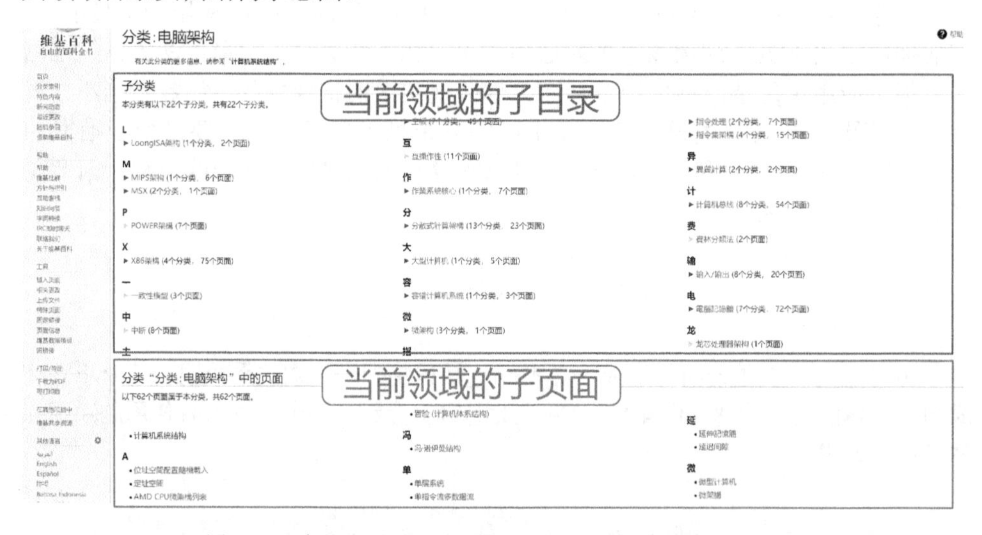

图 4.13　维基百科“电脑架构”领域目录页面结构示意图

借助爬虫，候选主题抽取算法设计如下：①从领域名称 KDN 开始，针对目录页面 $RC(DTC_0)$ 进行遍历，解析出子目录术语链接（图 4.13 上半部分），并将其作为一层术语 DTC_1；②对一层术语 DTC_1 进行超链接解析，查找二层子目录与子页面（图 4.13 下半部分），同时去掉只有单一外向链接的子页面术语，将其余术语作为二层术语 DTC_2；③对二层术语 DTC_2 进行解析查找三层术语 DTC_3，由于知识概念跨度增大，在②的基础上去掉重名子目录术语，去重后结果作为三层术

语 DTC_3；④将爬取的三层术语汇总并按目录分类，进行停用词筛选与整体去重，得到该领域 KD 最终候选主题集 DTS(DT set)。

接下来基于候选主题进行候选分面的抽取。维基百科上“浮点数”主题的页面结构如图 4.14 所示，其中“目录”部分将作为候选分面抽取的主要数据源。对目录部分进行分析，得到两个结论：①目录中部分条目不能直接作为分面，如参阅（see also）、参考（reference）等。这些条目不包含与主题相关的分面信息，应当剔除。②目录中除共有条目之外的其他条目，其中心词可以作为候选分面。中心词通常是位于形容词后、介词之前的名词性短语。得到中心词后，对单复数等进行统一化处理，可得到候选分面。

图 4.14　维基百科上“浮点数”主题的页面结构示意图

选用维基百科作为候选分面抽取的数据源，对特定领域下所有知识主题的目录部分进行上述操作，并合并候选分面结果，即可得到所需的候选分面集合。

2. 主题分面联合抽取

将候选主题与候选分面作为输入，给出主题分面联合抽取算法，包括两个部分：候选主题与分面特征表示模块和主题分面联合学习网络（topic-facet union net，TFUNet）模块。输出为特定课程下的主题-分面对集合。

1）候选主题与分面特征表示模块

候选主题表示：根据候选主题，对于主题术语描述文本的词向量表示，融合提取的主题词特征（长度、词结构、主题相关索引信息等），利用双向长短期记忆网络[58]获取该表示的特征向量，进一步使用自注意力机制[59]关注其中与候选主题位置分布相关的特征，得到候选主题的嵌入。

候选分面表示：根据候选分面，对于分面术语及其描述文本的词向量表示，融合提取的分面词特征（长度、词结构、分面相关索引信息等），利用自注意力机制将该分面在特定主题下的相关特征进行重编码，得到候选分面的嵌入。

2）主题分面联合学习网络模块

主题分面联合学习网络TFUNet架构如图4.15所示。该网络由T-task和TF-task两个模块组成，两者通过反馈连接互相影响。其中，负责主题抽取子任务的T-task模块以特征表示模块生成的候选主题特征作为输入，由多层感知机挖掘特征内部的关联关系，进而预测候选主题是否为真实主题的得分值；负责主题分面对匹配子任务的 TF-task 模块以特征表示模块生成的候选分面特征作为输入，同时融合T-task 模块提供的主题特征信息，由多层感知机输出候选分面与候选主题的匹配系数。主题分类损失与候选主题对匹配损失经反向传播同时调整 TF-task 与 T-task 模块的权重参数。

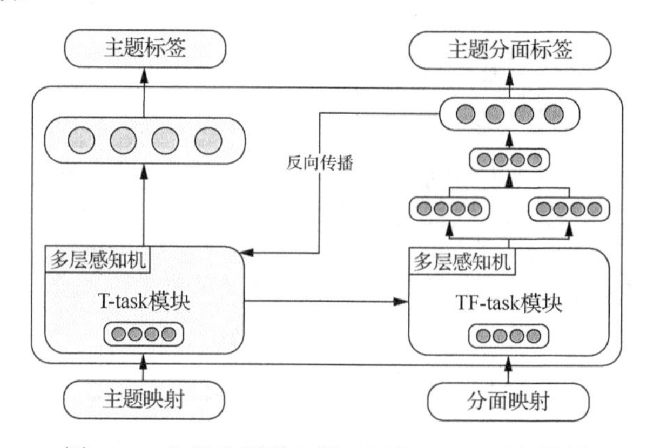

图4.15　主题分面联合学习网络 TFUNet 架构图

T-task 模块的损失函数设计如式（4.16）所示，TF-task 模块的损失函数设计如式（4.17）所示：

$$L_t = -[t_s * \log_2 \hat{t} + (1-t_s) * \log_2(1-\hat{t})] \tag{4.16}$$

$$L_f = -[f_s * \log_2 \hat{f} + (1-f_s) * \log_2(1-\hat{f})] * t_s \tag{4.17}$$

对于 T-task 模块，$\hat{t}$ 表示候选主题 t 被预测为真实主题的得分值，$t_s \in \{0,1\}$，其表示 t 实际是否为主题；对于 TF-task 模块，当 $t_s = 1$ 时，$\hat{f}$ 表示候选分面 f 被预测为真实分面的得分值，$f_s \in \{0,1\}$ 表示 f 实际是否为分面。考虑到对于不正确的主题，分面损失是无意义的，因此 $t_s = 0$ 时忽略分面损失 L_f。考虑主题损失 L_t 和分面损失 L_f，主题分面联合抽取的总体损失函数设计如下：

$$L = (\lambda_1 L_t + \lambda_2 L_f)\frac{1}{\lambda_1 + \lambda_2 t_s} + \lambda_3 \|\theta\|^2,\ \lambda_1 + \lambda_2 = 1 \tag{4.18}$$

式中，λ_1 和 λ_2 分别为主题损失和分面损失的权重。候选主题 t 判别为非主题，即

$t_s = 1$时，其分面损失应当忽略不计，此时 L 退化为 L_t。添加正则项 $\lambda_3 \|\theta\|^2$ 平滑参数，避免过拟合。通过最小化 L，T-task 与 TF-task 模块分别输出主题抽取的二元标签与主题-分面对匹配的二元标签，得到该领域下的主题-分面对结构。

在计算机领域选取数据挖掘、数据结构、数据库原理、C 语言与 Java 语言五门课程，在候选主题抽取和候选分面抽取的基础上，使用主题分面联合抽取模型对候选结果进一步抽取，得到了更好的效果。说明考虑主题与分面间的互相影响对于主题分面的抽取均有帮助，特别是非主题-分面对的判别对于低质量主题的贡献有效提高了主题抽取任务的准确度。图 4.16 是计算机组成原理课程下主题分面联合抽取方法的局部输出。

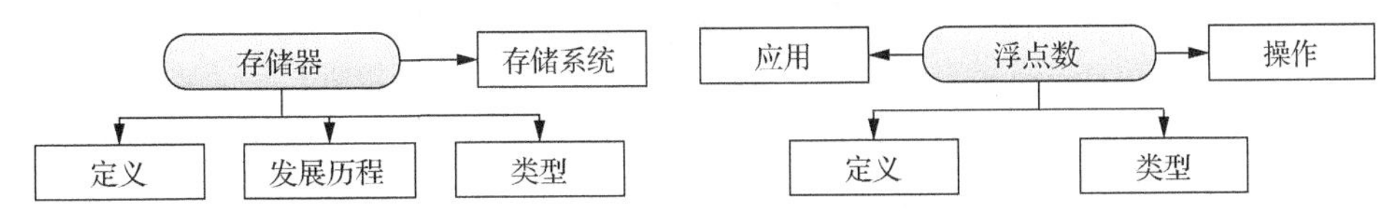

图 4.16　计算机组成原理课程下主题分面联合抽取方法的局部输出

4.4.2　文本碎片知识装配

碎片知识装配是建立碎片知识与主题分面树对应位置的映射的过程，即让“树”上“长出叶子”。文本碎片知识装配模型[60]包括文本分割与分面映射两个模块，通过二者的联合学习，将描述知识森林某一主题多分面的文档分割成分面粒度的知识段落，并为分面树中的分面与文本段落建立映射关系。

设给定描述知识主题的知识文档集合为 $D=\{d_1,d_2,\cdots,d_i,\cdots,d_n\}$，其中 $d_i=(s_1^i,s_2^i,\cdots,s_j^i,\cdots,s_m^i)$ 表示第 i 个文档，s_j^i 则表示第 i 个文档中的第 j 个句子。$F=\{f_1,f_2,\cdots,f_u,\cdots,f_p\}$ 表示给定的候选分面集合。文本碎片知识装配模型包括文本分割和分面映射两个任务：①文本分割旨在将知识文档 $d_i \in D$ 切分成 q 个段落，形式化为 $d_i \to d_i' = (\mathrm{sg}_1^i,\mathrm{sg}_2^i,\cdots,\mathrm{sg}_k^i,\cdots,\mathrm{sg}_q^i)$。其中，$\mathrm{sg}_k^i = (s_{b_{k-1}+1}^i, s_{b_{k-1}+2}^i,\cdots,s_{b_k,}^i)$，$\mathrm{sg}_k^i$ 表示文本段，b_k 表示第 k 个边界的句子的索引。②分面映射是在文本分割的结果上，对文本段 sg_k^i 给定分面标签 $z_k^i \in F$。设文本分割的结果为 $D \to D'$，D' 为分割后碎片知识集合。分面映射的输出为三元组 (F,D',M)，其中 $M \subseteq F \times D'$ 表示分面集合 F 与碎片知识集合 D' 之间的映射关系。

文本碎片知识装配模型框架图如图 4.17 所示，模型包含三个模块：共享特征表示模块、文本分割模块和分面映射模块。利用多任务学习在模型中同时训练文本分割和分面映射；通过文本分割和分面映射结果共同调整共享特征表示模块参数。

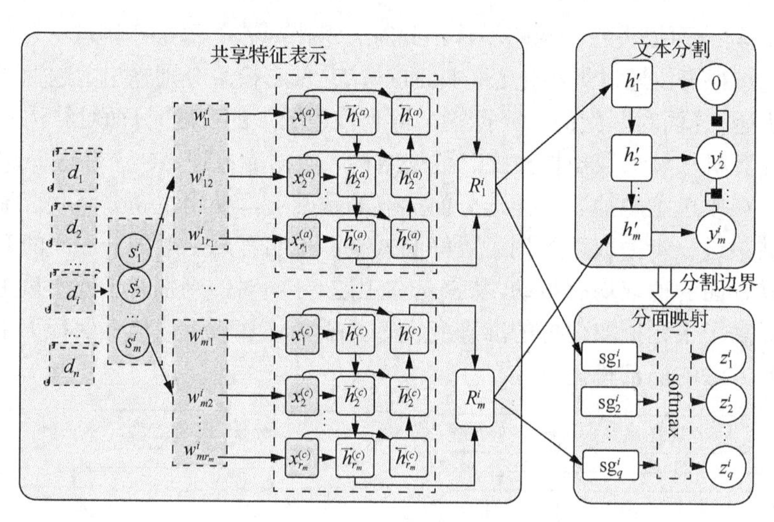

图 4.17　文本碎片知识装配模型框架图

（1）共享特征表示模块。该模块以 $d_i=(s_1^i,s_2^i,\cdots,s_j^i,\cdots,s_m^i)$ 作为输入，使用 Bi-LSTM 获取句子 s_j^i 的特征向量 R_j^i。Bi-LSTM 具有前向和后向两个 LSTM 隐藏层，为输出层中的每一个时刻提供历史和未来两个方向的上下文信息，可以有效对句子进行特征表示。联结前向隐藏层最后输出 $\vec{h}_t$ 和后向隐藏层最后输出 $\overleftarrow{h}_t$ 作为句子 s_j^i 的特征向量 $R_j^i=[\vec{h}_t \| \overleftarrow{h}_t]$，符号‖是对向量进行直接串联的联结操作。

（2）文本分割模块。该模块将文本分割任务转换成以句子为单位的序列标注任务。以句子 s_j^i 的文本表示 R_j^i 为输入，句子标签为 0 表示当前句子与前一个句子属于同一段落；为 1 则表示不属于同一段落。引入转移分数矩阵 A，对于给定的句子特征向量矩阵 $R_i=(R_1^i,R_2^i,\cdots,R_j^i,\cdots,R_m^i)$ 以及对应布尔标签 $Y_i=(y_1^i,y_2^i,\cdots,y_j^i,\cdots,y_m^i)$，各位置打分之和作为整个序列的打分，各位置打分由 LSTM 的输出 p 和条件随机场（CRF）的转移分数矩阵 A 共同决定。分数公式如下：

$$s(R_i,Y_i)=\sum_{j=1}^{m}(A_{y_j^i,y_{j+1}^i}+p_{ij,y_j^i}) \tag{4.19}$$

最终，通过 LSTM-CRF[61]得到以句子为单位的文档布尔标签序列，识别文本边界，进而分割成段落。

（3）分面映射模块。利用句子特征向量以及文本分割的段落边界，将属于同一段落 sg_k^i 句子 $\{s_j^i \mid b_{k-1}+1\leqslant j\leqslant b_k\}$ 的特征向量 $\{R_j^i \mid b_{k-1}+1\leqslant j\leqslant b_k\}$ 首尾相连得到段落特征向量 V_k^i，采用式（4.20）和式（4.21）完成分面标签给定：

$$\vec{p}_k^i=\mathrm{softmax}(W_sV_k^i+b_s) \tag{4.20}$$

$$z_k^i=\arg\max_{f_u\in F}[\vec{p}_k^i,u] \tag{4.21}$$

式（4.20）中，W_s 和 b_s 为 Softmax 层的参数；$\vec{p}_k^i$ 为段落 sg_k^i 的候选分面标签的概

率向量。式（4.21）中，u 为概率向量 $\vec{p}_k^i$ 中最大元素的索引；$z_k^i \in F$ 为最终输出的分面标签。

在文本碎片知识装配模型中，同时对文本分割与分面映射任务进行训练，损失函数 $\mathcal{L}$ 定义如下：

$$\mathcal{L} = \lambda_1 \mathcal{L}_1 + \lambda_2 \mathcal{L}_2 + \frac{\lambda_3}{2} \| \theta_2 \|_2^2 \tag{4.22}$$

$$\mathcal{L}_1 = \frac{1}{n} \sum_{i=1}^{n} \max\left(0, | s(R_i, Y_i) | + \Delta(\hat{Y}_i, Y_i) - | s(R_i, \hat{Y}_i) |\right) \tag{4.23}$$

$$\mathcal{L}_2 = \sum_{d_i \in D} \sum_{k=1}^{m_k} \log_2 p_{\hat{z}_k^i}^i \tag{4.24}$$

式（4.22）～式（4.24）中，$\mathcal{L}_1$ 为文本分割损失函数；$\mathcal{L}_2$ 为分面映射损失函数；$p_{\hat{z}_k^i}^i$ 为段落 sg_k^i 预测标签为 $\hat{z}_k^i$ 的概率值；λ_1、λ_2、λ_3 为模型训练超参数；θ_2 为多任务学习的参数。在 $\mathcal{L}_1$ 损失中，$\Delta(\hat{Y}_i, Y_i)$ 的计算如下：

$$\Delta(\hat{Y}_i, Y_i) = \sum_{j=1}^{m} \eta I(\hat{y}_j^i \neq y_j^i) \tag{4.25}$$

$$I(\hat{y}_j^i \neq y_j^i) = \begin{cases} 1, & \hat{y}_j^i \neq y_j^i \\ 0, & \hat{y}_j^i = y_j^i \end{cases} \tag{4.26}$$

式（4.25）中，I 为指示函数，如式（4.26）计算；$\hat{Y}_i = (\hat{y}_1^i, \hat{y}_2^i, \cdots, \hat{y}_j^i, \cdots, \hat{y}_m^i)$ 为预测的标签序列，相对应的 Y_i 为真实标签序列；η 为折扣参数。

4.4.3　认知关系挖掘

知识森林中的学习依赖关系本质上是主题分面树间的连接关系，为学习者提供导航学习路径，从而解决认知迷航问题。本小节将介绍两种学习依赖关系的抽取算法，分别是流水线式算法和端到端式挖掘。

1. 流水线式算法

设 T 为文本集合 A 中的主题集合，学习依赖关系挖掘旨在获得 T 中主题之间的学习依赖关系集合 LD。其中 $\mathrm{LD} \subseteq T \times T$，$(t_i, t_j) \in \mathrm{LD}$ 表示学习主题 t_j 之前必须要先掌握主题 t_i。主题大多数情况下仅可能与同一或相近文本中的主题存在学习依赖关系，因此挖掘范围可限制在包含该主题的文本以及相似的文本中。本小节提出一种流水线式的学习依赖关系挖掘方法，主要包含三个步骤：文本关联挖掘、候选主题对生成与学习依赖关系判别。

（1）文本关联挖掘。学习依赖关系挖掘的对象是一组面向特定课程的文本集，文本之间缺少显式的关联。文本关联挖掘用于发现与文本集 A 相似的文本，并对相似的文本进行排序，使得文本的次序符合文本内主题的学习依赖关系。设初始的文本关联集合 R 为 $\varnothing$。利用 TF-IDF 模型对文本进行表示，并计算两两间的距离；然后采用分层聚类算法[62]对文本进行聚类，其中生成一个更高层次的簇时有三种情况：①两个文本 $a_i,a_j \in A$ 聚为一簇；②一个簇 G 与一个文本 a_j 聚为一簇（G 中的 a_i 与 a_j 距离最小）；③两个簇 G 与 G' 聚为一簇（G 中的 a_i 与 G' 中的 a_j 是两个簇间距离最接近的文本）。取阈值 $F_0 = 0.73$，记 $f(C_j,a_i)/f(C_i,a_j)$ 为 F。$F < 1/F_0$ 或 $F > F_0$ 时，a_i、a_j 中的主题间存在学习依赖关系，使 $R = R \cup \{(a_i,a_j)\}$；$F \in [1/F_0, F_0]$ 时，a_i、a_j 中的主题间没有学习依赖关系。聚类完成时，生成以 A 中文本为节点、以文本间的关联为边的有向图 (A,R)。

（2）候选主题对生成。将学习依赖关系的挖掘限制在若干个文本簇中。对文本簇中的每个主题，只需要判断其与同一文本簇的其他主题之间是否存在学习依赖关系。将每个 $a_i \in A$ 对应的文本簇定义为 $A_i = \{a_i\} \cup \{a_j \mid (a_i,a_j) \in R\}$，文本簇中所有可能存在学习依赖关系的主题对构成的集合定义为候选主题对集合。文本簇 A_i 中的候选主题对集合包括两个子集：①文本 a_i 内的候选主题对集合 LD_i。设 a_i 中主题构成的集合为 T_i，$\mathrm{LD}_i = \{(t_{ix},t_{iy}) \mid t_{ix},t_{iy} \in T_i \wedge x < y\}$，$x$ 和 y 分别为主题 t_{ix} 和 t_{iy} 的编号。②文本 a_i 内的主题与 A_i 内其他文本中主题构成的主题对集合 LD_i'。设 a_i 中主题构成的集合为 T_i，$A_i - \{a_i\}$ 内文本中的主题构成的集合为 T_i'，则 $\mathrm{LD}_i' = \{(t_{ix},t_{iy}) \mid t_{ix} \in T_i \wedge t_{iy} \in T_i'\}$。文本簇 A_i 中的候选主题对集合为 $\mathrm{LD}_i \cup \mathrm{LD}_i'$，所有文本簇的候选主题对集合为 $\mathrm{LD}^* = \sum_{a_i \in A} (\mathrm{LD}_i \cup \mathrm{LD}_i')$。

（3）学习依赖关系判别。学习依赖关系判别本质上是对学习依赖关系进行二分类，其关键在于候选主题对的特征表示。本小节主要通过挖掘术语特征 F_{fb}、距离特征 D_{fb}、类型特征 K_{fb} 与学习依赖关系的关联关系来实现学习依赖关系判别。将主题对记为 (t_f,t_b)，三种特征的计算如式（4.27）～式（4.29）：

$$F_{fb} = \frac{F_f}{F_f + F_b} \tag{4.27}$$

$$D_{fb} = e^{-\beta d_{fb}} \tag{4.28}$$

$$K_{fb} = \begin{cases} 1, & \text{类型对}(e_f,e_b) \in \mathrm{KP}_{\max} \\ -1, & \text{类型对}(e_f,e_b) \in \mathrm{KP}_{\min} \\ 0, & \text{否则} \end{cases} \tag{4.29}$$

式（4.27）中，F_f 为主题 t_f 中核心术语在 t_b 中出现的频次；F_b 为主题 t_b 中核心术语在 t_f 中出现的频次；$F_f/(F_f + F_b) \in [0,1]$，该数值越大，$(t_f,t_b)$ 存在学习依赖关系的可能性越大。式（4.28）中，d_{fb} 为 t_f 与 t_b 的距离，(t_f,t_b) 存在学习依赖关系的概率随着 d_{fb} 的增大呈指数级衰减；β 为学习依赖关系的分布系数。式（4.29）中，(e_f,e_b) 为特定的类型对；$\mathrm{KP}_{\max}$ 与 $\mathrm{KP}_{\min}$ 分别为占比最大和最小的五种类型对。

具体来说，$\text{KP}_{\max}=\{$(定义,属性), (定义,分类), (定义,方法), (定义,条件), (实例,方法)$\}$中包含5种占比最大的类型对，共占60.5%；$\text{KP}_{\min}=\{$(区别,实例), (条件,定义), (条件,分类), (实例, 属性), (区别,方法)$\}$中包含5种占比最小的类型对，共占4.8%。

分析发现，上述三种特征属性不能满足独立性假设，即术语、距离、类型特征之间并非完全独立。类型特征 F_{fb} 与距离特征 D_{fb} 负相关。本小节后续将采用支持向量机算法判别候选主题之间是否存在学习依赖关系。

2. 端到端式挖掘

流水线式方法存在错误累积的问题。本小节提出一种端到端的学习依赖关系挖掘方法，该方法输入为主题的原始文本，可以无人工干预地自动学习主题特征，使用端到端的学习方式避免错误累积。

分析样本中主题学习依赖关系，发现学习依赖关系的不对称性：给定两个主题，其中一个主题的大多数相关术语的学习往往依赖于另一个主题相关术语的学习，即主题的相关术语集之间的学习依赖关系是不对称的。对于主题对 (t_a,t_b)，如果学习主题 t_b 的大多数相关术语之前，需要先学习主题 t_a 的大多数相关术语，则 t_a 可能需要在 t_b 之前学习，即 t_a 和 t_b 之间存在学习依赖关系。提出端到端的学习依赖关系挖掘模型，对于主题对 (t_a,t_b)，输入主题原始文本描述 D_a 和 D_b，输出衡量 t_a 和 t_b 之间学习依赖关系的值 $\mathcal{V}$：

$$\mathcal{V}=\begin{cases}1, & f(t_a,t_b)\in(\phi,1]\\ 0, & f(t_a,t_b)\in[0,\phi]\end{cases} \tag{4.30}$$

式中，ϕ 为学习依赖关系判断阈值。当 $\mathcal{V}=1$ 时，t_a 与 t_b 间存在学习依赖关系，且应先学习 t_a；当 $\mathcal{V}=0$ 时，t_a 与 t_b 间没有学习依赖关系。

端到端的学习依赖关系挖掘模型包括两个模块：文本术语及关系抽取模块与学习依赖关系判别模块。

1）文本术语及关系抽取模块

识别文本中与特定主题相关的专业术语，并挖掘术语间的语义关系。文本跨距指连续的单词序列，“浮”“浮点”“浮点数”均为语句“浮点数在计算机中用以近似表示任意某个实数”中的文本跨距。将文本描述中的每一个文本跨距作为候选的专业术语，对于文本描述 D，每个文本跨距 i 可用二元组 $(i_{\text{start}},i_{\text{end}})$ 定位，即该文本跨距从第 i_{start} 个单词开始，到第 i_{end} 个单词结束。该文本术语及关系抽取模块包含三个部分：跨距表示、术语评估和关系抽取。

（1）跨距表示：使用预训练的ELMo词向量[63]表征文本 D 中每个单词 x_t 的语义，采用 Bi-LSTM 对文本 D 中的每个语句进行重编码，获得单词 x_t 在当前语境下的词向量 x_t^*。任一文本跨距 i 与其所在语句中的部分其他单词存在语义关联，将其中第一个关联单词称为 i 的语义头单词，文本跨距和其语义头单词之间通常存在学习依赖关系。使用Head-finding注意力机制[64]预测 i 的语义头单词 $\hat{x}_i$：

$$\beta_t = \mathrm{FFNN}_\beta(x_t^*) \tag{4.31}$$

$$\alpha_{i,t} = \frac{\exp(\beta_t)}{\sum_{m=\mathrm{start}(i)}^{\mathrm{end}(i)} \exp(\beta_m)} \tag{4.32}$$

$$\hat{x}_i = \sum_{t=\mathrm{start}(i)}^{\mathrm{end}(i)} \alpha_{i,t} x_t^* \tag{4.33}$$

式（4.31）～式（4.33）中，β_t 为语义头单词得分；$\alpha_{i,t}$ 为文本跨距 i 的语义头单词的概率分布；$\mathrm{FFNN}_\beta(\cdot)$ 为前馈神经网络。获得每个文本跨距的上下文表示及语义头单词表示之后，聚合得到文本跨距 i 的表示 $R_i = [x^*_{i_{\mathrm{start}}}, x^*_{i_{\mathrm{end}}}, \hat{x}_i]$。

（2）术语评估：得到文本跨距的表示后，判断该文本跨距是否为专业术语。专业术语的单词数通常不会过多，故过滤掉长度大于 L 的文本跨距。对于剩余的文本跨距 i，给出判断其是否属于专业术语的得分值 $g(i)$：

$$g(i) = W_m \mathrm{FFNN}_m(R_i) \tag{4.34}$$

式中，W_m 为权重矩阵；$\mathrm{FFNN}_m(\cdot)$ 为前馈神经网络。对 $g(i)$ 进行从大到小的排序，选取前 λT 个文本跨距作为专业术语，记作 $Y = \{i : g(i) \geqslant \varepsilon\}$，其中 λ 为文本跨距的保留比例，ε 表示第 λT 个术语得分值。

（3）关系抽取：对于任一语句中的文本跨距对 (i, j)，当 $i \in Y$ 且 $j \in Y$ 时，文本跨距 i 与 j 都被判定为专业术语。通过计算 $r(i, j)$ 判定文本跨距对 (i, j) 之间是否存在学习依赖关系，具体如下：

$$r(i,j) = W_r \cdot \mathrm{FFNN}_r\left(\left[R_i, R_j, R_i \odot R_j\right]\right) \tag{4.35}$$

式中，W_r 为权重参数矩阵；$\mathrm{FFNN}_r(\cdot)$ 为前馈神经网络；$R_i \odot R_j$ 为专业术语特征向量间的语义相似性。

2）学习依赖关系判别模块

对于主题对 (t_a, t_b)，首先从文本 D 识别出的专业术语集 Y 中选取出主题 t_a 、t_b 的相关术语，进一步根据术语间的学习依赖关系判断 t_a 、t_b 之间是否存在学习依赖关系，步骤如下。

（1）主题的相关术语选取：将主题 t_a 表征为主题词向量 R_{t_a}，基于相似函数 $s(t_a, i) = \frac{R_{t_a} \cdot R_i}{\| R_{t_a} \| \| R_i \|}$ 衡量主题 t_a 与任意专业术语 i 之间的相似性。当 $s(t_a, i) > \theta$ 时，认为主题 t_a 和专业术语 i 相关。同理，选取与 t_b 相关的专业术语。

（2）术语重要性衡量：使用权重函数衡量不同相关术语在计算主题间不对称性的重要性。本小节提出相同权重和不同权重两种策略。其中，相同权重指与主题相关的所有术语权重一致，权重策略 $w(t_a, i)$ 定义如式（4.36）所示。对于不同权重策略，衡量主题对之间学习依赖关系的不对称性时，与主题越相似的术语对主题越重要，使用式（4.37）中的相似函数 $s(t_a,i)$ 衡量相关术语对主题的重要性 $w(t_a,i)$：

$$w(t_a,i)=\begin{cases}0, & s(t_a,i)<\theta \\ 1, & s(t_a,i)\geqslant\theta\end{cases} \tag{4.36}$$

$$w(t_a,i)=\begin{cases}0, & s(t_a,i)<\theta \\ s(t_a,i), & s(t_a,i)\geqslant\theta\end{cases} \tag{4.37}$$

（3）不对称性衡量：主题的相关术语集之间的学习依赖关系具有不对称性，根据相关术语集之间学习依赖关系指向的差异，设计不对称性函数 $f(t_a,t_b)$ 衡量学习依赖关系指向的不对称性：

$$f_{t_a}=\frac{\sum_{i=1}^{K} r(i,j)\cdot w(t_a,i)\cdot g(i)\cdot w(t_b,j)\cdot g(j)}{\sum_{i=1}^{K} w(t_a,i)\cdot g(i)\cdot w(t_b,j)\cdot g(j)} \tag{4.38}$$

$$f_{t_b}=\frac{\sum_{i=1}^{K} r(i,j)\cdot w(t_b,i)\cdot g(i)\cdot w(t_a,j)\cdot g(j)}{\sum_{i=1}^{K} w(t_b,i)\cdot g(i)\cdot w(t_a,j)\cdot g(j)} \tag{4.39}$$

$$f(t_a,t_b)=f_{t_a}-f_{t_b} \tag{4.40}$$

式（4.38）～式（4.40）中，j 为与文本跨距 i 具有学习依赖关系的文本跨距；f_{t_a} 为 t_a 先于 t_b 学习的概率；f_{t_b} 为 t_b 先于 t_a 学习的概率。不对称性函数 $f(t_a,t_b)$ 为 t_a 和 t_b 之间存在学习依赖关系的概率。

大多数学习依赖关系挖掘模型需要结构化信息作为输入，但结构化信息在当前互联网上公开的学习资源中不易获得。端到端的学习依赖关系挖掘方法仅需要主题的文本信息作为输入，从而得以应用到知识森林中。在无人工参与的情况下，端到端的学习依赖关系挖掘方法可以表现出更优异的性能。

4.4.4　知识森林可视化

为了能够高效、便捷地使用知识森林构建结果，本小节采用了图形化手段对知识森林进行了多粒度的可视化，主要包含主题分面树自动布局算法、主题间认知关系自动布局算法以及知识森林整体交互方法，并以此为基础开发了知识森林导航学习系统[①]，多粒度展示了知识森林，引导用户进行导航式学习。

1. 主题分面树可视化

主题分面树为层次化结构，主要包含“主题—一级分面—二级分面—碎片化

① http://zscl.xjtudlc.com:888/yotta-2020/login/。

知识”四层结构，为了展示这种层次化结构，采用了基于几何图形拼接的分面树可视化算法。

算法主要分为三个模块，即数据处理模块、几何属性计算模块和数据绑定绘制模块。在数据处理模块，根据分面内容丰富度公式计算一二级分面的丰富度。在几何属性计算模块，用矩形表示树干，对应一级分面，根据绘制区域以及一级分面的数量计算树干宽度、高度。用圆形表示树叶，对应二级分面，均匀分布于一级分面上方，根据绘制区域以及树干位置计算各树叶的位置。在数据绑定绘制模块，对一级分面按照丰富度进行排序，使得内容丰富的分面位于绘制区域的中央，在绘制区域绘制树干、树叶。一级与二级分面内容丰富度计算公式如下：

$$weight_{firstLayerFacet} = weight_{slf} \times slf + weight_{flvl} \times flvl + weight_{fltl} \times fltl \tag{4.41}$$

$$weight_{secondLayerFacet} = weight_{slvl} \times slvl + weight_{sltl} \times sltl \tag{4.42}$$

式中，$weight_{slf}$、$weight_{flvl}$、$weight_{fltl}$ 分别为一级分面下二级分面、视频碎片、富文本碎片的权重；slf、flvl、fltl 分别为这三者的数量；$weight_{slvl}$、$weight_{sltl}$ 分别为二级分面下视频碎片、富文本碎片的权重；slvl、sltl 分别为这两者的数量。内容丰富度权重按表 4.2 选取。以计算机组成原理课程下的计算机系统主题为例，分面树可视化效果如图 4.18（a）所示，可知该主题下共 7 个一级分面，“其他分面”中包含 3 个二级分面，一级分面按照内容丰富度由中间向两边排列。

表 4.2　一级与二级分面内容丰富度权重

分面层级	二级分面	视频碎片	富文本碎片
一级	2000	100	1
二级	—	100	1

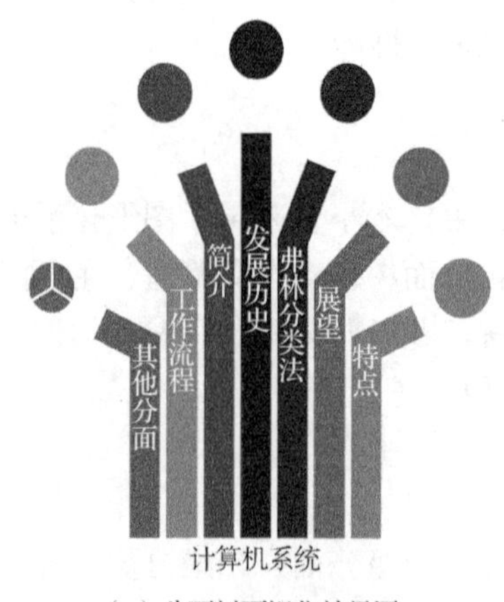

（a）分面树可视化效果图

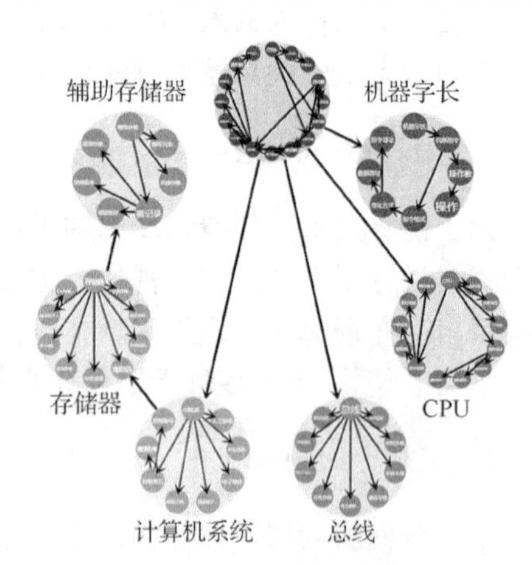

（b）认知关系布局效果图

图 4.18　计算机组成原理课程可视化效果图

2. 主题认知关系布局

主题认知关系主要指用户在学习过程中主题的先后序关系。分析可知，主题认知关系存在社团结构，且存在前向边及自环类型等冗余数据，因此采用基于圆形布局的认知关系算法，保证了认知关系的流向一致性与可读性。

认知关系布局算法首先对认知关系进行处理，将知识主题抽象为节点，认知关系抽象为边，去除前向边、自环类型等冗余数据；其次使用 Louvian 社团发现算法[65]对认知关系进行知识簇划分，得到簇内及簇间的认知关系子图；再次使用交叉点减少算法对簇内及簇间的认知关系子图进行圆形布局，主要思路为将各主题节点进行初始圆形布局，然后迭代摘除图中度为 1 的节点，交换剩余节点在圆形布局图上的位置，使得产生交叉数最小的节点相邻；最后根据绘制区域的大小以及簇内、簇间认知关系子图的布局，计算各个知识簇以及簇内主题节点的位置，绘制圆形布局下的认知关系图。以计算机组成原理课程为例，共 73 个主题认知关系布局效果如图 4.18（b）所示，可知该课程共聚类为 7 个知识簇，各知识簇中均包含不同数量的主题节点，图中箭头表示各主题间的认知关系。

3. 知识森林交互

知识森林交互方法结合了分面树以及认知关系布局的结果，让学习者可以按照“知识森林→知识簇→知识主题→分面→碎片化知识”这一完整路径进行导航式的学习，同时避免了由可视区域限制引发的小屏幕问题和屏幕溢出问题。

该交互方法基于“焦点+上下文”[66]方法设计，将知识森林分为三种焦点状态，在不同焦点状态下设置不同的细节元素及畸变方式。一级焦点状态展示知识森林概况，细节元素为知识簇，各知识簇仍按照圆形布局排布，仅畸变焦点知识簇所对应的圆心角占比。二级焦点状态展示单个知识簇内部详细信息，细节元素仍为知识簇，但畸变方式不同，焦点知识簇在圆周中心进行绘制，其余知识簇隐藏细节并向周围收缩。三级焦点状态展示主题分面信息，细节元素为主题节点，主题节点在绘制区域中央展示为主题分面树形式，点击主题分面树上的叶子即可看到该分面下的碎片信息。以计算机组成原理课程为例，展示知识森林交互效果，如图 4.19 所示，初始状态为圆形布局场景，用户点击知识簇即可进入一级焦点状态，焦点知识簇被放大；用户再次点击知识簇即可进入二级焦点状态，焦点知识簇被再次放大，置于画布中心；用户点击簇内主题，即可进入三级焦点状态，主题节点以分面树形式展示。

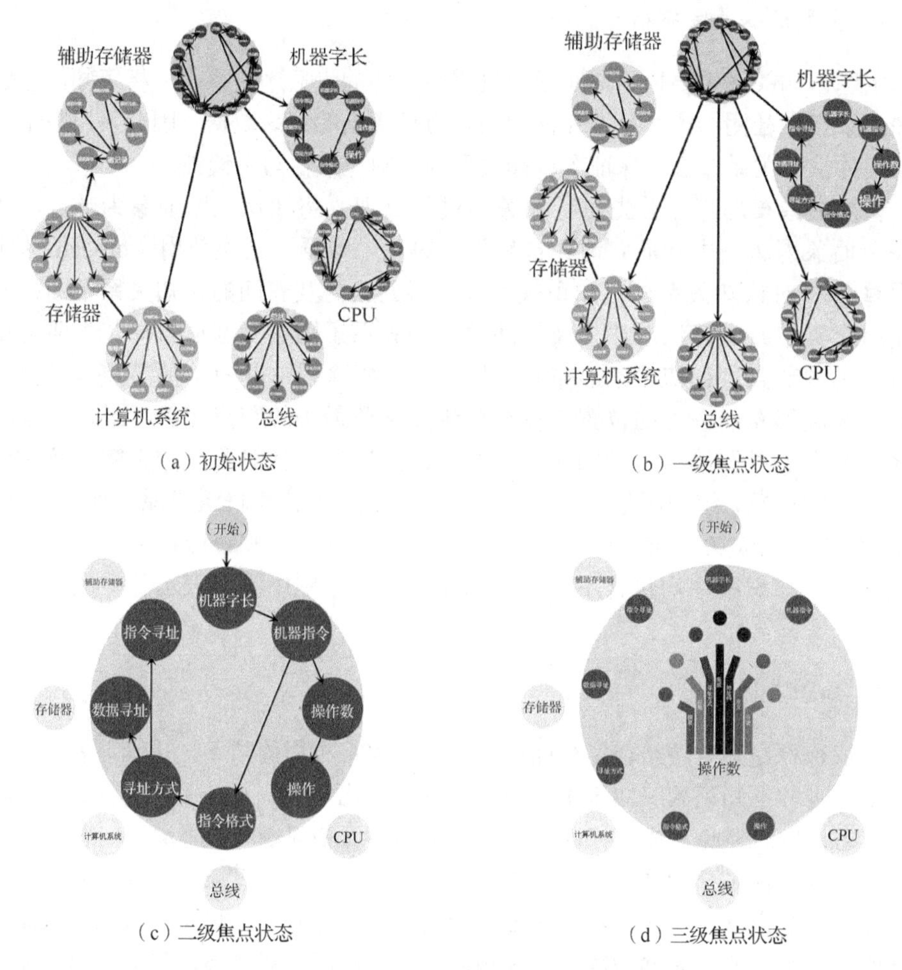

（a）初始状态　（b）一级焦点状态

（c）二级焦点状态　（d）三级焦点状态

图 4.19　知识森林交互效果

4.5　本 章 小 结

碎片知识的获取与融合是大数据知识工程的首要任务，其有利于学习者更加直观高效地学习。本章首先介绍了知识获取与融合的研究现状和趋势；其次，详细阐述了知识图谱的自动构建过程；再次，给出了逻辑公式的形式化定义，并介绍了基于统计量、基于矩阵序列、基于关系路径的三种典型一阶逻辑公式抽取方法；最后，介绍了“主题分面树生成—文本碎片知识装配—认知关系挖掘”三阶段的知识森林自动构建方式，并在此基础上提出一种便于学习者使用的知识森林可视化方案。未来知识获取与知识融合领域将不断朝着开放域、小样本、可解释等方向展开研究。

参 考 文 献

[1] GRUBER T R. Automated Knowledge Acquisition for Strategic Knowledge[M]. New York: Springer, 1989.

[2] 刘显敏, 李建中. 基于键规则的 XML 实体抽取方法[J]. 计算机研究与发展, 2014,51(1): 64-75.

[3] KAMBHATLA N. Combining lexical, syntactic, and semantic features with maximum entropy models for information extraction[C]. Proceedings of the ACL Interactive Poster and Demonstration Sessions, Barcelona, Spain, 2004: 178-181.

[4] LIU Z, SHEN Y, LAKSHMINARASIMHAN V B, et al. Efficient low-rank multimodal fusion with modality-specific factors[C]. Proceedings of the 56th Annual Meeting of the Association for Computational Linguistics, Melbourne, Australia, 2018: 2247-2256.

[5] HOU M, TANG J, ZHANG J, et al. Deep multimodal multilinear fusion with high-order polynomial pooling[J]. Advances in Neural Information Processing Systems, 2019, 32: 12136-12145.

[6] HUANG P S, HE X, GAO J, et al. Learning deep structured semantic models for web search using clickthrough data[C]. Proceedings of the 22nd ACM International Conference on Information & Knowledge Management, San Francisco, USA, 2013: 2333-2338.

[7] ZADEH A, LIANG P P, MAZUMDER N, et al. Memory fusion network for multi-view sequential learning[C]. Proceedings of the AAAI Conference on Artificial Intelligence, New Orleans, USA, 2018: 5634-5641.

[8] TRISEDYA B D, QI J, ZHANG R. Entity alignment between knowledge graphs using attribute embeddings[C]. Proceedings of the AAAI Conference on Artificial Intelligence, Honolulu, USA, 2019: 297-304.

[9] WANG M, QI G, WANG H, et al. Richpedia: A comprehensive multi-modal knowledge graph[C]. Proceedings of the Joint International Semantic Technology Conference, Hangzhou, China, 2019: 130-145.

[10] MENDELSON E. Introduction to Mathematical Logic[M]. London: Chapman and Hall/CRC, 2009.

[11] SCHOENMACKERS S, DAVIS J, ETZIONI O, et al. Learning first-order horn clauses from web text[C]. Proceedings of the 2010 Conference on Empirical Methods on Natural Language Processing, Cambridge, USA, 2010: 1088-1098.

[12] MANGOLD C. A survey and classification of semantic search approaches[J]. International Journal of Metadata, Semantics and Ontologies, 2007, 2(1): 23-34.

[13] XIONG C, POWER R, CALLAN J. Explicit semantic ranking for academic search via knowledge graph embedding[C]. Proceedings of the 26th International Conference on World Wide Web, Perth, Australia, 2017: 1271-1279.

[14] HUANG X, ZHANG J, LI D, et al. Knowledge graph embedding based question answering[C]. Proceedings of the Twelfth ACM International Conference on Web Search and Data Mining, New York, USA, 2019: 105-113.

[15] ZHANG Y, DAI H, KOZAREVA Z, et al. Variational reasoning for question answering with knowledge graph[C]. Proceedings of the AAAI Conference on Artificial Intelligence, New Orleans, USA, 2018: 6069-6076.

[16] QIU D, ZHANG Y, FENG X, et al. Machine reading comprehension using structural knowledge graph-aware network[C]. Proceedings of the 2019 Conference on Empirical Methods in Natural Language Processing and the 9th International Joint Conference on Natural Language Processing, Hong Kong, China, 2019: 5896-5901.

[17] WANG H, YU D, SUN K, et al. Evidence sentence extraction for machine reading comprehension[C]. Proceedings of the 23rd Conference on Computational Natural Language Learning, Hong Kong, China, 2019: 696-707.

[18] LE-PHUOC D, QUOC H N M, QUOC H N, et al. The graph of things: A step towards the live knowledge graph of connected things[J]. Journal of Web Semantics, 2016, 37: 25-35.

[19] DING B, WANG Q, WANG B, et al. Improving Knowledge Graph Embedding Using Simple Constraints[C]. Proceedings of the 56th Annual Meeting of the Association for Computational Linguistics, Melbourne, Australia, 2018: 110-121.

[20] STIGLIC G, KOCBEK P, FIJACKO N, et al. Interpretability of machine learning-based prediction models in healthcare[J]. Wiley Interdisciplinary Reviews: Data Mining and Knowledge Discovery, 2020, 10(5): e1379.

[21] LIANG X, HU Z, ZHANG H, et al. Symbolic graph reasoning meets convolutions[J]. Advances in Neural Information Processing Systems, 2018, 31: 1853-1863.

[22] KAMPFFMEYER M, CHEN Y, LIANG X, et al. Rethinking knowledge graph propagation for zero-shot learning[C]. Proceedings of the IEEE/CVF Conference on Computer Vision and Pattern Recognition, Long Beach, USA, 2019: 11487-11496.

[23] REBELE T, SUCHANEK F, HOFFART J, et al. YAGO: A multilingual knowledge base from wikipedia, wordnet, and geonames[C]. Proceedings of the International Semantic Web Conference, Kobe, Japan, 2016: 177-185.

[24] LEHMANN J, ISELE R, JAKOB M, et al. Dbpedia-a large-scale, multilingual knowledge base extracted from wikipedia[J]. Semantic web, 2015, 6(2): 167-195.

[25] SPEER R, CHIN J, HAVASI C. Conceptnet 5.5: An open multilingual graph of general knowledge[C]. Proceedings of the Thirty-first AAAI conference on artificial intelligence, San Francisco, USA, 2017: 4444-4451.

[26] SWARTZ A. Musicbrainz: A semantic web service[J]. IEEE Intelligent Systems, 2002, 17(1): 76-77.

[27] MORWAL S, JAHAN N, CHOPRA D. Named entity recognition using hidden Markov model[J]. International Journal on Natural Language Computing, 2012, 1(4): 15-23.

[28] CHIEU H L, NG H T. Named entity recognition: A maximum entropy approach using global information[C]. Proceedings of the 19th International Conference on Computational Linguistics, Taipei, China, 2002.

[29] EKBAL A, BANDYOPADHYAY S. Bengali named entity recognition using support vector machine[C]. Proceedings of the IJCNLP-08 Workshop on Named Entity Recognition for South and South East Asian Languages, Hyderabad, India, 2008: 51-58.

[30] EKBAL A, BANDYOPADHYAY S. Named entity recognition using support vector machine: A language independent approach[J]. International Journal of Electrical, Computer, and Systems Engineering, 2010, 4(2): 155-170.

[31] MCCALLUM A, LI W. Early results for named entity recognition with conditional random fields, feature induction and web-enhanced lexicons[C]. Proceedings of the Seventh Conference on Natural Language Learning at HLT-NAACL 2003, Edmonton, Canada, 2003: 188-191.

[32] SETTLES B. Biomedical named entity recognition using conditional random fields and rich feature sets[C]. Proceedings of the international joint workshop on natural language processing in biomedicine and its applications, Geneva, Switzerland, 2004: 107-110.

[33] REI M, CRICHTON G K, PYYSALO S. Attending to characters in neural sequence labeling models[C]. Proceedings of the 26th International Conference on Computational Linguistics, Osaka, Japan, 2016: 309-318.

[34] MA X, HOVY E. End-to-end sequence labeling via bi-directional lstm-cnns-crf[C]. Proceedings of the 54th Annual Meeting of the Association for Computational Linguistics, Berlin, Germany, 2016: 1064-1074.

[35] LAMPLE G, BALLESTEROS M, SUBRAMANIAN S, et al. Neural architectures for named entity recognition[C]. Proceedings of the Conference of the North American Chapter of the Association for Computational Linguistics - Human Language Technologies, San Diego, USA, 2016: 260-270.

[36] DOS SANTOS C, XIANG B, ZHOU B. Classifying relations by ranking with convolutional neural networks[C]. Proceedings of the 53rd Annual Meeting of the Association for Computational Linguistics and the 7th International Joint Conference on Natural Language Processing, Beijing, China, 2015: 626-634.

[37] WANG L, CAO Z, DE MELO G, et al. Relation classification via multi-level attention cnns[C]. Proceedings of the 54th Annual Meeting of the Association for Computational Linguistics, Berlin, Germany, 2016: 1298-1307.

[38] ZHOU P, SHI W, TIAN J, et al. Attention-based bidirectional long short-term memory networks for relation classification[C]. Proceedings of the 54th Annual Meeting of the Association for Computational Linguistics, Berlin, Germany, 2016: 207-212.

[39] MIWA M, BANSAL M. End-to-end relation extraction using lstms on sequences and tree structures[C]. Proceedings of the 54th Annual Meeting of the Association for Computational Linguistics, Berlin, Germany, 2016: 1105-1116.

[40] FENG J, HUANG M, ZHAO L, et al. Reinforcement learning for relation classification from noisy data[C]. Proceedings of the AAAI conference on artificial intelligence, New Orleans, USA, 2018: 5779-5786.
[41] CARLSON A, BETTERIDGE J, KISIEL B, et al. Toward an architecture for never-ending language learning[C]. Proceedings of the Twenty-Fourth AAAI conference on artificial intelligence, Atlanta, USA, 2010: 1306-1313.
[42] JI G, LIU K, HE S, et al. Distant supervision for relation extraction with sentence-level attention and entity descriptions[C]. Proceedings of the AAAI Conference on Artificial Intelligence, San Francisco, USA, 2017: 3060-3066.
[43] COHEN W, RAVIKUMAR P, FIENBERG S. A comparison of string metrics for matching names and records[C]. Proceedings of the Kdd workshop on data cleaning and object consolidation, New York, USA, 2003: 73-78.
[44] NOY N F, MUSEN M A. The PROMPT suite: Interactive tools for ontology merging and mapping[J]. International journal of human-computer studies, 2003, 59(6): 983-1024.
[45] NOY N F, MUSEN M A. SMART: Automated support for ontology merging and alignment[C]. Proceedings of the 12th Workshop on Knowledge Acquisition, Modeling and Management, Banff, Canada, 1999: 1-2.
[46] NIU X, RONG S, WANG H, et al. An effective rule miner for instance matching in a web of data[C]. Proceedings of the 21st ACM international conference on Information and knowledge management, New York, USA, 2012: 1085-1094.
[47] LECUN Y, BENGIO Y, HINTON G. Deep learning[J]. Nature, 2015, 521(7553): 436-444.
[48] 戴望州, 周志华. 归纳逻辑程序设计综述[J]. 计算机研究与发展, 2019, 56(1): 138-154.
[49] HORN A. On sentences which are true of direct unions of algebras1[J]. The Journal of Symbolic Logic, 1951, 16(1): 14-21.
[50] GALÁRRAGA L A, TEFLIOUDI C, HOSE K, et al. AMIE: Association rule mining under incomplete evidence in ontological knowledge bases[C]. Proceedings of the 22nd international conference on World Wide Web, Rio de Janeiro, Brazil, 2013: 413-422.
[51] COHEN W W. Tensorlog: A differentiable deductive database[J]. arXiv preprint arXiv:160506523, 2016.
[52] YANG F, YANG Z, COHEN W W. Differentiable learning of logical rules for knowledge base reasoning[C]. Proceedings of the 31st International Conference on Neural Information Processing Systems, Long Beach, USA, 2017: 2316-2325.
[53] SADEGHIAN A, ARMANDPOUR M, DING P, et al. Drum: End-to-end differentiable rule mining on knowledge graphs[C]. Proceedings of the 33rd International Conference on Neural Information Processing Systems, Vancouver, Canada, 2019: 15347-15357.
[54] PAN Y, LIU J, ZHANG L, et al. Learning first-order rules with relational path contrast for inductive relation reasoning[J]. arXiv preprint arXiv:211008810, 2021.
[55] ZHANG M, CHEN Y. Link prediction based on graph neural networks[J]. Advances in Neural Information Processing Systems, 2018, 31: 5165-5175.
[56] OORD A V D, LI Y, VINYALS O. Representation learning with contrastive predictive coding[J]. arXiv preprint arXiv:180703748, 2018.
[57] TERU K, DENIS E, HAMILTON W. Inductive relation prediction by subgraph reasoning[C]. Proceedings of the International Conference on Machine Learning, Vienna, Austria, 2020: 9448-9457.
[58] HAKKANI-TÜR D, TÜR G, CELIKYILMAZ A, et al. Multi-domain joint semantic frame parsing using bi-directional rnn-lstm[C]. Proceedings of the Conference of the International Speech Communication Association, San Francisco, USA, 2016: 715-719.
[59] YU A W, DOHAN D, LUONG MT, et al. QANet: Combining local convolution with global self-attention for reading comprehension[C]. Proceedings of the International Conference on Learning Representations, Vancouver, Canada, 2018.
[60] WU B, WEI B, LIU J, et al. Faceted text segmentation via multitask learning[J]. IEEE Transactions on Neural Networks and Learning Systems, 2020, 32(9): 3846-3857.
[61] COLLOBERT R, WESTON J, BOTTOU L, et al. Natural language processing (almost) from scratch[J]. Journal of machine learning research, 2011, 12: 2493-2537.

[62] ZHANG W, ZHAO D, WANG X. Agglomerative clustering via maximum incremental path integral[J]. Pattern Recognition, 2013, 46(11): 3056-3065.
[63] PETERS M E, NEUMANN M, IYYER M, et al. Deep contextualized word representations[C]. Proceedings of NAACL-HLT, Columbus, USA, 2018: 2227-2237.
[64] LEE K, HE L, LEWIS M, et al. End-to-end neural coreference resolution[C]. Proceedings of the 2017 Conference on Empirical Methods in Natural Language Processing, New Brunswick, USA, 2017: 188-197.
[65] BLONDEL V D, GUILLAUME J L, LAMBIOTTE R, et al. Fast unfolding of communities in large networks[J]. Journal of Statistical Mechanics: Theory and Experiment, 2008(10): 10008.
[66] FURNAS G W. Generalized fisheye views[J]. Acm Sigchi Bulletin, 1986, 17(4): 16-23.

第 5 章 知识表征学习

将获取到的海量知识转化为便于计算机存储和计算的表征形式，是后续进行知识推理的前提和基础，也是实现高效人工智能系统的关键。知识森林的表征包含对知识地图和实例化分面树的表征，其涉及主题、分面、碎片、主题间学习依赖关系等多种元素，并与知识图谱、异构图、逻辑公式等多种表征技术密切相关。本章首先给出知识表征学习的研究现状与趋势，然后介绍直推式和归纳式的知识图谱表征学习，基于浅层和深层网络的异构图表征学习，基于序列、树结构、图结构的逻辑公式表征学习。

5.1 研究现状与趋势

知识表征学习（knowledge representation learning）是一种将知识库中的原始数据转化为能够被机器学习方法有效开发的技术的集合，是下游分类、检测、问答等任务的前提和基础。在信息爆炸的时代，知识库中已有海量知识储存，同时每天都会产生新的知识，已有知识也面临着补充与更新。如何更好地对知识进行储存与表示，更有效率地利用知识，成为如今亟待研究的课题。知识表征学习是一个机器自动化提取和融合的过程，其有效降低了对传统手动特征工程的需求。在知识表征学习中，机器一般以图像、文本、图谱等多种形态的碎片知识作为输入，输出能有效表达这些知识碎片语义与结构等信息的向量表征。这些向量表征可用于度量样本间的距离与关联关系，进而完成复杂的知识推理任务。

知识表征学习往往会将高维数据转化为低维特征表示，以便更好地挖掘知识模式，理解数据的整体行为。Bengio 等[1]指出机器学习算法性能的好坏很大程度依赖于知识表征的好坏，不同的知识表征或多或少地表示数据背后变化的不同规律。我国学者刘知远等[2]认为知识表示学习的目标是将研究对象的语义信息表示为稠密低维实值向量。以知识库中的实体与关系为例，可以通过向量表征高效地计算实体、关系及其之间的复杂语义关联，这对知识库的构建、推理与应用至关重要。吴信东等[3]提出碎片化知识表示和挖掘是大数据知识工程的关键问题，也是非结构化知识发现的难题。张正航等[4]指出知识表示学习是对现实世界的一种抽象表达，一个知识表示应该具有足够强的表达能力，才能充分、完整地表达特定领域或者问题所需的知识。

5.1.1 研究现状

在知识表征学习出现之前，研究人员一般采用传统特征工程技术从原始数据的领域知识建立特征，然后部署机器学习算法以完成知识再利用的目标。传统特征工程需要领域专家针对某一特定任务人工构建特征，其对于机器学习非常有效。然而，传统特征工程泛化能力差，即面对新数据、新问题、新任务时，需要领域专家重新分析并归纳。综上所述，传统特征工程繁琐耗时、代价昂贵，并依赖于强大专业领域知识。知识表征学习弥补了这一点，它使得机器不仅能自动学习到碎片数据的潜在特征，并能利用这些特征来完成多项具体的任务。我国刘知远学者指出，知识表征学习经历了从浅层表征学习（shallow representation learning）到深层表征学习（deep representation learning）的过程。浅层表征学习指采用一些传统机器学习模型或浅层神经网络将大数据映射到某一特征空间的过程，这类表征模型中的参数量相对较少。深层表征学习特指通过构建包含多个隐层的深度神经网络来实现碎片知识映射的过程。图 5.1 展示了知识表征学习的发展历程。

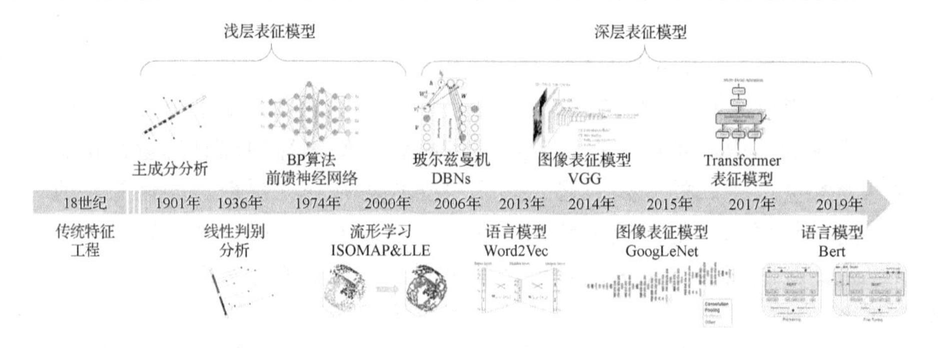

图 5.1 知识表征学习的发展历程

早在 20 世纪初，研究人员就开始关注浅层的知识表征学习算法。例如，主成分分析（principal component analysis，PCA）模型[5]是一种典型的无监督知识特征学习方法，其通过正交变换将一组可能存在相关性的变量转换为一组线性不相关的变量，从而达到特征降维的目标。不同于 PCA，线性判别分析（linear discriminant analysis，LDA）模型[6]是一种监督的特征学习方法，其考虑了分类标签信息，寻求投影后不同类别之间数据点距离最大化以及同一类别数据点距离最小化，即选择分类性能最好的方向。PCA 与 LDA 浅层知识表征学习模型都假设原始碎片知识特征呈现线性关系，然后采用线性函数将原始高维数据映射到低维空间，以便挖掘碎片知识在低维空间的内在结构。与此不同，流形学习假设高维数据实际是一种低维的流形结构在高维空间的嵌入表示。流形学习重点解决非线性结构的碎片数据，其更关注发掘高维数据中的内在结构。20 世纪 80 年代末期，反向传播

（back propagation，BP）算法[7]的提出掀起了机器学习的第一次浪潮，基于 BP 算法的人工神经网络引起了很多研究学者的关注。这类人工神经网络是仅含有一层隐层神经元的浅层模型，也被称为多层感知机（multi-layer perceptron，MLP）[8]。与过去基于人工规则的表征学习模型相比，MLP 模型从大量碎片化知识样本中学习统计规律，其在很多任务上体现出更优的性能。

21 世纪初，机器学习领域权威专家 Hinton 等[9]提出面向神经网络的贪婪分层预训练和参数微调的方法，旨在克服模型训练过程中的过拟合和梯度扩散问题。Hinton 等学者特别指出多隐层的人工神经网络具有优异的知识表征能力，学习到的特征向量对碎片化知识有更本质的刻画，从而更有利于后续的知识推理任务。伴随着硬件资源计算能力的提升，深度学习掀起了机器学习的第二次浪潮，其旨在通过构建具有很多隐层的网络模型，从海量碎片化数据挖掘更有用的知识表征形式。区别于传统的浅层模型，深度学习的不同在于：①从模型结构角度来看，深度学习的隐层更多，通常有 5 层、6 层，甚至 10 多层的隐层神经元；②从模型表征学习角度来看，深度学习强调知识表征的逐层转换，每层隐藏层都将碎片知识在原空间的表征变换到一个新空间，从而实现浅层表征到高层表征的挖掘。综上可知，深度学习可以更准确地学习大数据内部隐藏的规律，进而准确刻画碎片知识的特征。

近些年，计算机硬件资源的拓展又进一步推动了深度神经网络的发展。针对不同类型的知识碎片数据，研究人员探索出多样化的网络结构来提取数据特征。对于文本知识碎片，谷歌团队在 2013 年提出 Word2Vec 双层词向量网络模型，引入通过上下文来预测当前词和用当前词来预测上下文的两种训练模式[10]。Word2Vec 针对单词的局部信息建模，而忽视了当前词与局部窗口外其他词的语义关联。为此，Pennington 等[11]利用共现矩阵设计了局部信息与全局信息相融合的 Glove 模型。Word2Vec 与 Glove 模型都没有解决一词多义的问题，即词在不同的语境下其实有不同的含义，而这两个模型词在不同语境下的向量表示是相同的。为满足一词多义的需求，Peters 等[12]在长短时记忆（long short-term memory，LSTM）网络的基础上设计了 ELMo 模型，其以一句话或一段话为输入，输出基于上下文的词向量表征。2018 年，Devlin 等[13]提出基于 Transformer 编码器的 BERT 语言模型，引起自然语言处理领域很多研究学者的关注。BERT 语言模型受到了完形填空的启发，用当前语句的 85%的词预测遮掩的 15%的词，已达到考虑双向上下文特征的目的。

对于图像知识碎片，牛津大学设计了由 16 层卷积堆叠而成的卷积神经网络 VGG16[14]，其采用 3×3 的卷积核有效提取图像特定感受野范围内的语义特征。尽管 VGG16 可以在 ImageNet 上表现很好，但其对计算资源的内存和速度要求很高。为此，谷歌提出一种新型的 GoogLeNet 卷积网络[15]，其采用密集的 inception 模块来近似一个稀疏的卷积神经网络（convolutional neural network，CNN），并使用不同大小的卷积核来抓取不同大小的感受野。上述卷积神经网络在传递信息时会存在信息丢失问题，同时还会导致梯度消失或者梯度爆炸，难以训练。为此，微软亚洲研究院提出一种残差卷积神经网络 Resnet，通过直接将输入信息绕道传到输出来保护信息的完整性，简化特征学习的目标和难度[16]。

除了单一模态的文本和图像知识表征外，很多学者更关注一些面向高级知识组织形式的表征学习模型。例如，知识图谱表征将图谱中的实体和关系嵌入到连续的低维向量空间中，其主要分为直推式学习（transductive learning）与归纳式学习（inductive learning）两类，这部分详细内容见 5.2 节；异构图表征旨在学习异质信息网络中多种类型节点与边的低维稠密向量，其可分为浅层和深层异构图表征方法，这部分详细内容见 5.3 节；逻辑公式表征是将逻辑公式嵌入到低维连续空间，其是连接符号主义和连接主义的重要纽带，这部分详细内容见 5.4 节。

5.1.2　挑战与发展趋势

知识表征学习实现了对碎片化知识的分布式表示，对于知识的推理和应用具有重要意义。一方面，知识表征学习显著提升了计算效率。与传统的独热表示相比，知识表征学习将每个知识碎片映射为一个稠密的向量表示，有利于高效度量知识碎片间语义相似度。我国学者刘知远指出，在知识表征学习过程中，高频对象的语义信息可用于帮助低频对象的语义表示，提高低频对象的语义表示的精确性。另一方面，知识表征学习有助于实现异质碎片知识融合。表达相同语义的知识碎片可能来源于不同的外部知识库，也可能以图像、文本、视频等多种不同形态的载体呈现。知识表征学习可将来源和形态不同的对象投影到同一个语义空间，建立统一的表征模式，有利于计算异质对象间的语义关联，实现异质碎片知识融合。

知识表征学习虽然已取得显著成效，但仍然存在训练成本高、可解释性弱、动态演化难三大难点。①很多深层表征模型参数量庞大，依赖大规模的碎片数据，对硬件资源的要求太高。以谷歌在 2018 年提出的 AI 语言模型 BERT 为例，该模型有超过 3.5 亿个内部参数，而且需要大量数据来进行训练，大概用了 33 亿个大部分来自维基百科的单词来训练，模型训练成本大约在 1.2 万美元。普通的研究者难以承担如此巨大的训练成本。②大多数深层表征模型属于黑盒模型，用户并不清楚模型输出表征向量的含义学到了什么，模型中每个参数的含义是什么。深层表征模型的运作机制难以解释，其对应的优化方案也无法明确。③当前的知识表征学习模型主要作用于静态的碎片化知识，其假设碎片化数据所蕴含的语义是静态不变的。然而，知识是不断动态演化的，同一对象在不同的时间所表达的语义也是有所区别的。

5.2　知识图谱表征学习

随着语义网和 RDF 等技术的发展，结构化的知识得以通过三元组的形式进行储存，作为事实三元组集合的知识图谱也随之诞生。知识图谱基于 RDF 的离散化表示无法全面地体现知识图谱中实体和关系的复杂语义信息。受自然语言处理中词嵌入的启发，知识图谱的表征学习旨在将知识图谱中的实体和关系嵌入到连续的低维向量空间中。知识图谱的表征学习意图用向量、矩阵等数值化的表示代表知识图谱中的实体和关系，而丰富的数值计算方法也增强了针对知识图谱复杂语义的建模能力。相比于离散化的符号表示，知识图谱的表征学习也能为诸多下游任务，如智能问答[17]、信息抽取[18]、推荐系统[19]等，提供更好的语义支撑。

链接预测（link prediction）是评估知识图谱表征学习的典型任务，其目的是对不完全的三元组信息的缺失信息进行预测，既包括通过已知实体和关系对另一实体进行预测，也包括预测两个实体之间缺失的关系。也就是说，链接预测任务可视为针对三种不同类型的测试三元组（h, r, ?），(?, r, t），(h, ?, t）的补全任务，其中 h、r 和 t 分别对应三元组中的头实体、关系和尾实体。根据测试三元组中的实体是否存在于训练知识图谱中，知识图谱的表征学习可分为直推式学习与归纳式学习。

5.2.1　直推式学习

知识图谱直推式学习指挖掘某一知识图谱中实体和关系的特征信息，并直接用于该知识图谱中隐藏链接的补全。简单来说，知识图谱的直推式学习中，测试三元组中的实体都出现在训练知识图谱中。如图 5.2 中的示例所示，预测实体“球员 A”与实体“S 城”之间的关系时，“球员 A”和“S 城”等实体均存在于训练用的知识图谱中，则可以通过特征学习得到它们的嵌入表示直接用于预测。

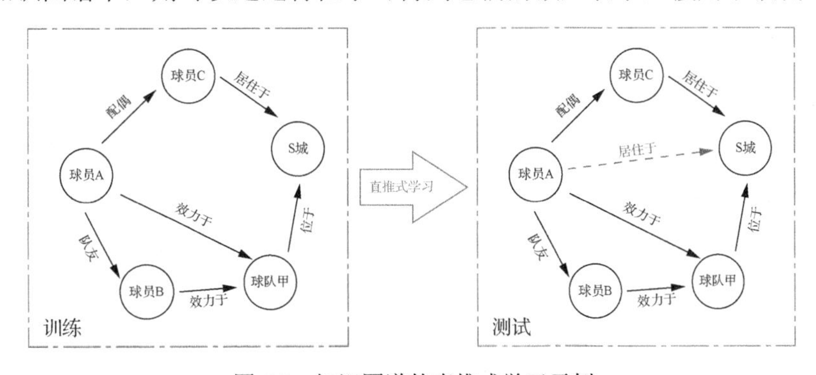

图 5.2　知识图谱的直推式学习示例

知识图谱直推式学习一般也称为知识图谱嵌入，其学习过程主要分为特征表示和得分函数评估两个环节。大多数的知识图谱直推式学习主要依靠知识图谱中可以直接观察到的信息对模型进行训练，即根据知识图谱中所有已知的三元组对其中的实体、关系或整条三元组进行特征表示。对于这些方法，通常只需要赋予每一个实体和关系向量表示或矩阵表示以满足测试三元组即可。除此之外，还需要设计合理的得分函数以衡量三元组特征嵌入的合理性。得分函数既能约束模型的优化，也能作为知识图谱补全时的评判依据。根据得分函数体现的思想，知识图谱直推式模型主要分为平移距离模型和语义匹配模型两类。

1. 平移距离模型

平移距离模型（translational distance-based model）的主要思想是引入欧氏距离计算头实体经关系转移后的特征表示与尾实体表示之间的相似度，并以此设计得分函数衡量三元组的合理性。平移距离模型中最具代表性的模型是由 Bordes 等[20]于 2013 年提出的 TransE 模型。

受词向量平移不变性的启发，对于知识图谱中的某一条三元组（head, relation, tail），TransE 模型将向量化后的尾实体和头实体之间的平移向量看作关系向量，即 $\text{head}+\text{relation}\approx\text{tail}$。例如，对于事实三元组（Elon Musk, CeoOf, Tesla），理想的实体和关系的向量嵌入表示应尽可能满足：

$$\text{vec(Elon Musk)}+\text{vec(CeoOf)}\approx\text{vec(Tesla)} \tag{5.1}$$

式中，$\text{vec}(\cdot)$ 代表对应元素的向量化表示。基于上述思想，TransE 模型的得分函数可表示为

$$f_r(h,t)=-\|\boldsymbol{h}+\boldsymbol{r}-\boldsymbol{t}\| \tag{5.2}$$

式中，$\boldsymbol{h}$、$\boldsymbol{r}$、$\boldsymbol{t}$ 分别代表三元组（h，r，t）中实体和关系对应的向量表示。该得分函数的值越高，则表明该三元组的合理性越高。

TransE 模型因具有模型参数少，计算复杂度较低，可拓展性强的优点，极大地促进了知识表征学习在大规模知识图谱上的研究与应用。但是 TransE 模型也有着不可忽视的缺点：难以处理知识图谱中“一对多”或“多对多”等复杂关系。例如，对于三元组（Elon Musk, CeoOf, Tesla）和（Elon Musk, CeoOf, SpaceX），根据 TransE 模型平移距离的思想，尾实体的表示可看作头实体经关系平移转移后的向量表征，则 $\text{vec(Tesla)}=\text{vec(SpaceX)}$。然而，Tesla 和 SpaceX 是两个不同的实体，其向量表示也应该不尽相同。为了应对复杂关系带来的挑战，TransH 模型[21]利用关系超平面建模不同实体之间语义差别：对三元组建模时，头、尾实体会映射到关系特定的超平面上，并希望映射后的实体、关系向量满足 TransE 模型中平移距离的思想。这样便使得同一实体在不同关系中有着不同的语义特征，且不同的实体在同一关系中的语义相近。如图 5.3 所示，尽管实体 Tesla 和 SpaceX 映射到同一关系 CeoOf 超平面后的向量表示相近，但是两个实体本身的特征向量仍存在差异。

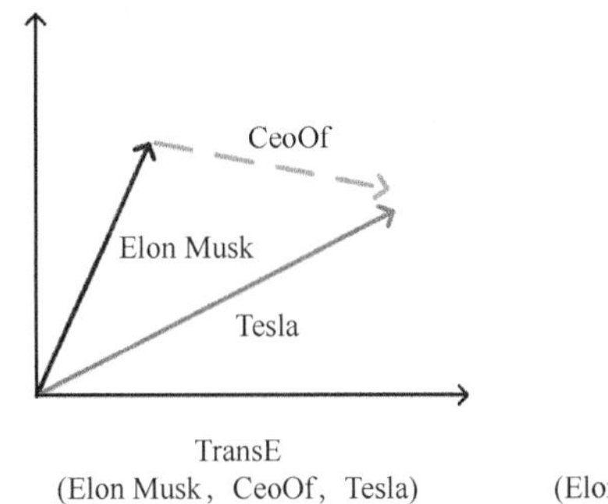

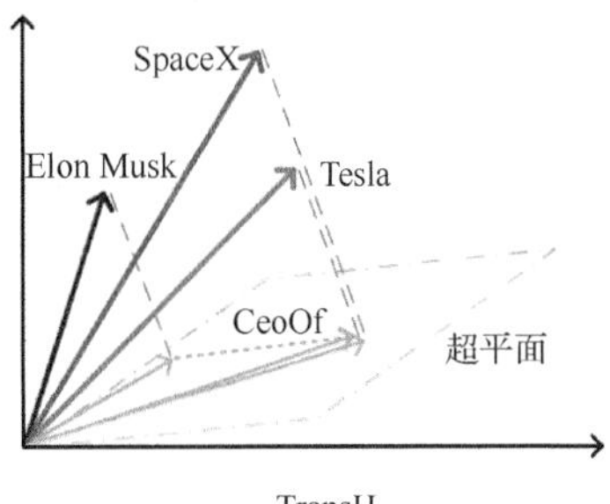

TransE
(Elon Musk，CeoOf，Tesla)

TransH
(Elon Musk，CeoOf，Tesla) (Elon Musk，CeoOf，SpaceX)

图 5.3　基于平移距离的知识图谱嵌入模型

2. 语义匹配模型

语义匹配模型（semantic matching model）不同于平移距离模型，更注重挖掘三元组中实体与关系的潜在语义信息。许多深度学习方法可以用于挖掘三元组所蕴含的语义特征，如线性变换、矩阵分解、卷积操作等。语义匹配模型的主要思想最早由 RESCAL 模型[22]提出。

RESCAL 模型的核心思想是将整个知识图谱编码为一个三维张量，由这个张量分解出一个核心张量和一个因子矩阵，知识图谱中的关系和实体分别对应着核心张量中的二维矩阵切片和因子矩阵中的行向量。简单来说，RESCAL 模型使用向量来表示每个实体，利用矩阵来表示关系，其三元组有效性的得分函数则表示为

$$f_r(h,t)=\boldsymbol{h}^{\top}\boldsymbol{M}_r\boldsymbol{t}=\sum_{i=0}^{d-1}\sum_{j=0}^{d-1}[\boldsymbol{M}_r]_{ij}\cdot[\boldsymbol{h}]_i\cdot[\boldsymbol{t}]_j \tag{5.3}$$

卷积操作也被用于提取三元组蕴含的语义信息。ConvE 模型[23]首先将三元组（h，r，t）的头实体向量和关系向量转化为二维矩阵，其次利用二维卷积操作提取头实体-关系的潜在语义，最后通过多层非线性变化融入尾实体的信息以表达三元组的完整语义信息。ConvE 模型的得分函数表示如下：

$$f_r(h,t)=\sigma(\mathrm{vec}(\sigma([\boldsymbol{M}_h;\boldsymbol{M}_r]*\omega))\boldsymbol{W})\boldsymbol{t} \tag{5.4}$$

式中，$\sigma(\cdot)$表示 sigmoid 函数；ω表示 2D 卷积核；$\mathrm{vec}(\cdot)$表示将矩阵变形为向量。

随着深度学习技术的不断发展，特征提取模型也不断更新，除了上述提到的矩阵分解、卷积等操作，多层感知机、循环神经网络（recurrent neural network，RNN）、transformer 等模型也都被应用于挖掘三元组潜在的语义特征信息。

尽管基于平移距离和基于语义匹配的模型能够很好地建模独立三元组的语义特征，但是由于知识图谱天然的数据稀疏性，且无论是实体还是关系都存在长尾分布的特点，即某一实体或者关系具有极少的实例样本，仅仅依靠知识图谱中独立的三元组信息不足以得到更好的嵌入表示以适应各种下游任务。因此，很多研

究者基于上述两种模型，在特征表示阶段增强对知识图谱中实体、关系、三元组的建模，以提升知识图谱补全的效果。有些工作考虑到知识图谱中实体间复杂的链接情况和拓扑结构，利用图卷积网络（graph convolutional network，GCN）对节点进行特征编码[24, 25]，以便模型学习到更准确的向量表征。除此之外，一些额外信息也被用于增强知识图谱中语义特征的建模，常见的额外信息包括文本描述信息[26]、类别层次信息[27]、逻辑规则[28]等。

5.2.2 归纳式学习

不同于直推式学习，归纳式学习测试阶段中的样例并未出现在训练阶段。因此，归纳式学习需要模型拥有更高的泛化能力。知识图谱的归纳式学习效果主要通过归纳关系预测（inductive relation prediction）进行评估。归纳关系预测是链接预测的一种特例，其目的是预测训练过程中未出现的实体之间的关系。由于知识图谱嵌入模型无法直接学习到测试阶段中实体的向量表示，因而基于嵌入的模型往往无法解决归纳关系预测问题。以图 5.4 为例，测试过程中需要预测实体“球员 D”和实体“G 城”之间的关系，但是这些实体都不存在于用于训练的知识图谱中，因此它们的嵌入向量无法学习到，难以直接对缺失的关系进行预测。根据提高模型归纳能力所使用的不同结构信息，本小节将知识图谱的归纳式学习分为基于子图拓扑和基于推理路径的表征方法。

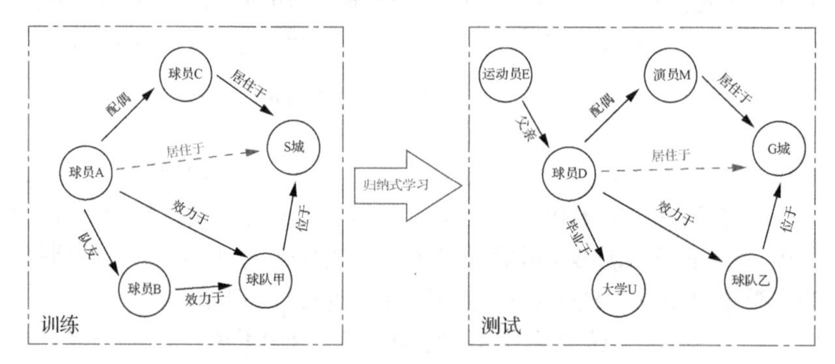

图 5.4 知识图谱的归纳式学习示例

1. 基于子图拓扑的方法

利用知识图谱的实体无关性以挖掘三元组的局部子图拓扑结构信息进行潜在特征提取是知识归纳式学习的主要解决方法。最早利用这种思想解决知识图谱的归纳关系推理的是于 2020 年提出的 GraIL 模型[29]。对于需要进行关系预测的目标三元组，GraIL 模型首先进行采样抽取围绕该三元组的局部子图，对于抽取的子图接着利用图神经网络学习整个节点与整个子图的特征向量，并将三元组有效性的得分函数作为优化目标进行参数训练，其得分函数的数值可代表模型的归纳能力。具体地，GraIL 模型在对子图利用图卷积更新节点特征时，参照了类似 R-GCN 的方法，其中节点的向量计算如下：

$$h_t^k = \text{ReLU}(W_{\text{self}}{}^k h_t^{k-1} + a_k^t) \tag{5.5}$$

以子图为代表的三元组局部特征可用子图中所有节点的平均池化来表示：

$$h_{\mathcal{G}}^L = \frac{1}{|\mathcal{V}|}\sum_{i\in\mathcal{V}} h_i^L \tag{5.6}$$

式中，$\mathcal{V}$ 表示子图 $\mathcal{G}$ 中所有节点的集合。然后整合三元组（u，r，v）中实体表征 h_u^L、h_v^L，关系表征 e_r 和基于该三元组抽取的子图的表征 $h_{\mathcal{G}}^L$。最终进行三元组有效性评估时，GraIL 定义得分函数如下：

$$f_r(u,v) = W^{\text{T}}[h_{\mathcal{G}}^L \oplus h_u^L \oplus h_v^L \oplus e_r] \tag{5.7}$$

式中，$\oplus$ 表示向量间的拼接操作。相较于知识图谱直推式学习中利用 GCN 在完整的知识图谱上学习到每个实体的嵌入表示，GraIL 模型强调了 GCN 针对局部信息的语义提取能力，并结合三元组与局部子图的特征信息共同对其合理性进行建模。

2. 基于推理路径的方法

除了局部子图体现的拓扑信息，推理路径也被用于知识图谱的归纳式学习。考虑到知识图谱的有向性，推理路径由三元组顺次拼接形成。推理路径的起始、结束节点分别为目标三元组的头实体和尾实体。理想的推理路径能为预测三元组提供强大的语义支撑。

BERTRL 模型[30]利用预训练语言模型对推理路径进行建模。如图 5.5 所示，首先，BERTRL 模型会以目标三元组为中心，抽取连接着目标三元组中头、尾实体的推理路径。其次，BERTRL 模型将推理路径进行组合，并视其为能够提供背景信息的文本上下文，同时将目标三元组的关系预测视为问题，以此构成智能问答（question answering，QA）中的上下文-问题文本对。最后，BERTRL 模型利用预训练语言模型 BERT[13]对抽取出来的问答文本对进行模型的训练。具体而言，头实体 h 与尾实体 t 之间的每一条推理路径均由一组头尾相连的三元组序列组成：$h \to t:(h,r_0,e_1),\ (e_1,r_1,e_2),\cdots,(e_n,r_n,t)$。对于抽取出的推理路径，为了便于通过 BERT 模型进行建模，推理路径中的实体与关系的自然语言文本将进行组合，作为提供问答支撑的上下文文本片段。如图 5.5 所示，抽取出的推理路径 2 便可提供背景上下文文本："球员 D 效力于球队乙；球队乙位于 G 城"。基于推理路径和目标三元组组成的文本问答对，BERTRL 模型将实体之间的关系预测转化为 QA 问题，引入候选关系 r 后，该模型进一步简化为利用 BERT 模型求解一个二分类问题：

$$p(y\,|\,h,r,t,h\to t) \tag{5.8}$$

式中，$y \in \{0,1\}$ 为该候选关系 r 对应的标签。目标三元组的得分则表示为

$$h_t^k = \mathrm{ReLU}(W_{\mathrm{self}}{}^k h_t^{k-1} + a_k^t) \tag{5.9}$$

式中的得分不仅能评估三元组的有效性，同时也能筛选出与目标三元组语义最接近的推理路径，增强了模型的可解释性。

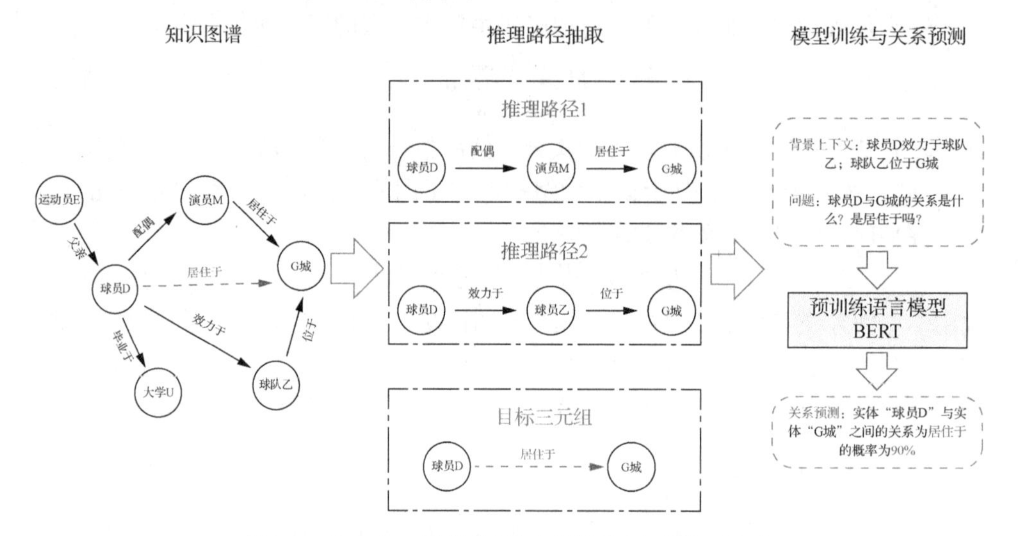

图 5.5　BERTRL 模型进行知识图谱归纳式学习示例

5.3　异构图表征学习

知识通常由大量类型各异、彼此交互的信息构成。不同于同质图，异质信息网络通过引入多种类型的节点和边来加入更多的语义数据信息，从而融合节点相关的多种类型数对象及其复杂的交互关系。如图 5.6 所示，以新浪微博为例，特定社交网络舆情事件中，用户通过博文、评论、分享、关注、私信等方式联结成一个庞大的异质信息网络。此异质信息网络的对象类型包含用户和以文本、图片、视频等多模态形式呈现的博文、话题、评论等；其关系类型则更为复杂，包括用户与用户之间的关注和私信关系，用户与博文之间的创作和阅读关系，用户与视频、图片内容的分享和查看关系，博文和评论与话题间的归属关系等。这些不同类型的对象和对象之间复杂的交互共存使得事件相关异质信息网络蕴含丰富的语义信息和全面的结构信息，有利于高效建模复杂多样的网络舆情事件，使得更细微的知识被发现。

定义 5.1　信息网络。信息网络被定义为一个具有对象类型映射函数 $\varphi: V \to A$ 和关系类型映射函数 $\psi: E \to R$ 的有向图 $G=(V,E,\varphi,\psi)$。每项目标 $v \in V$ 属于对象类型集合 A 中的一种特定对象类型 $A: \varphi(v) \in A$，每条链接 $e \in E$ 属于关系

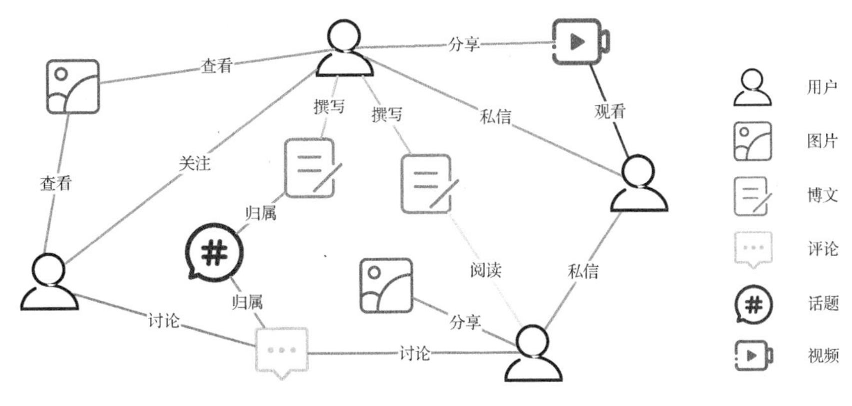

图 5.6　异质信息网络示意图

类型集合 $R:\psi(E)\in R$ 中的一个特定关系类型。如果两个链接属于相同的关系类型，则两个链接共享相同的起始对象类型和结束对象类型。

定义 5.2　异质/同质网络。若信息网络的对象类型数 $|A|>1$ 或者关系类型数 $|R|>1$，那么称之为异质网络；否则，称之为同质网络。

定义 5.3　信息网络表示学习。将网络节点映射到低维向量空间中，用低维稠密向量来表示网络中的任意节点，为每个节点提供有意义的向量表示，便于下游任务应用，如节点分类、链接预测等。

由于异质网络的特殊性，同质网络的表征学习方法并不能直接应用于异质网络，主要存在两点挑战：

（1）节点和边的异质性。不同类型的节点和边代表不同的语义，因此异质网络的表征学习需要将不同类型的对象映射到不同的空间中。此外，如何保存每个节点的异质邻居及如何处理异质的节点序列也是值得探究的问题。

（2）异质网络中丰富信息所带来的表示融合难题。异质网络从多个维度刻画节点的语义，如何有效抽取和利用多维度信息并融合得到全面的节点表示也是巨大的挑战。

目前，异质网络表征学习的方法可分为浅层异质信息网络表征学习模型和深层异质信息网络表征学习模型两类。浅层异质信息网络表征学习模型先将异质网络分解为较简单的网络进行表征学习，然后将信息融合起来达到“分而治之”的效果；深层异质信息网络表征学习模型尝试利用深度神经网络对异质网络中不同类型的数据进行建模。

5.3.1　浅层异质信息网络表征学习

浅层异质信息网络表征学习模型是一种异质信息网络挖掘的基本方法，其主要利用异质网络的结构信息，通过最小化相似节点或子结构在表示空间中的距离

得到异质信息网络的编码方法。一般地，异质信息网络表征学习模型的目标函数表示为

$$J = \sum_{u,v} w_{uv} \log_2 \frac{\exp\left(d(u,v)\right)}{\sum_{u'} \exp\left(d(u',v)\right)} + J_R \tag{5.10}$$

式中，w_{uv} 是关系 (u,v) 的权重；$d(\cdot)$ 是表示空间中的距离（相似度）函数；J_R 是目标函数的正则项，通常用于防止模型的过拟合，有时也采用交叉熵等有监督损失函数的形式来提升模型的表现。为了求解上述问题，浅层模型将异质信息网络分解为简单网络，并分别对这些网络进行表征学习，然后将信息融合得到最终的节点表示向量。按照异质信息网络的分解方法，可以将浅层模型划分为基于元路径的方法和基于子网络的方法。

（1）基于元路径的方法：如图 5.7 所示，元路径[31]通过指定节点连接序列捕捉目标语义信息，广泛应用于异质网络挖掘中的各类任务。ESim[32]通过相似度搜索最大化个性化元路径的概率，学习节点的表示向量。在目标函数 J 中，相似度函数 $d(\cdot)$ 定义为

$$d_M(u,v) = \mu_M + p_M^{\mathrm{T}} x_u + q_M^{\mathrm{T}} x_v + x_u^{\mathrm{T}} x_v \tag{5.11}$$

式中，μ_M 与 p_M 和 q_M 分别为元路径 M 的全局与局部偏差向量。HIN2Vec[33]通过随机游走与负采样构建训练数据，再使用多分类模型预测节点之间的元路径，从而同时学习节点与元路径的表示向量。其中，相似度函数 $d(\cdot)$ 定义为 $d_M(u,v) = e_u^{\mathrm{T}} A_M e_v$，$A_M$ 为元路径 M 的嵌入矩阵。metapath2vec[34]使用元路径在异质信息网络上进行随机游走，再使用 skip-gram 算法学习节点的表示向量。考虑到目标函数的计算需要用到全部的节点，计算复杂性较高，在实际运算时使用负采样[35]以减少训练开销。Wang 等[36]探究了异质信息网络中的幂律分布特性，进而在基于元路径的随机游走中使用双曲空间中的距离来度量节点的相似性，如下式所示：

$$d(u,v) = \cosh^{-1}\left(1 + 2\frac{\left\|x_u - x_v\right\|^2}{\left(1 - \left\|x_u\right\|^2\right)\left(1 - \left\|x_v\right\|^2\right)}\right) \tag{5.12}$$

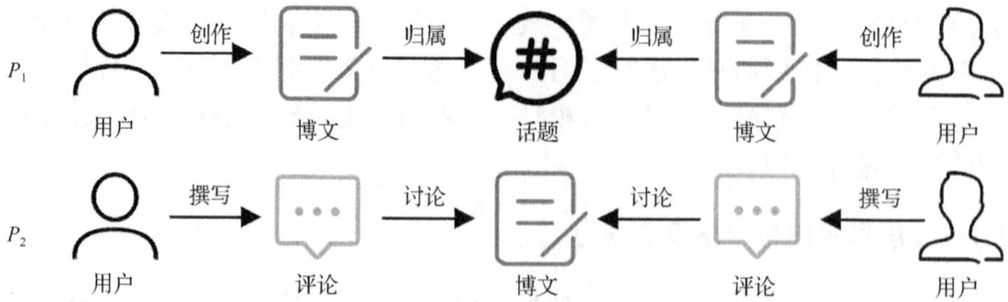

图 5.7　异质信息网络中元路径 (P_1, P_2) 的示意图

（2）基于子网络的方法：如图 5.8 所示，相对于元路径，子网络蕴含了更复杂的高阶结构和语义信息。

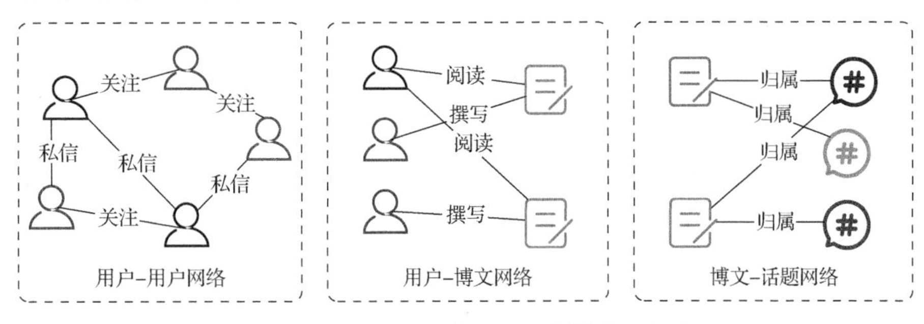

图 5.8　异质信息网络中子网络[37]的示意图

Tang 等[37]将文本异质网络分解为 word-word 网络、word-document 网络与 word-label 网络，并使用 LINE[38]算法学习共享节点的表示向量；Shi 等[39]将异质网络根据语义信息划分为不同的子网络分别进行表征学习，使得不同的实体映射至基于不同子网络的表示空间，进而更好地利用节点的语义信息；metagraph2vec 模型[40]使用元图诱导的随机游走生成节点序列，再通过 skip-gram 算法学习节点的表示向量；进一步地，mg2vec 模型[41]同时学习了元图与节点的表示：

$$P(M_i \mid u,v)=\frac{\exp(M_i \cdot f(h_u,h_v))}{\sum_{M_j \in M}\exp(M_j \cdot f(h_u,h_v))} \tag{5.13}$$

式中，$f(\cdot)$ 为用于学习节点对 (u,v) 嵌入表示的神经网络；M 为元图的嵌入表示；h_u 和 h_v 为节点的嵌入表示。mg2vec 模型通过最大化节点与元图的相似度（一阶信息）和点对与元图的相似度（二阶信息）捕捉异质网络的结构信息。

5.3.2　深层异质信息网络表征学习

深层异质信息网络表征学习模型利用神经网络来挖掘异质图中节点的属性及其之间的关系，学习图中节点或者关系的嵌入向量。相对于浅层异质信息网络表征学习模型，深层异质信息网络表征学习模型可以更好地捕捉非线性关系，抽取节点蕴含的丰富语义信息。一般地，深层异质信息网络表征学习模型大致分成三类：基于编码–解码器、基于生成对抗网络和基于消息传递的方法。

（1）基于编码–解码器的方法：基于编码–解码器的方法旨在用神经网络作为编码器从节点的特征向量中学习嵌入表示，并设计解码器保持网络特性。形式化地，编码器通过映射函数 $\mathrm{ENC}: V \to \mathbb{R}^d$ 将节点 i 映射为嵌入表征 $z_i \in \mathbb{R}^d$ 。解码器的输入是节点嵌入的集合，输出是需要解码的用户自定义图结构信息。常用的解码器为 pairwise decoder， $\mathrm{DEC}: \mathbb{R}^d \times \mathbb{R}^d \to \mathbb{R}^+$，即通过译码器输出一个实数衡量图中两个节点的相似性。为了学习嵌入表达，需要重构节点低维嵌入的相似性以反映二者在图结构上的相似性，因此基于编码-解码器的方法通常将重构误差最小化作为优化目标，即

$$L=\sum_{(v_i,v_j)\in D} l(\mathrm{DEC}(z_i,z_j),s_G(v_i,v_j)) \tag{5.14}$$

式中，$s_G(v_i,v_j)$ 用于衡量在原始图结构上节点 i 和 j 的相似性，可以看作反映原始图结构的真实标签。在上述框架下，HNE[42]主要研究多模态异质图，该方法利用 CNN 和自动编码器分别学习图像嵌入表达 x 和文本嵌入表达 z，定义嵌入表达间的距离 $d(x_i,x_j)=s(x_i,x_j)-t_I$，其中 $s(x_i,x_j)$ 为嵌入表示的相似性，t_I 为偏差项。根据重构误差最小化的思想，可得到如下损失函数：

$$L(x_i,x_j)=\log_2(1+\exp(-A_{i,j}d(x_i,x_j))) \tag{5.15}$$

式中，A 为邻接矩阵。若节点 i 、 j 之间存在边，则 $d(x_i,x_j)$ 需要尽可能地大，反之，x_i 和 x_j 的相似度应尽可能地小。Camel[43]使用门控循环单元（gated recurrent unit，GRU）作为编码器来从摘要中学习文章的嵌入表示，定义嵌入表示之间的距离 $d(v,u)=\|E_v-q_u\|=\|f(p_v)-q_u\|$，其中 p_v 为论文摘要 v 的词序列，q_u 是作者 u 的嵌入表示。基于定义的嵌入表示距离和重构误差最小化思想，Camel 提出了度量学习的损失函数：

$$L_{\text{Metric}}=\sum_{v\in I<T}\sum_{u\in I_v}\sum_{u'\notin I_v}[\xi+d(v,u)^2-d(v,u')^2] \tag{5.16}$$

此损失函数减少论文摘要 v 和真实作者 u 之间的距离，增加论文摘要 v 和虚假作者 u' 之间的距离。同时，Camel 还利用元路径游走方法获取间接关系，使用 skip-gram 模型对间接数据建模，以保持图的局部结构：

$$L_{\text{MWIL}}^{P}=-\sum_{w\in W_P}\sum_{v\in w}\sum_{u\in w[I_v-\tau:I_v+\tau],u\notin I_v}\log_2 p(u\mid v,P) \tag{5.17}$$

式中，W_P 为在元路径 P 下的随机游走路径集合；τ 为周围环境的大小；I_v 为论文摘要 v 在路径 w 中的位置。

（2）基于生成对抗网络的方法：基于生成对抗网络的方法利用生成器和辨别器之间的对抗来学习鲁棒的节点嵌入表示。生成器 G 尽可能地拟合潜在的连通分布，并生成最有可能产生连接的节点，而辨别器 D 试图区分连通点对和不连通点对，并计算输入的两个节点之间存在边的概率，其对抗学习可以看成一个最小最大博弈过程，其目标函数为

$$\min_{\theta^G}\max_{\theta^D} E_{x\sim P_{\text{data}}}[\log_2 D(x;\theta^D)]+E_{z\sim P_Z}[\log_2(1-D(G(z;\theta^G);\theta^D))] \tag{5.18}$$

式中，生成器 G 试图用预定义的分布 P_Z 生成尽可能接近真实数据的假样本，θ^G 表示生成器的参数；相反，辨别器 D 试图辨别真实网络采样的真样本和生成器生成的假样本，θ^D 为辨别器的参数。在同质图中，基于生成对抗网络的方法只考虑图

的结构信息，如 GraphGAN[44]在生成虚拟节点时使用广度优先算法。然而在异质图中，辨别器和生成器可以感知关系的类型，这捕获了异质图中丰富的语义信息。HeGAN[45]是首个在异质图上运用生成对抗网络的模型，它提出了关系感知型生成器和辨别器：

$$G(u,r;\theta^G)=f(W_L\cdots f(W_1 e+b_1)+b_L) \tag{5.19}$$

$$D(e_v\mid u,r;\theta^D)=\frac{1}{1+\exp(-e_u^{D^{\mathrm{T}}}M_r^D e_v)} \tag{5.20}$$

以上生成器和辨别器利用关系矩阵 M_r 来处理对应的特定关系 r，并通过学习节点的潜在分布改进负采样。MV-ACM[46]用生成对抗网络计算不同视图中节点的相似度来生成互补的视图，从而捕获多视图信息。MV-ACM 的生成器和辨别器为

$$G(r'\mid r,v_i)=\frac{\exp(S_{\text{semantic}}(r',r\mid i))}{\sum_{r_k\in R}\exp(S_{\text{semantic}}(r_k,r,i))} \tag{5.21}$$

$$D(r',r,v_i;\theta_D)=\cos<u_D^{r'}+W_D^{r'}n_D^i,u_D^r+W_D^r n_D^i> \tag{5.22}$$

式（5.21）和式（5.22）中，$S_{\text{semantic}}(r',r\mid i)$ 为节点 i 在视角 r 和 r' 下的相似度；u_D^r 为视角 r 下的嵌入表示；n_D^i 为节点 i 的嵌入表示。

（3）基于消息传递的方法：如图 5.9 所示，消息传递的思想是将节点的邻域信息聚合并作为消息传递给邻居节点，这种思想通常被图神经网络广泛采用。

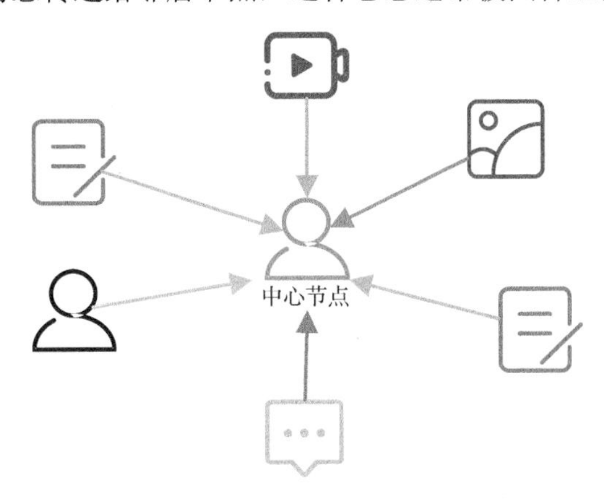

图 5.9　深度模型中的消息传递示意图

基于消息传递方法的关键是设计如下聚合函数来捕捉异质图中的语义信息：

$$h_u^{(k+1)}=\mathrm{UPDATE}^{(k)}(h_u^{(k)},\mathrm{AGGREGATE}^{(k)}(\{h_v^{(k)},\forall v\in N(u)\})) \tag{5.23}$$

式中，UPDATE 和 AGGREGATE 为任意的可导函数。在此框架下，R-GCN[24]提出利用不同的卷积矩阵来处理异质图中不同种类的关系，在第 k 个卷积层中，通过对相邻节点嵌入进行归一化地累加更新中心节点的嵌入，即

$$h_u^{(k+1)} = \sigma\left(\sum_{l \in T_E} \sum_{v \in N_l(u)} \frac{1}{|N_l(u)|} W_l^{(k)} h_v^{(k)} + W_0^{(k)} h_u^{(k)}\right) \tag{5.24}$$

式中，σ 为激活函数；$N_l(u)$ 为节点 u 在关系 l 下的邻居节点。不同于同质图上的GCN，R-GCN 通过学习多个与边类型对应的卷积矩阵 $W_l^{(k)}$ 来处理边的异质性。CompGCN[25]通过引入嵌入的复合操作，能够在 R-GCN 的基础上同时利用邻居节点和边的嵌入表示进行更新，即

$$h_v = f\left(\sum_{(u,r) \in N(v)} W_{\lambda(r)} \phi(x_u, z_r)\right) \tag{5.25}$$

HetGNN[47]基于随机游走采样固定数量的异质邻居，并根据节点类型对其进行分组编码，最终通过组间信息融合得到节点表示：

$$h_u = f_{\mathrm{ENC}}(x_u),\ h_{u,o} = f_{\mathrm{AGG}}(\{h_v \mid v \in N_{\mathrm{RWR}}(u), \phi^*(v) = o\}) \tag{5.26}$$

$$e_u = \alpha_u h_u + \sum_{o \subset T_v} \alpha_{u,o} h_{u,o} \tag{5.27}$$

式中，$N_{\mathrm{RWR}}(u)$ 表示从节点 u 随机游走采样节点，同时保证采样到所有类型的邻居；$h_{u,o}$ 表示边 (u,o) 传递的消息向量；h_u 表示节点 u 的表示向量；$\alpha_{u,o}$ 表示边 (u,o) 的注意力权重。

在 R-GCN 和 CompGCN 模型中，各邻居节点的权重均为归一化系数 $1/|N_l(u)|$，这并不能较好地反映异质信息网络中节点间影响力大小的异质性，因此许多研究人员试图将 Transformers 中的自注意力机制引入异质图神经网络中，以此解决节点间影响权重不一致的问题。在异质图上的 Transformers 模型可以基本总结如下：首先将邻居节点和中心节点嵌入投影得到的向量 q 和 k，通过

$$\alpha_{c,ij}^{r(l)} = \frac{< q_{c,i}^{r(l)}, k_{c,j}^{r(l)} >}{\sum_{u \in N_{(i)}^r} < q_{c,i}^{r(l)}, k_{c,u}^{r(l)} >} \tag{5.28}$$

计算出中心节点及其相连边的权重 $\alpha_{c,ij}^{r(l)}$，其中，$< q,k >= \exp(q^{\mathrm{T}} k / \sqrt{d})$，然后根据此注意力权重进行消息传递。RGT 模型[48]将异质图上 Transformers 模型拓展到异质信息网络中，其采用多层注意力机制对异质图中不同关系进行处理。具体来说，针对异质信息网络中的关系 r，通过异质图 Transformers 的多头注意力机制得到关系 r 下的节点嵌入表示 $u_i^{r(l)}$：

$$u_i^{r(l)} = \frac{1}{C} \sum_{c=1}^{C} \left(\sum_{j \in N^r(i)} \alpha_{c,ij}^{r(l)} v_{c,j}^{r(l)}\right) \tag{5.29}$$

式中，C 为注意力头数；$v_{c,j}^{r(l)}$ 为邻居节点嵌入表征通过线性层得到的投影向量。然后利用语义注意力网络的多头注意力机制，将节点在所有关系下的嵌入表示进行聚合，从而得到节点的最终嵌入表征 $x_i^{(l)}$：

$$\beta_d^{r(l)} = \text{softmax}\left(\frac{1}{|V|}\sum_{i\in V} q_d^{(l)\text{T}} \cdot \tanh(W_{d,s}^{(l)} \cdot h_i^{r(l)} + b_{d,s}^{(l)})\right) \tag{5.30}$$

$$x_i^{(l)} = \frac{1}{D}\sum_{d=1}^{D}\left(\sum_{r\in R}\beta_d^{r(l)} \cdot h_i^{r(l)}\right) \tag{5.31}$$

式（5.30）和式（5.31）中，V 为语义注意力头数；q_d、$W_{d,s}$、$b_{d,s}$ 为可学习参数；$h_i^{r(l)}$ 为在关系 r 下节点 i 的嵌入表示。上述模型架构使得 RGT 模型能够较好地挖掘异质信息网络中不同关系的异质性以及各种关系之间的互动。HGT 模型[49]提出利用 Transformer 的自注意力机制来自动挖掘异质信息网络中的元路径，即

$$\hat{h}_v^{(k+1)} = \sum_{u\in N(v)} \text{Attention}(u,v) \odot \text{Message}(u,v) \tag{5.32}$$

$$h_v^{(k+1)} = A_{\phi(v)}(\sigma(\hat{h}_v^{(k+1)})) + h_v^{(k)}, h_u^{(0)} = x_u, e_u = h_n^{(K)} \tag{5.33}$$

其通过点乘向量节点 u 和 v 的嵌入表示的投影分别得到向量 q 和 k 。式中，$\text{Attention}(u,v)$ 采用前述的图 Transformer 注意力计算框架计算边 (u,v) 的注意力权重；$\text{Message}(u,v)$ 为通过边 (u,v) 传递的信息；$\hat{h}_v^{(k)}$ 为节点 v 通过第 k 层 HGT 后的表示向量。在聚合相邻节点的信息时，注意力权重会作为邻居节点的权重乘上沿元路径传递的消息向量以更新节点嵌入。

5.3.3　挑战与发展趋势

随着深度学习的发展，异质信息网络表征学习逐渐从浅层模型转向深层模型，并成功应用于诸多下游任务，但仍然在以下几个方面存在局限性。

（1）大规模应用方面，现有的深层异质信息网络表征学习模型难以应用于大规模工业场景，这是因为当前该模型的复杂度较高，且难以并行。例如，电子商务推荐的节点数可以达到 10 亿，这对模型的实际应用提出了很大的挑战。因此，提出能够高效解决大规模异质信息网络表征模型，并能够部署在现实世界中是一个具有研究前景的问题。

（2）鲁棒性方面，目前异质信息网络表征学习方法容易受到噪声的干扰，进而影响表征质量，为使异质信息网络表征学习模型更加可靠，需要提升模型的鲁棒性以对抗信息的扰动。随着深度学习对抗攻击领域的发展，对抗样本的危险性日益凸显，即在正常样例中添加人类无法感知的扰动，做到不干扰人类认知的同时使机器学习模型做出错误判断。异质信息网络在现实世界中有非常广泛的应用，其嵌入表示的鲁棒性一直是学者们关心的问题，但即使是被广泛认可并且迄今为止最成功的 l_∞ 防御[50]，仍然极易受到 l_2 的扰动影响[51]，因此异质信息网络表征的弱点和如何提升异质信息网络的鲁棒性依然有待更加深入的研究。

（3）可解释性方面，目前的异质信息表征模型为黑盒模型，人们难以理解其内部运作的机理，为了安全、可信地部署模型，需要在提供准确预测的同时给出

人类能够领会的解释。特别是在一些特定的领域，如生物医学中，模型和嵌入的可解释性是非常重要的，如果没有对预测背后的底层机制进行推理，异质信息网络表征学习模型就无法得到完全信任，这就阻碍了模型在有关公平性、隐私性和安全性的应用，但现在对异质信息网络表征学习的可解释性还缺乏深入的研究。

5.4　逻辑公式表征学习

目前，受益于优异的拟合能力，以神经网络为代表的连接主义得以快速发展，并为人工智能带来了前所未有的机遇。然而，计算过程不透明而导致的不可解释性已阻碍其在许多高风险决策领域中的应用，如疾病诊断、无人驾驶和智能决策。逻辑作为符号主义的核心之一，在人工智能中起着基础性的作用。与神经网络模型相比，它更符合人类思维中的知识表示和推理过程，在可解释性方面表现出显著的优势。但是这类方法的建模能力通常有限，且难以处理有噪声的输入数据，因而难以适用于需要精确建模的场合。

为了实现更高层次的人工智能，通过集成符号主义的逻辑规则与连接主义的神经网络，神经符号（neural-symbolic）系统被提出来以实现这两者的优势互补。但是由于逻辑规则的离散表示空间与神经网络的连续计算空间存在天然的鸿沟，无法将两者直接融合。将逻辑公式嵌入到低维连续空间，并指导神经网络模块的计算成为一种重要的间接解决方案。

如图 5.10 所示，逻辑公式表征旨在将离散的符号化逻辑公式（包含命题逻辑和一阶逻辑）f 映射到低维连续空间 $\mathbb{R}^d$，其中 d 表示嵌入维度，嵌入方法 Φ 满足：$\Phi(f)=v_f\in\mathbb{R}^d$。可以说，逻辑公式表征学习是连接符号主义和连接主义的纽带之一。由于高维空间中可能存在维数灾难，嵌入表示到低维之后再进行推理操作，可以有效减少逻辑公式的存储与计算成本。该过程虽然可能存在部分信息损耗，但是由于输入样本一般含有噪声，通过嵌入到低维空间可以过滤掉部分噪声，进而提升模型的泛化能力。目前，逻辑公式表征学习的相关研究首先将逻辑公式转换为对应的句法结构，之后使用神经网络模型进行嵌入。根据使用句法结构和表征网络的不同，相关研究可以分为三类：基于序列、基于树结构和基于图结构的逻辑公式表征方法。

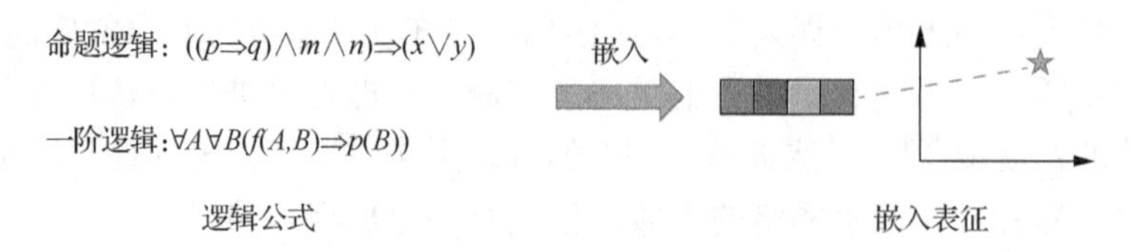

图 5.10　逻辑公式表征嵌入示意图

5.4.1　基于序列的方法

借鉴自然语言处理中对于文本序列的嵌入方式，基于序列的表征方法将逻辑公式视为简单的符号序列形式，之后通过神经网络进行嵌入。形式化地，将逻辑公式 f 的符号序列 $[x_1, x_2, \cdots, x_n]$ 通过神经网络进行处理，如命题逻辑公式 $f:((p \Rightarrow q) \wedge m \wedge n) \Rightarrow (x \vee y)$ 的符号序列 $[(,(,p,\Rightarrow,q,),\wedge,m,\wedge,n,),\Rightarrow,(,x,\vee,y,)]$，之后通过池化操作析出公式的整体表示 v_f：

$$[v_1, v_2, \cdots, v_n] = \mathrm{NN}\left([x_1, x_2, \cdots, x_n]\right) \tag{5.34}$$

$$v_f = \mathrm{Pooling}\left([v_1, v_2, \cdots, v_n]\right) \tag{5.35}$$

式（5.34）和式（5.35）中，NN 表示神经网络模型；Pooling(·) 表示池化操作，其目的是将向量列表转换为具有代表意义的嵌入向量，常见的有平均池化、最大池化和注意力池化等。为了检查文本之间的逻辑蕴含关系“$\Rightarrow$”，Rocktäschel 等[52]使用长短期记忆网络模型和双向长短期记忆网络模型来处理命题逻辑公式的前提和假设序列，并使用其建模的隐状态向量表示逻辑公式嵌入，其中引入了 word-by-word 逐词级注意力机制来增加信息交互。之后，Irving 等[53]将逻辑公式序列扩展为字符级别和单词级别，并使用卷积神经网络进行处理，最后通过最大池化得到嵌入表征向量。这类方法处理简单、易于实现，然而它们很难捕捉到逻辑公式的深层句法特征。

5.4.2　基于树结构的方法

基于树结构的表征方法主要根据逻辑公式的层次化树结构进行嵌入。一般而言，逻辑公式可以通过句法解析工具转换为树结构的形式。例如，命题逻辑公式 $f:((p \Rightarrow q) \wedge m \wedge n) \Rightarrow (x \vee y)$ 可转化为如图 5.11 所示的一般句法树结构。

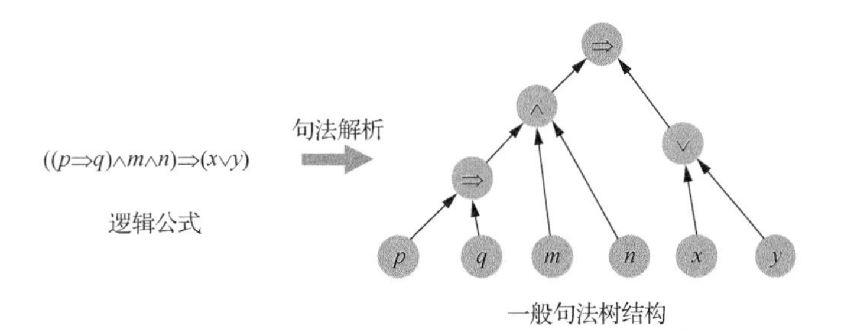

图 5.11　逻辑公式的一般句法树结构示意图

基于此，逻辑公式表征被转换为树结构的嵌入，它的主要思想是通过神经网络来逐层聚合信息，进而完成整个句法树结构的嵌入表征。根据信息聚合方向的不同，主要分为两类方法：自下而上、自上而下。

自下而上的方法通过神经网络将子节点的信息逐级传递，直到根节点为止，该类方法的主要过程可以分为“嵌入初始化—信息逐级向上传递—根节点析出表示”三阶段，其伪代码如算法 5.1 所示。其中，getLeafNodes 表示获取逻辑公式的一般句法树结构 T_f 的所有最底层叶节点；initNodeEmds 表示初始化所有的节点表示向量；getChild1 表示从候选列表及树结构中获取某些子节点（具有同一父节点）及对应的父节点；Agg 表示聚合信息的神经网络；remove 表示从集合中删除特定元素；add 表示向集合中添加元素。Allamanis 等[54]基于这种思想提出了树处理模型 TreeNet，TreeNet 使用简单的前馈神经网络作为信息聚合的 Agg 。除此之外，为了增加父节点和子节点间的依赖性，TreeNet 提出用子树自编码器来强制每个子表达式的表示可以从其句法树中的邻居预测。基于 TreeNet 模型，Evans 等[55]提出了 PossibleWorldNet 模型，该模型首先通过嵌入树结构生成命题逻辑规则的嵌入表示，之后通过限制“可能世界”中的正负样本来计算逻辑蕴含的概率。

算法 5.1 自下而上的逻辑公式表征算法

输入：逻辑公式的一般句法树结构 T_f

输出：嵌入表征向量 v_f

```
1:    curNodes=getLeafNodes(T_f).  //获取最底层的叶节点集合
2:    emds=initNodeEmds(T_f).      //初始化图中节点表示向量
3:    while true.
4:        //获取某些子节点及对应的父节点
5:        child1,child2,parent=getChild1(curNodes,T_f).
6:        //父节点嵌入更新
7:        emds[parent]=Agg(emds[parent],emds[child1],emds[child2]).
8:        curNodes.remove(child1,child2), curNodes.add(parent).
9:        //信息是否聚集到根节点的判定条件
10:        if len(curNodes)=1 and curNodes[0]=root then
11:           break.
12:        end if
13:    end while
14:    v_f=emds[root].
15:    return v_f .
```

不同于自下而上方法的计算过程，自上而下的方法主要通过“嵌入初始化—信息逐级向下传递—叶节点析出表示”三个阶段完成嵌入表征，其伪代码如算法 5.2 所示，其中部分函数与算法 5.1 一致。getChild2 首先获取一个候选列表中的父节点，之后根据树结构得到其对应的子节点列表。NN1 表示用于父节点信息转换的神经网络，NN2 用来聚合所有叶节点的信息以生成最终的嵌入表征向量 v_f 。在命题逻辑公式嵌入模型 TopDownNet[56]中，作者针对每个逻辑运算符设置不同的 NN1 网络，并使用循环神经网络来实现 NN2 以汇总所有叶节点信息。

算法 5.2 自上而下的逻辑公式表征算法

输入：逻辑公式的一般句法树结构 T_f
输出：嵌入表征向量 v_f

```
1:   curNodes=root.                          //获取根节点为当前处理节点
2:   emds=initNodeEmds(T_f).                 //初始化图中节点表示向量
3:  while true.
4:      //获取某个父节点及对应的子节点
5:      child1,child2,parent=getChild2(curNodes,T_f).
6:      parentInfo=NN1(parent).
7:      emds[child1]=Agg(emds[child1],parentInfo).
8:      emds[child2]=Agg(emds[child2],parentInfo).
9:      curNodes.remove(parent), curNodes.add(child1,child2).
10:      //信息是否聚集到叶节点的判定条件
11:      if allLeaves(curNodes)=true then
12:         break.
13:      end if
14:   end while
15:   v_f=NN2(curNodes).                //聚合叶节点信息
16:  return v_f.
```

5.4.3 基于图结构的方法

基于树结构的方法虽然能够有效嵌入逻辑公式的句法树，但是相关模型建模节点信息的方法都比较单一，难以捕获深层结构信息。因而为了进一步增强逻辑公式中节点之间的信息交互，一些研究将基于树结构的方法扩展到基于图结构的方法，这类方法主要通过图卷积网络（GCN）来建模句法树结构，之后通过池化操作析出整体表征。GCN 通常遵循迭代的消息传递策略来捕获节点邻域内的结构信息，其第 $k+1$ 层的表示更新可以统一表示为

$$v_x^{k+1}=\psi_c^{k+1}\left(v_x^k,\psi_a^{k+1}\left(\{(v_y^k,v_r^k,v_x^k):(y,r)\in\mathcal{N}(x)\}\right)\right) \tag{5.36}$$

式中，v_x^k 和 v_x^{k+1} 分别表示节点 x 在第 k 层和第 $k+1$ 层的嵌入表示；$\mathcal{N}(x)$ 表示节点 x 的邻居实体-关系对集合；ψ_a 和 ψ_c 分别表示聚合和组合函数。Wang 等[57]将逻辑公式树结构中的相同节点合并，使其转换为更加复杂的图结构，并在忽视图中节点之间关系类型的前提下，提出基于 GCN 的 FormulaNet 更新节点表示：

$$v_x^{k+1}=\psi_c^{k+1}\left\{v_x^k+\frac{1}{d_x}\left[\sum_{(y,x)\in E}\mathrm{FF_I}(v_y^k,v_x^k)+\sum_{(x,y)\in E}\mathrm{FF_O}(v_x^k,v_y^k)\right]\right\} \tag{5.37}$$

式中，E 表示图中节点构成的边集合；d_x 表示节点 x 的度；$\mathrm{FF_I}$ 和 $\mathrm{FF_O}$ 分别表示处

理 x 指向和被指向的邻居节点信息的融合神经网络。类似地，Paliwal 等[58]进一步将逻辑公式结构图中的边细化为指向左子节点和右子节点两种类型，并引入两个神经网络来处理父节点与子节点。除此之外，不同逻辑公式图结构的构建方法也受到了极大关注。例如，LENSR 模型[59]引入了合取范式（conjunctive normal form，CNF）和确定性可分解否定范式（decision-deterministic decomposable negation normal form，d-DNNF）来进行句法图构建，如图 5.12 所示。之后通过 GCN 进行嵌入表示，并使用 d-DNNF 的逻辑特性进行语义正则来约束嵌入表示结果，主要包含两方面：①合取操作符 $\wedge$ 的可分解性要求其子节点的嵌入是正交的；②析取操作符 $\vee$ 的确定性要求其子节点的嵌入之和为单位向量，这是因为 d-DNNF 限制 $\vee$ 的子节点有且只有一个为真。

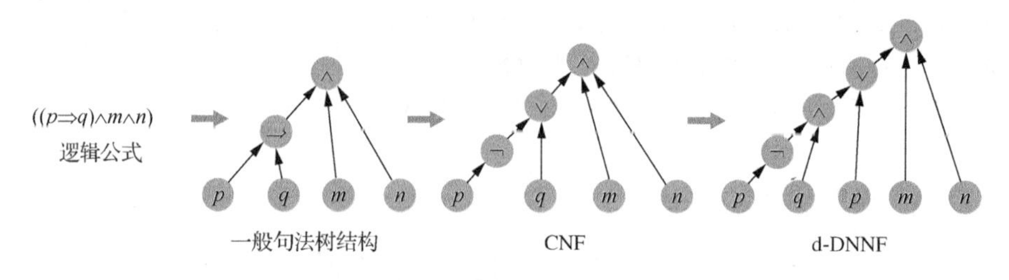

图 5.12　逻辑公式的 d-DNNF 结构示意图

为了使下游推理任务模型具有良好的精度和泛化性，逻辑公式的一些深层语义特征也需要被嵌入到向量表征中。首先逻辑公式的内在含义对于表示特定命题的不同变量符号是不变的，被称为“变量无关性”。例如，要理解逻辑蕴含 $(m \wedge n) \Rightarrow m$，只需要考虑其连接符的排列顺序，而 m 和 n 仅表示不同命题的可替换符号。其次是“语义易变性”，这意味着逻辑公式连接词的微小变化可能导致语义的巨大差异。例如，比较 $(m \wedge n) \Rightarrow m$ 和 $\neg(m \wedge n) \Rightarrow m$，一个额外的否定操作符会对其内在语义产生很大的影响。为了更深入地建模这类语义信息，提出了基于对比图嵌入的逻辑公式表征方法 ConGR[60]，如图 5.13 所示。首先，该方法引入了一个具有注意力机制的异质图卷积网络来处理公式的句法解析图，以获得逻辑公式语法层次上的局部嵌入和全局嵌入。之后，为了使嵌入表示中蕴含逻辑的内在语义，ConGR 通过变量无关性和语义易变性为每个逻辑公式构造正负对比样本，并使用对比学习的思想来构建语义正则化方法，以约束目标公式与正负对比样本的表示。

基于变量无关性，可构造两种类型的正对比样本：①在逻辑公式中交换两个变量符号；②将某个变量符号替换为新的变量符号。类似地，基于语义易变性，可构造两种类型的负对比样本：①在谓词前增加或者删除否定操作符 $\neg$；②将二元操作符替换为其他符号，如合取操作符 $\wedge$ 变为析取操作符 $\vee$。对于逻辑公式 f 及对应的图结构 $\mathcal{G}$，将它对应的正样本和其图结构记为 f_p 和 $\mathcal{G}_p$，负样本和其图结构

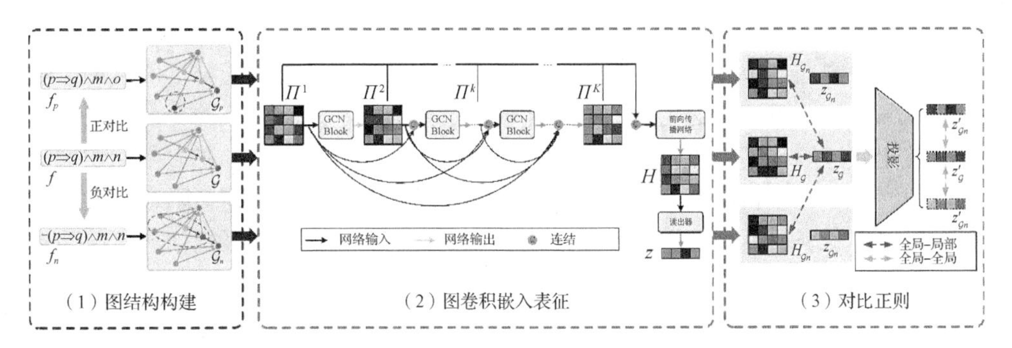

图 5.13　基于对比图嵌入的逻辑公式表征方法 ConGR

记为 f_n 和 $\mathcal{G}_n$。通过对比转换分别得到目标公式 f、正对比样本 f_p 和负对比样本 f_n 的表示，记为 z、z_p 和 z_n。基于对比学习策略，采用 InfoNCE 损失建模目标逻辑公式与其正负对比样本之间的语义关系：

$$\mathcal{L}=-\log_2\left(\frac{\exp(z^\top z_p)/\tau}{\sum_{b\in B}\exp(z^\top z_b)/\tau+\exp(z^\top z_p)/\tau}\right) \tag{5.38}$$

式中，τ 为控制对比程度的超参数，为了在训练时丰富负样本的集合，每个训练批次中其他逻辑公式都会作为当前公式的负样本，它们与 f_n 相加形成负样本集合 B。通过以上方式，具有相同语义的逻辑公式表示会在嵌入空间中相互接近，而具有不同语义的逻辑公式表示将相互远离，进而变量无关性和语义易变性将会体现在嵌入表征当中。

5.4.4　挑战与发展趋势

随着深度学习技术的不断发展，逻辑公式表征学习的研究逐渐从基于序列、基于树结构的方法转向基于图结构的方法，并取得了巨大进展。但是由于当前人工智能发展的限制，其中仍然存在一些不足与缺陷，本小节总结为以下三点：

（1）缺乏有效的一阶逻辑公式表征方法。目前相关研究大多聚焦于命题逻辑公式，对一阶逻辑公式表征的研究较少。一阶逻辑通过谓词、量化符（全称量词 ∀ 与存在量词 ∃）、逻辑操作符及变量来描述客观事物逻辑关系，具有比命题逻辑、描述逻辑更强的表达能力，将其进行嵌入表征具有比命题逻辑公式嵌入更广泛的应用前景。

（2）应用场景受限。目前逻辑公式嵌入表征主要应用在蕴含关系检测和前提关系选择等基本数学问题上，很少用于进行复杂现实场景的建模。众多需要逻辑推理的场景目前还缺乏相关研究，如视觉关系推断、疾病诊断和智能答疑等。造成这一现象的主要原因是特定领域逻辑公式难以定义与抽取，且缺乏统一的验证指标来优化模型。

（3）缺乏逻辑公式语义信息的表征。基于序列、基于树结构和基于图结构的表征方法都侧重于句法结构层面的嵌入，而忽略了对语义层面的分析，进而影响下游任务模型的精度和泛化性。ConGR 模型虽然考虑了逻辑公式的变量无关性和语义易变性，但这仅是逻辑特性中的冰山一角。除此之外，还存在大量的逻辑等价定理，如分配律和德摩根定律等。所有这些属性都应该尽可能地隐含在嵌入表征中，但由于表示不同语义的逻辑公式数量庞大且结构复杂，很难设计出统一框架来同时嵌入句法和语义信息。

5.5 本章小结

知识表征将不同形态的知识转化为计算机可计算的数值向量形式，其是知识推理的前提和基础。本章首先介绍知识表征学习的概念，以及由浅层模型到深层模型的知识表征发展历程；其次，针对知识图谱，依据测试三元组中的实体是否存在于训练知识图谱中展开直推式与归纳式两类图谱表征学习的介绍；再次，针对异构图，介绍了从浅层模型到深层模型的异质信息网络表征学习方法；最后，针对逻辑公式，根据使用句法结构和表征网络的不同，给出基于序列、基于树结构和基于图结构的逻辑公式表征方法。当前的知识表征方法已取得显著成效，后续该领域研究将有望突破训练成本高、可解释性弱、动态演化难的三大难题。

参考文献

[1] BENGIO Y, COURVILLE A, VINCENT P. Representation learning: A review and new perspectives[J]. IEEE Transactions on Pattern Analysis and Machine Intelligence, 2013, 35(8): 1798-1828.

[2] 刘知远, 孙茂松, 林衍凯. 知识表示学习研究进展[J]. 计算机研究与发展, 2016, 53(2): 247-261.

[3] 吴信东, 何进, 陆汝钤. 从大数据到大知识: HACE+BigKE[J]. 自动化学报, 2016, 42(7): 965-982.

[4] 张正航, 钱育蓉, 行艳妮. 知识表示学习方法研究综述[J]. 计算机应用研究, 2020, 38(4): 961-967.

[5] WOLD S, ESBENSEN K, GELADI P. Principal component analysis[J]. Chemometrics and Intelligent Laboratory Systems, 1987, 2(1-3): 37-52.

[6] IZENMAN A J. Linear Discriminant Analysis[M]. New York: Springer, 2013.

[7] WERBOS P. New tools for prediction and analysis in the behavioral sciences[D]. Cambridge: Harvard University, 1974.

[8] RIEDMILLER M, LERNEN A. Multi layer perceptron[R]. Machine Learning Lab Special Lecture, University of Freiburg, 2014: 7-24.

[9] HINTON G E, OSINDERO S, TEH Y W. A fast learning algorithm for deep belief nets[J]. Neural Computation, 2006, 18(7): 1527-1554.

[10] GOLDBERG Y, LEVY O. Word2vec Explained: Deriving Mikolov et al.'s negative-sampling word-embedding method[J]. arXiv preprint arXiv:14023722, 2014.

[11] PENNINGTON J, SOCHER R, MANNING C D. Glove: Global vectors for word representation[C]. Proceedings of the 2014 conference on empirical methods in natural language processing, Doha, Qatar, 2014: 1532-1543.

[12] PETERS M E, NEUMANN M, IYYER M, et al. Deep contextualized word representations[C]. Proceedings of the NAACL HLT Workshop on Extracting and Using Constructions in Computational Linguistics, Los Angeles, USA, 2018: 2227-2237.

[13] DEVLIN J, CHANG M W, LEE K, et al. BERT: Pre-training of Deep Bidirectional Transformers for Language Understanding[C]. Proceedings of the 17th Annual Conference of the North American Chapter of the Association for Computational Linguistics: Human Language Technologies, Minneapolis, USA, 2018: 4171-4186.

[14] SIMONYAN K, ZISSERMAN A. Very deep convolutional networks for large-scale image recognition[J]. arXiv preprint arXiv:14091556, 2014.

[15] SZEGEDY C, LIU W, JIA Y, et al. Going deeper with convolutions[C]. Proceedings of the IEEE conference on computer vision and pattern recognition, Boston, USA, 2015: 1-9.

[16] HE K, ZHANG X, REN S, et al. Deep residual learning for image recognition[C]. Proceedings of the IEEE conference on computer vision and pattern recognition, Las Vegas, USA, 2016: 770-778.

[17]HU S, ZOU L, YU J X, et al. Answering natural language questions by subgraph matching over knowledge graphs[J]. IEEE Transactions on Knowledge and Data Engineering, 2017, 30(5): 824-837.

[18] DAIBER J, JAKOB M, HOKAMP C, et al. Improving efficiency and accuracy in multilingual entity extraction[C]. Proceedings of the 9th International Conference on Semantic Systems, Graz, Austria, 2013: 121-124.

[19] PALUMBO E, RIZZO G, TRONCY R. Entity2rec: Learning user-item relatedness from knowledge graphs for top-*n* item recommendation[C]. Proceedings of the eleventh ACM conference on recommender systems, New York, USA, 2017: 32-36.

[20] BORDES A, USUNIER N, GARCIA-DURAN A, et al. Translating embeddings for modeling multi-relational data[C]. Proceedings of the 26th International Conference on Neural Information Processing Systems, Nevada, USA, 2013: 2787-2795.

[21] WANG Z, ZHANG J, FENG J, et al. Knowledge graph embedding by translating on hyperplanes[C]. Proceedings of the AAAI Conference on Artificial Intelligence, Québec City, Canada, 2014: 1112-1119.

[22] NICKEL M, TRESP V, KRIEGEL H P. A three-way model for collective learning on multi-relational data[C]. Proceedings of the 28th International Conference on International Conference on Machine Learning, Washington, USA, 2011: 809-816.

[23] DETTMERS T, MINERVINI P, STENETORP P, et al. Convolutional 2d knowledge graph embeddings[C]. Proceedings of the Thirty-second AAAI conference on Artificial Intelligence, New Orleans, USA, 2018: 1811-1818.

[24] SCHLICHTKRULL M, KIPF T N, BLOEM P, et al. Modeling relational data with graph convolutional networks[C]. Proceedings of the European semantic web conference, Heraklion, Greece, 2018: 593-607.

[25] VASHISHTH S, SANYAL S, NITIN V, et al. Composition-based multi-relational graph convolutional networks[J]. arXiv preprint arXiv:191103082, 2019.

[26] XIE R, LIU Z, JIA J, et al. Representation learning of knowledge graphs with entity descriptions[C]. Proceedings of the AAAI Conference on Artificial Intelligence, Phoenix, USA, 2016: 2659-2665.

[27] XIE R, LIU Z, SUN M. Representation learning of knowledge graphs with hierarchical types[C]. Proceedings of the 25th International Joint Conference on Artificial Intelligence, New York, USA, 2016: 2965-2971.

[28] GUO S, WANG Q, WANG L, et al. Jointly embedding knowledge graphs and logical rules[C]. Proceedings of the 2016 conference on empirical methods in natural language processing, Austin, USA, 2016: 192-202.

[29] TERU K, DENIS E, HAMILTON W. Inductive relation prediction by subgraph reasoning[C]. Proceedings of the International Conference on Machine Learning, Virtual, 2020: 9448-9457.

[30] ZHA H, CHEN Z, YAN X. Inductive Relation Prediction by BERT[J]. arXiv preprint arXiv:210307102, 2021.

[31] SUN Y, HAN J, YAN X, et al. Pathsim: Meta path-based top-*k* similarity search in heterogeneous information networks[J]. Proceedings of the VLDB Endowment, 2011, 4(11): 992-1003.

[32] SHANG J, QU M, LIU J, et al. Meta-path guided embedding for similarity search in large-scale heterogeneous information networks[J]. arXiv preprint arXiv:161009769, 2016.

[33] FU T Y, LEE W C, LEI Z. Hin2vec: Explore meta-paths in heterogeneous information networks for representation learning[C]. Proceedings of the 2017 ACM on Conference on Information and Knowledge Management, Singapore, 2017: 1797-1806.

[34] DONG Y, CHAWLA N V, SWAMI A. metapath2vec: Scalable representation learning for heterogeneous networks[C]. Proceedings of the 23rd ACM SIGKDD International Conference on Knowledge Discovery and Data mining, Halifax, Canada, 2017: 135-144.

[35] MIKOLOV T, SUTSKEVER I, CHEN K, et al. Distributed representations of words and phrases and their compositionality[C]. Proceedings of the 26th International Conference on Neural Information Processing Systems, Lake Tahoe, USA, 2013: 3111-3119.

[36] WANG X, ZHANG Y, SHI C. Hyperbolic heterogeneous information network embedding[C]. Proceedings of the AAAI conference on artificial intelligence, Honolulu, USA, 2019: 5337-5344.

[37] TANG J, QU M, MEI Q. Pte: Predictive text embedding through large-scale heterogeneous text networks[C]. Proceedings of the ACM SIGKDD international conference on knowledge discovery and data mining, Sydney, Australia, 2015: 1165-1174.

[38] TANG J, QU M, WANG M, et al. Line: Large-scale information network embedding[C]. Proceedings of the international conference on world wide web, Florence, Italy, 2015: 1067-1077.

[39] SHI Y, GUI H, ZHU Q, et al. Aspem: Embedding learning by aspects in heterogeneous information networks[C]. Proceedings of the 2018 SIAM International Conference on Data Mining, San Diego, USA, 2018: 144-152.

[40] ZHANG D, YIN J, ZHU X, et al. Metagraph2vec: Complex semantic path augmented heterogeneous network embedding[C]. Proceedings of the Pacific-Asia conference on knowledge discovery and data mining, Melbourne, Australia, 2018: 196-208.

[41] ZHANG W, FANG Y, LIU Z, et al. Mg2vec: Learning relationship-preserving heterogeneous graph representations via metagraph embedding[J]. IEEE Transactions on Knowledge and Data Engineering, 2020, 34(3): 1317-1329.

[42] CHANG S, HAN W, TANG J, et al. Heterogeneous network embedding via deep architectures[C]. Proceedings of the 21th ACM SIGKDD International Conference on Knowledge Discovery and Data Mining, Sydney, Australia, 2015: 119-128.

[43] ZHANG C, HUANG C, YU L, et al. Camel: Content-aware and meta-path augmented metric learning for author identification[C]. Proceedings of the 2018 World Wide Web Conference, Lyon, France, 2018: 709-718.

[44] WANG H, WANG J, WANG J, et al. Graphgan: Graph representation learning with generative adversarial nets[C]. Proceedings of the AAAI conference on artificial intelligence, New Orleans, USA, 2018: 2508-2515.

[45] HU B, SHI C, ZHAO W X, et al. Leveraging meta-path based context for top-*n* recommendation with a neural co-attention model[C]. Proceedings of the 24th ACM SIGKDD International Conference on Knowledge Discovery & Data Mining, London, UK, 2018: 1531-1540.

[46] ZHAO K, BAI T, WU B, et al. Deep adversarial completion for sparse heterogeneous information network embedding[C]. Proceedings of the Web Conference 2020, Taipei, China, 2020: 508-518.

[47] ZHANG C, SONG D, HUANG C, et al. Heterogeneous graph neural network[C]. Proceedings of the 25th ACM SIGKDD International Conference on Knowledge Discovery & Data Mining, Anchorage, USA, 2019: 793-803.

[48] FENG S, TAN Z, LI R, et al. Heterogeneity-aware twitter bot detection with relational graph transformers[J]. arXiv preprint arXiv:210902927, 2021.

[49] HU Z, DONG Y, WANG K, et al. Heterogeneous graph transformer[C]. Proceedings of the Web Conference 2020, Taipei, China, 2020: 2704-2710.

[50] BOJARSKI M, DEL TESTA D, DWORAKOWSKI D, et al. End to end learning for self-driving cars[J]. arXiv preprint arXiv:160407316, 2016.

[51] SCHOTT L, RAUBER J, BETHGE M, et al. Towards the first adversarially robust neural network model on MNIST[C]. International Conference on Learning Representations, New Orleans, USA, 2019.

[52] ROCKTÄSCHEL T, GREFENSTETTE E, HERMANN K M, et al. Reasoning about entailment with neural attention[C]. International Conference on Learning Representations, Puerto Rico, USA, 2016.

[53] IRVING G, SZEGEDY C, ALEMI A A, et al. Deepmath-deep sequence models for premise selection[J]. Advances in Neural Information Processing Systems, 2016, 29: 2235-2243.

[54] ALLAMANIS M, CHANTHIRASEGARAN P, KOHLI P, et al. Learning continuous semantic representations of symbolic expressions[C]. Proceedings of the 34th International Conference on Machine Learning, Sydney, Australia, 2017: 80-88.

[55] EVANS R, SAXTON D, AMOS D, et al. Can neural networks understand logical entailment?[C]. Proceedings of the International Conference on Learning Representations, Vancouver, Canada, 2018.

[56] CHVALOVSKÝ K. Top-down neural model for formulae[C]. Proceedings of the 7th International Conference on Learning Representations, New Orleans, USA, 2019.

[57] WANG M, TANG Y, WANG J, et al. Premise selection for theorem proving by deep graph embedding[C]. Proceedings of the Advances in Neural Information Processing Systems, Long Beach, USA, 2017: 2786-2796.

[58] PALIWAL A, LOOS S, RABE M, et al. Graph representations for higher-order logic and theorem proving[C]. Proceedings of the AAAI Conference on Artificial Intelligence, New York, USA, 2020: 2967-2974.

[59] XIE Y, XU Z, KANKANHALLI M S, et al. Embedding symbolic knowledge into deep networks[C]. Proceedings of the Advances in Neural Information Processing Systems, Vancouver, Canada, 2019: 4233-4243.

[60] LIN Q, LIU J, ZHANG L, et al. Contrastive graph representations for logical formulas embedding[J]. IEEE Transactions on Knowledge and Data Engineering, 2021.

第6章　知识推理

知识推理是根据已有的知识推断出新知识或识别错误知识的过程。大数据知识工程中，知识推理以知识表征学习的结果为输入，以深度学习、自然语言处理、跨模态学习等技术为手段，输出推理结果。本章首先给出知识推理的研究现状与趋势，然后介绍带有记忆的推理模型、符号化分层递阶学习模型、知识检索，以及智能问答。

6.1　研究现状与趋势

6.1.1　基本概念

推理是模拟思维的基本形式之一，是从一个或多个现有的判断或前提中，推断出新判断或结论的过程。推理有着悠久的历史，早在古希腊时期，著名的哲学家亚里士多德就提出和建立了三段论（syllogism）逻辑学，成为现代演绎推理的基础形态。类似地，关于知识推理的基本概念，研究人员给出了各种相似的定义。总体而言，知识推理是指利用已知的知识推出新知识的过程[1]。例如，在基于规则的知识推理中，如果存在已知知识{x 的父亲是 y，y 的母亲是 z}，那么可以推出新知识{x 的祖母是 z}。知识推理是人工智能领域最核心的研究方向之一，涉及计算机科学、数学、心理学、哲学、语言学等多门学科。从内涵上来说，狭义的知识推理一般指面向知识图谱的推理，特别是知识图谱补全任务；而广义的知识推理则包含传统知识推理、知识图谱推理、记忆推理、问答推理、常识推理、因果推理等多种推理任务。

从发展脉络上来看，知识推理经历了基于符号主义（symbolism）、基于连接主义（connectionism）和基于符号主义+连接主义三个阶段，如图 6.1 所示。

第一代知识推理以符号主义为基础，兴起于 20 世纪 60 年代，利用领域专家编写的逻辑规则将知识融入计算机系统，建立“知识库+推理引擎”的智能系统进行知识推理，在医疗诊断、地质勘探等领域获得了成功的应用。然而，人工编写逻辑规则的方式难以适应大规模知识推理的需求，存在推理盲区大和效率低的问题；同时，知识库的不完备性也导致学到的逻辑规则准确性不高，尤其是随着推理规则阶数的增加，逻辑规则的准确性下降迅速。

第二代知识推理以连接主义为基础，兴起于 20 世纪 80 年代末，并在近十年实现了瓶颈突破。连接主义知识推理以统计机器学习和深度学习为基础，以数据

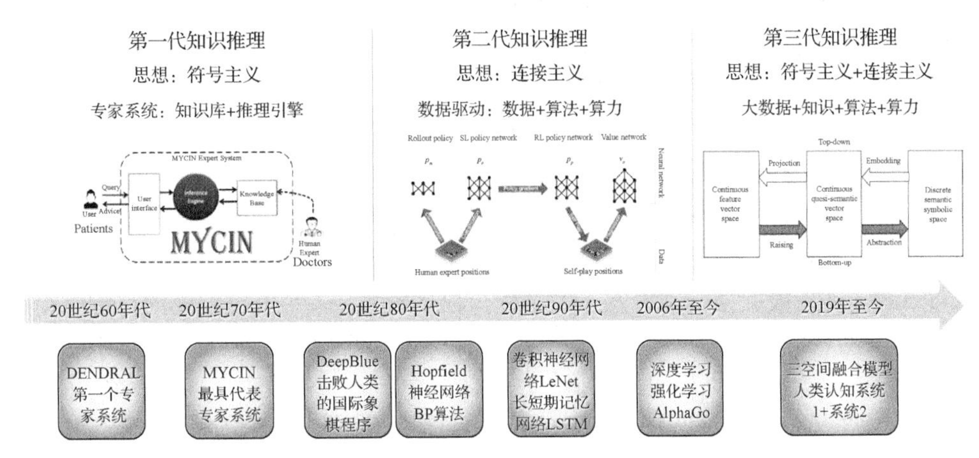

图 6.1 知识推理的发展脉络

为驱动，建立“数据+算法+算力”的智能系统进行知识推理，在计算机视觉和自然语言处理中取得了巨大的成功。基于深度学习的知识推理首先利用表征学习方法将知识库中的实体和关系进行向量化表示，然后利用向量间的数值计算替代传统的基于符号的逻辑推理。虽然这类方法覆盖度高、推理速度快，但是推理质量完全依赖于训练数据质量，而且推理结果缺乏可解释性和可验证性。

第三代知识推理的研究刚刚起步，结合了符号主义和连接主义的互补信息，即前者规则的逻辑推理能力和后者深度学习的自主学习能力，利用大数据、知识、算法和算力 4 个要素，构建更加强大的知识推理模型。例如，图 6.1 中出现的三空间融合模型，就是将模仿大脑认知和感知的双空间模型和基于深度学习的单空间模型进行了融合。同时，第三代知识推理对深度学习算法的可解释性进行系统研究，特别是通过反向遍历路径及反演推理过程找出结果生成的依据，形成与该结果对应的证据链，从而实现整体的可解释性。

6.1.2 研究现状

本小节从传统知识推理、基于知识图谱的推理、记忆驱动的推理、问答推理 4 个方面回顾了广义知识推理的研究现状。

1. 传统知识推理

早期的知识推理研究集中在逻辑学领域。逻辑学派主张用形式化方法来描述客观世界，其认为任何推理都是基于已有逻辑化知识展开，如一阶逻辑和谓词逻辑及定义在其上的推理演算[2]。逻辑推理包含三种方式，即演绎（deductive）推理、归纳（inductive）推理和溯因（abductive）推理。演绎推理是一种自上而下的推理，根据假定为真的前提得出结论的过程；归纳推理是一种自下而上的推理，从特定前提中总结出更广泛结论的过程；溯因推理和演绎推理相反，是从结论推理其解释的过程。在发展推理的过程中，逻辑学派的学者始终围绕着如何从已知命题/谓词出发推导出正确性结论这一目标开展研究。为了使得逻辑推理方法能够在更加广泛的场景中应用，逻辑学派进一步提出非单调逻辑和模糊逻辑等方法，放宽推理过程的严格性和有效性要求。

传统的知识推理还包括因果推理和常识推理等任务。因果推理（causal inference）是指根据某一结果发生的条件，对某一因果关系得出结论的过程[3]。因果推理有随机对照试验和观察性研究两种方案[4]，其中随机对照试验是因果推理最有效的方法。因果推理应用在诸多现实场景中，如广告推荐、医药系统、政治决策等。常识推理（commonsense reasoning）是指获取场景特定方面的相关信息，基于背景知识或者世界知识对该场景其他方面的信息做出推断[5]。常识推理可分为网络挖掘、基于知识的方法、众包方法等，其中众包方法试图通过将集体知识和非专家的输入联系起来构建知识基础[6]。常识推理应用广泛，包括指代消歧、问答系统、文本推理、似然推理、心理推理、多任务等[7]。

2. 基于知识图谱的推理

狭义的知识推理特指基于知识图谱的推理。知识图谱是一个语义网络和结构化的知识库，可以形式化地表示现实世界中的实体以及彼此之间的结构关系。知识图谱普遍存在不完备性问题，即存在关系缺失或者属性缺失的问题，因此采用知识推理对知识图谱进行补全至关重要。知识图谱补全方法主要分为基于嵌入学习的推理、关系路径推理、基于规则的推理和其他推理学习等。其中，基于嵌入学习的推理方法详见 6.3 节的介绍。

关系路径推理能够有效利用知识图谱上的路径信息，缓解嵌入学习无法建模复杂关系路径的问题。随机游走模型广泛用于关系路径推理，如路径排序算法（path rank algorithm，PRA）[8]基于路径约束组合和最大似然分类进行关系路径选择。为了缓解 PRA 存在的特征稀疏性问题，文献[9]～[12]提出基于路径约束组合和最大似然分类进行关系路径选择；Guo 等[13, 14]和 Zhang 等[15]尝试将逻辑规则融入嵌入特征以提高模型推理能力，如采用联合学习或迭代训练的方式来整合一阶逻辑规则。此外，也有研究将神经网络与符号模型进行结合，提出端到端的方式进行基于规则的推理。例如，NTP[16]利用径向基函数内核在向量空间上进行可微计算学习多跳推理的逻辑规则。NeuralLP[17]提出一种将注意力机制与辅助记忆相结合的神经控制系统，使得基于梯度的优化方法能够适用于归纳逻辑推理。Neural-Num-LP[18]进一步扩展 NeuralLP 以学习具有动态规划和累积求和运算的数值规则。

考虑到知识图谱中的关系分布存在长尾效应，现有研究采用元关系学习（meta

relational learning）来进行实体间关系推理。例如，Meta-KGR[19]采用与模型无关的元学习进行快速适配，并采用强化学习进行实体搜索和路径推理。考虑到知识图谱的动态性，现有工作也进行了动态逻辑推理方面的研究。例如，Chekol 等[20]探索了面向不确定时序知识图谱的马尔可夫逻辑网络和概率软逻辑（probabilistic soft logic）。RLvLR-Stream[12]考虑时序闭合路径规则，并从知识图谱流数据中学习规则结构以进行推理。

3. 记忆驱动的推理

人工智能的发展要求神经网络模型具备推理的能力，而推理的关键前提是记忆能力。20 世纪 90 年代末，Hochreiter 等[21]提出了长短期记忆（LSTM）递归神经网络，成为最早、应用最为广泛的记忆结构之一。LSTM 利用输入门和遗忘门进行信息缓存，以实现过往数据的存储和利用。LSTM 被广泛应用于语言建模和机器翻译等任务，但是对于语义问答或推理任务性能不佳，尤其是针对小说等需要长期记忆的信息，LSTM 没有足够的能力进行理解、推断或者回答问题。

绕开记忆容量瓶颈问题，成为提升神经网络推理能力的关键。2014 年，Google DeepMind 提出了神经图灵机（neural turing machine，NTM）[22]，使用神经网络来实现图灵机计算模型中的读写操作，即用控制器连接外部存储器，并通过注意力机制与外部存储器资源进行交互。同年，Facebook AI 研究团队也采用了类似的外部存储思想，提出记忆网络（memory network，MN）的概念[23, 24]，将需要记忆的信息存储在单独的外部存储器中，在需要的时候进行查询操作。2016 年，DeepMind 在 NTM 的基础上进一步提出了可微神经计算机（differentiable neural computer，DNC）[25]。与 NTM 相比，DNC 具有更加强大的记忆管理能力，它使用动态内存分配机制，并能释放已写入的记忆，而且使用时间记忆链接矩阵跟踪写入顺序。DNC 可以在没有现成知识的情况下，规划出最佳的伦敦地铁线路，或根据符号语言所描述的目标来解决方块拼图问题[25]。因此，DNC 被认为具备“推理能力”，在某种程度上更接近人类大脑的能力。

生物也具备记忆能力，但与记忆神经网络不同的是，生物进行记忆是为了预测而非存储，其中海马体（hippocampus）是关于生物体情景记忆以及导航的重要枢纽。基于此观察，2017 年 Google DeepMind 研究团队提出了海马启发的人工智能模型[26]，他们拓展了认知地图的概念，将海马体与强化学习结合，通过预期的后续状态来展现每一个当前状态，从而对未来事件进行细致总结，实现预测和推理。

4. 问答推理

问答推理包括基于自然语言处理（natural language processing，NLP）的问答推理和跨媒体问答推理。自然语言推理是 NLP 领域非常重要且具有挑战性的任务，其目的是使用已有的知识和推断技术对未见过的输入信息做出判断[27]。问答（QA）系统是其中的一个重要应用，在收到用户的问题后，QA 对问题进行解析处理，并结合相关算法和模型，输出用户需要的答案。现阶段对 QA 的研究尚处于起步阶段，只能处理一些简单的问答和推理。与此同时，随着知识图谱的不断发展，基于知识图谱的 QA 已成为一个重要的研究方向。

不同于 NLP 问答，跨媒体推理是一种生成式推理，其借鉴了人类认知方式中形象思维的理念，从一种类型的多媒体数据，经过问题求解转向另一种类型的多媒体数据。例如，图像描述是指采用自然语言来描述图像视觉内容的任务，该任务主要使用基于深度学习的生成模型，将图像转换为像素序列并编码为一个或多个特征向量，然后作为语言模型的输入生成最终的词序列[28]。视觉问答（visual question answering，VQA）也是一种跨媒体推理任务，输入一个图像和与该图像相关的自然语言问题，输出文本词序列作为答案[29]。VQA 通常按照图像特征化、文本特征化、特征融合、答案生成的技术路线完成问题的回答。随着深度学习的发展，VQA 将注意力机制引入，为问题的解答提供了可解释性，促使该领域发展取得了重要的进步[30]。

6.1.3　挑战与发展趋势

虽然基于深度学习的知识推理在近年来取得了极大的进展，但存在严重的鲁棒性和可解释性问题[31]。首先，神经网络易受攻击和欺骗。例如，将人类无法察觉的噪声加入图像后，本被 Inceptionv3 识别为“山”的图像被识别为“狗”[32]。其次，神经网络拥有数以百万甚至十亿计的参数，难以对模型内部机制和结果进行理解，导致深度学习算法成为严重缺乏可解释性的黑盒运算，使得知识推理算法设计缺乏理论依据，大大阻碍推理技术在实际应用场景中的发展。

未来的知识推理模型是能够实现可解释的、鲁棒的、可信安全的智能系统，能够全面反映人类的智能。张钹院士提出要建立第三代人工智能，把第一代知识驱动和第二代数据驱动的方法结合起来，同时利用知识、数据、算法和算力 4 个要素，构造更强大的 AI[31]。另外，郑南宁院士也指出采用机器推理技术对文本、图像、视频等多模态数据进行内容识别、关联分析和理解推理，能够有效地把握和认知用户需求，帮助用户做出更合适的决策[33]。

6.2　带有记忆的推理模型

记忆代表着一个人对过去活动、感受和经验的印象积累。相比于其他推理模型，带有记忆的推理模型能够保存更多的信息，从而在后续推理任务中能够加以使用。本节将介绍“记忆”的工作原理，探究其在推理模型中的重要意义。

6.2.1 记忆机制在推理中的作用

近年来，随着深度学习的日益发展，各类神经网络模型在图像分类、目标检测、机器翻译和语音识别等不同行业大放异彩。但这类神经网络模型每次学习新样本时无法兼顾之前所学习的旧样本，存在“记忆遗忘”问题，而且也不能保存从训练样本中学习到的信息，存在“记忆清空”问题，进而无法利用学习到的特征信息进行推理任务。

记忆（memory）是神经系统存储过往经验的能力，关于记忆的研究属于心理学或脑部科学的范畴。根据 Atkinson 等[34]于 1968 年提出的记忆三阶段模型以及后续研究者的不断完善，当前研究者常将记忆形成机制划分为三个不同阶段：①编码，即获得信息并加以处理和组合；②储存，即将组合整理过的信息做永久记录；③检索，即将被储存的信息取出，回应一些暗示和事件。

Bower[35]在 1979 年提出的工作记忆是认知心理学、神经心理学和神经科学的核心理论，在人类高层次的认知作业中，如阅读、理解和推理，扮演着关键角色。工作记忆对输入信息处理过程的核心内容在于构建一个“中央处理器”来聚焦注意力，并对记忆缓存中的数据进行各种操作，其工作机制有调整注意力和引入额外的记忆缓存两种方式。

当前，循环神经网络（RNN）[36]在机器翻译、文本生成和问题回答等众多任务中均取得了杰出的成果。这得益于循环神经网络是一类带有动态状态的模型，其状态可以根据当前的内部状态和输入进行变化，因而具有一定的记忆能力。RNN 使用网络结构本身存储过去时刻的内容，其网络结构不能较深导致了模型的记忆容量较少，会遇到无法精确地存储具体事实的问题。对于某些需要记录和推理的任务，尽管 LSTM 解决了 RNN 中梯度消失问题，但依然无法具有较大的记忆容量。主要原因是被编码在隐藏状态和权值参数中的事实记忆过于微弱，不能较为完整地学习到输入中的全部信息，即输入数据中的信息并不能被很好地存储在模型中。

解决这一问题的方法是为神经网络添加额外的内存模块，类似于人类为实现某些目标而明确记忆和操作相关信息片段的行为。通过将神经网络作为控制模块来实现对内存模块的写入和读取操作，可以在少量训练样本中学习到更全面、更关键的特征信息，用于指导后续推理任务。在 6.2.2 和 6.2.3 小节将分别介绍由 Graves 等[22]利用 RNN 的图灵完备性提出的神经图灵机模型和 Graves 等[25]提出的用于实现记忆的选择性读写的可微神经计算机。

6.2.2 神经图灵机

神经图灵机（NTM）是 Graves 等[22, 25]于 2014 年提出的一种递归神经网络模型，它从图灵机中获得启发来尝试执行一些计算机可以解决得很好而机器学习模型并不能很好地解决的任务。除图灵机外，Gallistel 等[37]在 2011 年提出人脑的操作一定包含寻址操作，这也为神经图灵机的工作提供了基础。与冯 · 诺伊曼体系结构相似，神经图灵机采用外部存储矩阵作为神经网络模型的“内存”，使用 RNN 模型作为神经网络模型中的“控制器”，使用注意力机制与内存进行读写交互作为神经网络模型中的“读取设备”。通过将 RNN 的图灵完备性与可编程计算机的算法能力相结合，神经图灵机具备了复制、排序、回忆等其他神经网络不具备的功能。

如图 6.2 所示，神经图灵机主要包含两个基本组件：控制器（controller）和内存池（memory pool），也可以增加一个用于对内存池进行读写的读写设备。像大多数神经网络一样，控制器通过输入输出向量与外界交互，但不同于标准网络的是，它还与一个带有选择性读写操作的内存矩阵进行交互。类比图灵机，可以将神经图灵机中执行读写操作的网络输出称为“头”（heads），共有读取头（read heads）和写入头（write heads）两类。但最关键的是神经图灵机的架构中每个组件都是可微的，这意味着可以对模型使用梯度下降的方式进行训练。

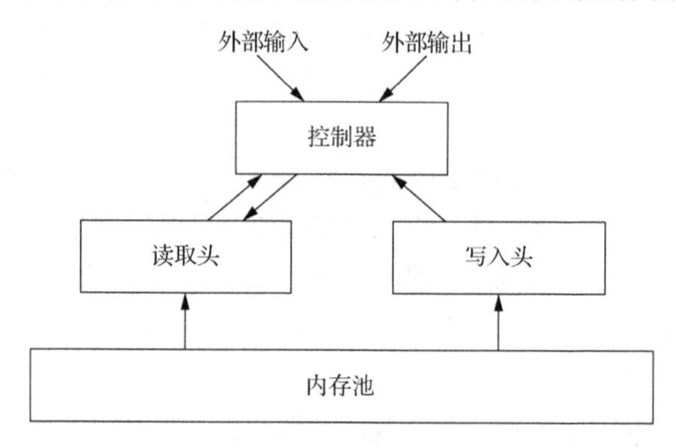

图 6.2　神经图灵机架构[9]

控制器是一个神经网络，通过读写头与存储器相互作用并提供输入的内部表征。值得注意的是，这种内部表征与最终储存在存储器中的并不完全相等。对于神经图灵机来说，控制器的类型就是最重要架构选择的代表，这种控制器可以是前馈或递归神经网络。前馈控制器比递归控制器要快速得多，并提供更多的透明度。但这意味着模型的泛化能力较低，因为它限制了 NTM 每步所能执行的计算类型。

内存池是用于保存记忆内容的模块，通过读写头与控制器进行沟通。从内部来说，每个读写头的行为都被它自身的权重向量所控制，在每步得到刷新。每个向量上的权重与在记忆中的位置一致（权重向量总和为 1），为 1 的权重在相应存储位置聚焦 NTM 所有的注意力，为 0 的权重则与记忆位置无关。

1. 读记忆

可以将记忆看作是一个 $N \times M$ 的矩阵 M_t，t 为当前时刻，表示记忆会随着时间发生变化。神经图灵机的读记忆过程会生成一个定位权值向量 w_t，其长度为 N，用于表示 N 个位置对应的记忆所对应的权值大小，进而得到记忆向量 r_t 为

$$r_t = \sum_{i=1}^{N} w_t(i) M_t(i) \tag{6.1}$$

式中，权值向量的和 $\sum_{i}^{N} w_t(i)$ 为1，本质上是对 N 条记忆进行一个按位置加权。

2. 写记忆

神经图灵机的写记忆过程参考了 LSTM 中“门”的使用方式：首先用输入门决定增加的信息，其次用遗忘门决定要丢弃的信息，最后用更新门加上增加的信息并减去丢弃的信息。具体而言，神经图灵机会生成一个擦除向量 e_t 和一个增加向量 a_t，长度都为 N，向量中每个元素的取值范围为从 0 到 1，表示要增加和删除的信息。

对于写记忆过程，神经图灵机首先对记忆执行一个擦除操作，擦除程度同样由向量 w_t 决定：

$$M_t'(i) = M_{t-1}(i)\left(1 - w_t(i) e_t\right) \tag{6.2}$$

这个操作表示从 $t-1$ 时刻的记忆中丢弃了一些信息。执行完擦除操作之后再执行增加操作：

$$M_t(i) = M_t'(i) + w_t a_t \tag{6.3}$$

这一步表示在丢弃记忆中一些信息之后需要再新增一些信息。其中，擦除向量 e_t 和增加向量 a_t 都是由控制器给出。控制器往往由神经网络组成，可以是 MLP 或 LSTM 等。

3. 定位机制

计算定位权值向量 w_t 的方法有很多种，主要分为两大类：基于内容的（content-based）和基于位置的（location-based）。神经图灵机结合这两类方法设计了一种新的定位机制用于计算定位权值向量 w_t。如图 6.3 所示，定位机制主要设计思想为先采用基于内容的方法再采用基于位置的方法。

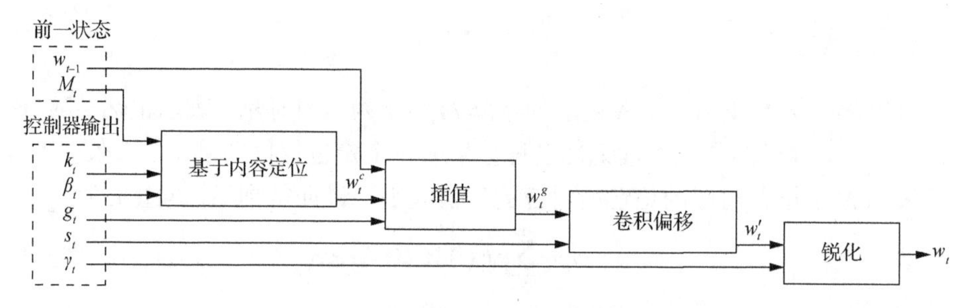

图 6.3　定位机制模型示意图[9]

首先进行基于内容寻址（content addressing）计算，此处主要采用余弦相似度。控制器给出一个 k_t 向量作为查询的 key，然后计算 k_t 与 M_t 中各个记忆向量的余弦相似度，最后经过一个 softmax 操作得到基于内容的定位向量 w_t^c：

$$w_t^c = \frac{\exp\left(\beta_t K\left[k_t, M_t(i)\right]\right)}{\sum_j \exp\left(\beta_t K\left[k_t, M_t(j)\right]\right)} \tag{6.4}$$

式中，β_t 为手动设置的超参数，用于调整数值；$K[k_t, M_t(i)]$ 为余弦相似度计算：

$$K\left[k_t, M_t(i)\right] = \frac{k_t \times M_t(i)}{\|k_t\| \times \|M_t(i)\|} \tag{6.5}$$

接下来进行基于位置的定位计算，此处分为插值（interpolation）、卷积偏移（convolutional shift）和锐化（sharpening）三个步骤。在插值过程中，控制器生成一个阈值 $g_t \in (0,1)$ 对当前的内容定位向量 w_t^c 与 $t-1$ 时刻的定位权值向量 w_{t-1} 进行一个插值操作，插值的结果即为输出值 w_t^g：

$$w_t^g = g_t w_t^c + \left(1 - g_t\right) w_{t-1} \tag{6.6}$$

在卷积偏移过程中，使用一个长度为 N 的偏移权向量 s_t 来表示权重，然后权值求和得到输出值 w_t'：

$$w_t' = \sum_{j=0}^{N-1} w_t^g(j) s_t(i-j) \tag{6.7}$$

在锐化过程中，通过控制器来生成一个参数 $\gamma_t > 1$，然后对各个权值进行 γ_t 指数幂运算并进行归一化：

$$w_t(i) = \frac{w_t'(j)^{\gamma_t}}{\sum_j w_t'(j)^{\gamma_t}} \tag{6.8}$$

至此得到的 $w_t(i)$ 用于提取和储存记忆。

接下来通过循环复制任务衡量 NTM 和 LSTM 模型表现。循环复制任务是复制任务的一个扩展，它要求网络能够输出复制序列的指定次数，并在最后打一个标记。其主要用来查看 NTM 能否学会简单的嵌套函数。理想情况下，模型能循环执行一个它学习过的子程序。在 Graves 等[22]的实验中，NTM 被进一步推广到比训练期间看到的更长的序列。当重复次数增加时，能够继续复制输入序列，但无法预测结束时刻，因此在第 11 次之后的每次复制结束后即发出结束标记。LSTM 在增加序列长度和数量方面都遇到了困难，都会迅速偏离输入序列。

尽管 NTM 相比于 LSTM 取得了较好的实验效果，但 NTM 存在着某些局限。首先，NTM 会引发计算机内存管理的一些基本问题，具体来说，可能会导致被分配的记忆单元之间发生重叠和干扰的问题。其次，NTM 无法释放已经写入位置的记忆，因此在处理长序列时无法重复使用记忆。最后，NTM 只有在遍历连续的位置时，才会保留顺序信息，而一旦写入头使用基于内容的寻址跳转到记忆的不同部分，读取头就无法恢复跳转前后的写入顺序。针对 NTM 的三大局限，研究者又提出了进一步研究。

6.2.3　可微神经计算机

为解决神经图灵机的局限，Graves 等[25]于 2016 年提出了一种混合计算系统——可微神经计算机（DNC），其架构图如图 6.4 所示。与神经图灵机相似，可微神经计算机遵循冯 · 诺伊曼体系结构，采用外部存储矩阵作为神经网络的“记忆”和一个变体的 LSTM 神经网络模型作为“控制器”。控制器的作用是获取输入，读取记忆，写入记忆，以及生成输出。记忆则是记忆单元的集合，其中每个记忆单元都存储了一个信息向量。通过这个外部存储矩阵，实现对神经网络的“记忆”增强，克服了神经网络无法长时间保存数据的缺点。此外，可微神经计算机的架构与其他神经记忆框架[23, 38]的不同之处在于，它可以选择性地写入和读取记忆，允许对记忆内容进行反复的修改。

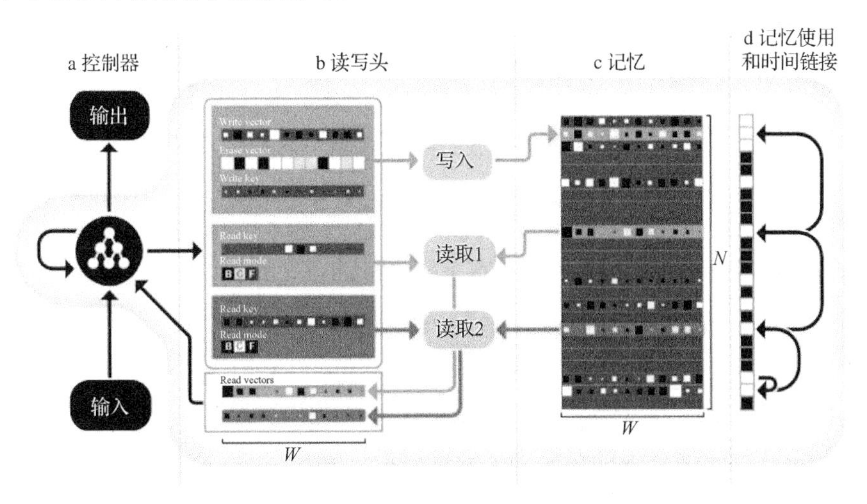

图 6.4　可微神经计算机架构图[25]

1. 控制器网络

可微神经计算机使用的控制器结构是一个 LSTM 的变体，在某一时刻t，控制器网络从数据集或者外部环境中获得一个输入向量$x_t \in R^X$，并输出一个输出向量$y_t \in R^Y$。在$t-1$时刻，控制器从记忆矩阵$M_{t-1} \in R^{N\times W}$中获得$R$个读取向量$r_{t-1}^1,\cdots,r_{t-1}^R$。为了方便表示，可以把输入向量$x_t$和$R$个读取向量进行连接操作，得到控制器在$t$时刻的输入为

$$\chi_t = \left[x_t; r_{t-1}^1; \cdots; r_{t-1}^R\right] \tag{6.9}$$

此外，在t时刻，控制器网络输出一个向量$v_t \in R^Y$和控制信息向量$\xi_t \in R^{WR+3W+5R+3}$，它们都是关于$(\chi_1,\cdots,\chi_t)$的函数。最后将v_t与加权后的读取向量进行相加得到最终的输出向量y_t，定义为

$$y_t = v_t + W_r\left[r_t^1; \cdots; r_t^R\right] \tag{6.10}$$

这种机制使得可微神经计算机能够根据读取到的记忆来调整其输出决策。

2. 写记忆

可微神经计算机在将信息写入记忆矩阵中时，是利用基于内容的寻址和动态记忆分配两种寻址方式的组合。在每一个时间步，控制器都会选择是否写入记忆。如果选择写入记忆，它可以选择将信息存储在一个新的、未经使用过的记忆单元或已经包含了该控制器正在搜索信息的记忆单元。这让控制器可以更新一个位置上所存储的内容。如果记忆中所有的记忆单元都被占用了，控制器可以决定释放一些记忆单元，从而使得信息能够被写入。当该控制器执行写入时，它会发送一个信息向量到记忆中被选中的位置。每一次写入信息时，这些位置都会被关联链接连接起来，关联链接代表了信息被存储的顺序。

在写入操作中，可微神经计算机首先会通过基于内容的寻址和动态记忆分配两种寻址方式来得到写入权重$w_t^w \in \Delta N$，变量空间ΔN的定义如下：

$$\Delta N = \left\{\alpha \in R^N : \alpha_i \in [0,1], \sum_{i=1}^{N} \alpha_i \leqslant 1\right\} \tag{6.11}$$

各个记忆单元在t时刻的写入权重$w_t^w \in \Delta N$的定义如下：

$$w_t^w = g_t^w\left[g_t^a a_t + \left(1 - g_t^a\right) c_t^w\right] \tag{6.12}$$

式中，$c_t^w \in S_N$，是基于内容寻址中各个记忆单元在t时刻的写入权重；$a_t \in S_N$，是动态记忆分配中各个记忆单元在t时刻的写入权重。

然后借助控制信息中的擦除向量$e_t = \sigma\left(\hat{e}_t\right) \in [0,1]^W$和写入向量$v_t \in R^W$对记忆矩阵进行修改，修改如下：

$$M_t = M_{t-1} \odot (E - w_t^w e_t^{\mathrm{T}}) + w_t^w v_t^{\mathrm{T}} \tag{6.13}$$

式中，E 是一个元素全为 1 的 $N \times W$ 维矩阵。

3. 读记忆

除了写入，控制器也可以从记忆中读取信息。它可以基于每个记忆单元的内容对记忆进行搜索，即可以通过时间链接向前和向后读取以顺序或反序写入的信息。在从记忆矩阵里读取相关信息时，利用的是基于内容的寻址和时间记忆链接两种寻址方式的组合。

在读取操作中，可微神经计算机首先会通过基于内容的寻址和时间记忆链接确定第 i 个读取头在时刻 t 的读取权重 $w_t^{r,i} \in \Delta N$，定义为

$$w_t^{r,i} = \pi_t^i[1]b_t^i + \pi_t^i[2]c_t^{r,i} + \pi_t^i[3]f_t^i \tag{6.14}$$

式中，$\pi_t^i \in S_3$，是读取模式控制信号；$c_t^{r,i} \in S_N$，是基于内容寻址得出的权重。变量空间 S_N 的定义如下：

$$S_N = \left\{ \alpha \in R^N : \alpha_i \in [0,1], \sum_{i=1}^{N} \alpha_i = 1 \right\} \tag{6.15}$$

对记忆矩阵中各个位置内容进行加权平均，得到读取向量 r_t^i。读取向量在下一个时间步被加入到控制器输入中，使其能够访问记忆内容，r_t^i 定义为

$$r_t^i = M_t^T w_t^{r,i} \tag{6.16}$$

4. 寻址机制

在读写过程中，共有 3 种寻址方式参与其中。

（1）基于内容的寻址。基于内容的寻址机制可以看作是一种注意力机制，在进行读取和写入操作时，记忆矩阵 $M \in R^{N \times W}$ 中的第 i 个记忆单元 $M[i] \in R^{1 \times W}$ 被分配的比重 $C(M,k,\beta)[i]$ 定义如下：

$$C(M,k,\beta)[i] = \frac{\exp\{D(k, M[i,:])\beta\}}{\sum_j \exp\{D(k, M[j,:])\beta\}} \tag{6.17}$$

式中，函数 $D(u,v)$ 是用来计算两个向量之间的余弦值，以余弦值来衡量两个向量之间的相关程度，函数定义如下：

$$D(u,v) = \frac{u \cdot v}{|u||v|} \tag{6.18}$$

由以上定义可知，$C(M,k,\beta) \in S_N$ 确定了读取头和写入头在记忆矩阵 $M \in R^{N \times W}$ 上对各个记忆单元的读写比重。

（2）动态记忆分配。在某些情况下，需要对记忆矩阵 $M \in R^{N \times W}$ 中的某些记忆单元进行释放并重新分配，于是可微神经计算机引入了动态记忆分配机制。使用

向量$u_t \in [0,1]^N$表示在t时刻记忆单元的使用情况，并定义开始时刻$u_0 = 0$。在写入信息之前，需要确定哪些记忆单元是可以被覆盖掉的，这就需要一个释放列表$\phi_t \in \mathbb{Z}^N$来表示覆盖写记忆单元的顺序。此外，还用$\psi_t \in [0,1]^N$表示每个内存单元将被保留多少，定义如下：

$$\psi_t = \sum_{i=1}^{R}\left(1 - f_t^i w_{t-1}^{r,i}\right) \tag{6.19}$$

则u_t可以被定义如下：

$$u_t = \left(u_{t-1} + w_{t-1}^w \odot \left(1 - u_{t-1}\right)\right) \cdot \psi_t \tag{6.20}$$

这样在t时刻，各个记忆单元的分配权重$a_t \in \Delta N$定义为

$$a_t\left[\phi_t[j]\right] = \left(1 - u_t\left[\phi_t[j]\right]\right)\prod_{i=1}^{j-1} u_t\left[\phi_t[i]\right] \tag{6.21}$$

（3）时间记忆链接。时间记忆链接（图 6.4 中的 d）让控制器网络能够将写入记忆的内容按照一定的顺序读出来。首先使用一个时间链接矩阵$L_t \in [0,1]^{N \times N}$来储存写入顺序，其中$L_t[i,j]$表示在写入第$j$个记忆单元之后，再写入第$i$个记忆单元的权重。

在定义L_t之前，需要定义一个优先权重$p_t \in \Delta N$，$p_t[i]$表示第i个记忆单元是最后一个被写入的权重。每次写入新信息时，都会删除链接被写入的记忆单元的旧链接来更新时间链接矩阵，然后添加最后写入记忆单元的新链接。可以使用下面的递归关系来实现这个逻辑：

$$L_0[i,j] = 0; \forall i,j \tag{6.22}$$

$$L_t = 0; \forall i \tag{6.23}$$

$$L_t = \left(1 - w_t^w[i] - w_t^w[j]\right) L_{t-1}[i,j] + w_t^w[i] p_{t-1}[j] \tag{6.24}$$

可微神经计算机的各种机制可以很好地解决神经图灵机的局限性，具体来说：首先，可微神经计算机使用的是动态记忆分配来写入信息，一次只提供单个空闲的记忆单元，而且与记忆单元的索引没有关系，因此解决了记忆单元间的干扰问题；其次，对于神经图灵机无法释放记忆的问题，可微神经计算机通过使用释放门来释放记忆单元空间；最后，神经图灵机只能通过连续位置的写入操作来进行顺序保存，而可微神经计算机则使用时间链接矩阵记录了写入操作的顺序，也就是说可微神经计算机有某种形式的瞬时记忆，在某个瞬时记忆下，可微神经计算机可以回想起上一步做的事件，以及更早的事件，以此类推。

6.2.4　记忆模型总结

通过 6.2.1～6.2.3 小节的内容，本书介绍了工作记忆的概念以及两种带有记忆机制的网络模型，分别是神经图灵机与可微神经计算机。表 6.1 总结了这两种模型与传统 RNN、LSTM 的优缺点。

表 6.1 记忆模型优缺点

模型名称	优点	缺点
传统 RNN	（1）可以处理任意长度的序列问题； （2）模型形状不随输入长度增加	（1）存在梯度爆炸现象，无法解决长时依赖问题； （2）模型记忆容量小，计算速度不快
LSTM	（1）通过门控装置解决了梯度消失和爆炸的问题； （2）具有长时记忆功能，可以处理较长序列的问题	（1）参数较传统 RNN 多，模型较难训练； （2）在并行处理上存在劣势
神经图灵机	（1）具有额外存储能力； （2）寻址方式简单； （3）记忆具有更新能力	（1）架构依赖大量的参数，难以训练，不能从 GPU 加速中受益； （2）数值不稳定性
可微神经计算机	（1）自动构建并理解图形结构； （2）有选择性地写入和读取内容； （3）允许迭代修改内存内容	（1）参数太多，难以训练； （2）逻辑数据挖掘中表现不佳

6.3 符号化分层递阶学习模型

深度学习模型存在固有的共性问题，主要体现在三个方面：海量参数导致的高复杂性、黑盒特性导致的不可分解性，以及封闭的训练推理过程导致的人工不可干预性。对于上述问题，深度学习模型自身已经难以解决，其根源是不可分解性。对此，作者团队引入新的机制，核心是让智能学习模型能够根据待解决问题的物理学或社会学知识进行合理的分解，实现分层可控制、人工可参与、结果可回溯。

符号化分层递阶学习（symbolized hierarchical learning，SHiL）模型，其核心思想是“分层递阶可控+符号化知识驱动”：基于介科学理论[39, 40]，将多层次、多尺度动态时空关联的复杂数据系统划分成若干介区域，形成分层递阶结构[41]；同时，针对每个介区域的功能和状态特点，构建内嵌物理学或社会学知识的符号化控制机制（如常识、规则等），具有人工可理解、可编程的特点，实现知识驱动的数据计算及推理，支持人工可干预。

6.3.1 SHiL 模型

SHiL 模型一开始就是按照可解释白盒模型设计的，从根本上解决了端到端深度学习的可解释性难题，图 6.5 是本书提出的 SHiL 模型。$\text{SHiL}=\{\text{Layer}_i\}_{i=1}^{n}$，模型共有 n 层，每层为一个三元组 $\text{Layer}_i=(E_i, M_i, E_{i+1})$。

其中，E_i 和 E_{i+1} 表示相邻的边界尺度，对应介区域 M_i 的输入和输出；M_i 表

示第 i 个介区域； R_i 和 K_i 分别是 M_i 的控制机制和外部知识，满足 $R_i(E_i,K_i)\to E_{i+1}$，体现分层递阶的特点，R_i 包括问题常识、推理规则和处理算法，可通过符号化人工编程方式将 K_i 嵌入到 R_i 中，体现人工可干预的特点；S_i 表示 R_i 的一次实际操作，可以理解为从 E_i 到 E_{i+1} 的推理步骤，由此形成从输入数据集 I 到结论 O 的推理路径 $P=(S_1,\cdots,S_i,\cdots,S_n)\subset R_1\times\cdots\times R_i\times\cdots\times R_n$。

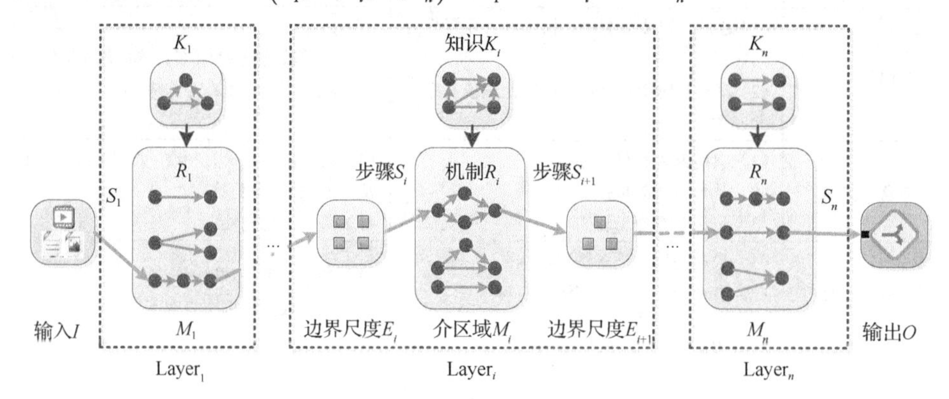

图 6.5　符号化分层递阶学习模型

圆点表示控制机制中可理解的符号，方格表示边界尺度中的数据

SHiL 模型具有以下三个特点：①分层可控制。针对黑盒模型的不可分解性，本着自治性和自洽性的分层原则，将复杂数据系统划分为多个边界尺度 E_i 及介区域 M_i，从结构上为构建可解释可推理的白盒模型奠定了基础。②人工可参与。旨在实现人工对模型中每个介区域 M_i 都能编程可控。本模型将介区域内的控制机制 R_i（控制逻辑）和外部知识 K_i 都采用可编程的符号化表示，并实现 R_i 和 K_i 两者的联动。③结果可回溯。根据结果回溯，找出结果产生的推理路径，从 S_1 到 S_n。其本质是通过反向遍历路径及反演推理过程找出结果生成的依据，形成与该结果对应的证据链，从而实现整体的可解释性。

6.3.2　SHiL 模型构建方法

SHiL 模型基于介科学理论的复杂系统分析方法，并以“分层递阶可控+符号化知识驱动”的思想为指导，其构建主要依靠“介区域划分—分层控制—机制耦合”三阶段方法实现。

（1）复杂数据系统的介区域划分，实现化整为零。旨在结合领域知识辨识复杂数据系统的时空多层次，识别不同层次中的介区域。这是整个模型的基础，为介区域中控制机制构建和介区域间控制机制耦合提供依据。其核心思路：首先将复杂数据系统转化为语义等价的复杂动态网络，然后将复杂动态网络划分为符合自治性、自洽性原则的层次结构。例如，发票虚开检测需挖掘“发票-企业”和“企业-团伙”等层次中的介区域。

（2）介区域中的符号化控制机制构建，实现分而治之。旨在构建内嵌物理学或社会学知识的符号化控制机制 R_i，形成 SHiL 模型的基本处理单元，支持知识驱动的数据计算及推理。其核心思路是构建控制机制的符号化表示方法，满足可理解、可编程；然后基于边界尺度的时空结构及网络拓扑特征，通过可微编程获得可理解的控制机制，实现分而治之。例如，发票虚开检测需要在其介区域构建购销平衡、利益关联等符号化控制机制。

（3）跨介区域推理路径的生成，实现化零为整。旨在耦合每一层介区域 M_i 对应的推理步骤 S_i，找出与 SHiL 模型所产生结果对应的推理路径 P，形成完整的证据链，实现 SHiL 模型整体的可解释性。其核心思路是构建可解释性度量方法，并根据可解释性、精准度、时效性等优化目标生成最优推理路径。例如，为了提供具有可信性、公信力的发票虚开检测结果，需要构建完整的、正确的、可解释的导侦证据链。

6.3.3 复杂数据系统的层次划分和介区域识别

1. 复杂数据系统到动态网络的转化

针对复杂数据系统时空多层次、非线性特点，提出一种基于时序编码嵌入的非线性动态网络模型，通过“静态快照构建—动态时序嵌入”两阶段的方法，将复杂数据系统转化为语义等价的，包含对象、关系、属性和时序等要素的复杂动态网络，主要内容包括：

（1）静态快照构建。定义动态网络模型 $G=\{G_1,G_2,\cdots,G_T\}$，是时间上的有序图集，由复杂数据系统在不同时刻的快照组成，并随着时序的变化，网络结构不断调整。其中，$G_t=(V_t,E_t)$ 表示 t 时刻网络拓扑图，V_t 和 E_t 分别表示该时刻构成网络的对象集合和对象间关系的集合，对应的概要图为 $G_s=(V_s,E_s,L_e,W_s,\text{Att}_s)$，$V_s=V_1\cup V_2\cup\cdots\cup V_T$；$E_s=E_1\cup E_2\cup\cdots\cup E_T$；$L_e$ 表示与边集 E_s 对应的标签集合，用以反映不同时刻网络结构的变化，其元素 l_e 是维度为 T 的仅包含 0 或 1 的向量，当 l_e 中位置 t 为 1 时，表示边 e 属于第 t 时刻的网络 $G_t=(V_t,E_t)$，反之，边 e 不属于该时刻的网络；W_s 表示对象间关系的权重；Att_s 是对象的属性，每个元素 att_e 均是一个多维矩阵，存储对象的属性特征，如 $\text{att}_e=\{d_1^{\mathrm{T}},d_2^{\mathrm{T}},\cdots,d_n^{\mathrm{T}}\}$，其中 n 为属性空间的维度。

（2）动态时序嵌入。为了在获得动态网络演化模式的同时，最大程度保留网络结构信息，需对动态网络进行时序编码嵌入。为此，采用一种基于 skip-gram 框架的时序编码嵌入学习方法，在每个时间步上学习映射函数 $\phi(t):V_i\to\mathbb{R}^d$，其中 $\mathbb{R}$

是低维稠密映射空间，d 是嵌入维数。映射函数 $\phi(t)$ 通过捕捉网络节点动态变化规律进行嵌入表征，在保持每一个时间步上网络结构相似性的同时，可以反映网络动态演化趋势。例如，随着时序的变化，虽然企业间进销关系发生了变化，但通过动态时序嵌入，仍然可以在一定程度表征企业间历史交易关系。

2. 动态网络的层次划分与介区域识别

本着自治性和自洽性的分层原则，提出“边界尺度假设空间构建—边界尺度子图模式挖掘—子图模式层级耦合辨识”三阶段的动态网络的层次划分与介区域识别方法，其流程如图 6.6 所示。

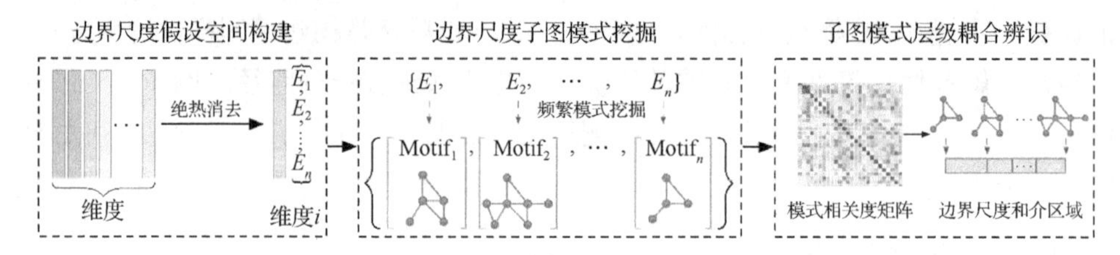

图 6.6　动态网络的层次划分与介区域识别流程图

（1）边界尺度假设空间构建。首先，基于系统科学中绝热消去原理，识别所关注的子系统随动态网络 G 演化的主导因素 DF；然后，在 DF 引导下，结合领域知识构建边界尺度的假设空间 $\mathcal{E}=\{E_1,E_2,\cdots,E_n\}$，抽取 $\mathcal{E}$ 中各边界尺度在动态网络中的 m 个子图实例，$\{E_i\}_{i=1}^n=\{\mathrm{SG}_{i1},\mathrm{SG}_{i2},\cdots,\mathrm{SG}_{im}\}_{i=1}^n$。

（2）边界尺度子图模式挖掘。基于频繁子图挖掘算法，挖掘各边界尺度的子图实例 $\{\mathrm{SG}_{i1},\mathrm{SG}_{i2},\cdots,\mathrm{SG}_{im}\}_{i=1}^n$ 中的 Motif，用 $\{\mathrm{Motif}_i\}_{i=1}^n$ 表示；基于图模式匹配得到动态网络中各节点 $j\in V$ ($|V|=N$)在 $\{\mathrm{Motif}_i\}_{i=1}^n$ 下的二进制向量编码 $\{0 \text{ or } 1\}_{i=1}^n$，1 表示能够匹配到相应的 Motif，0 表示不能。

（3）子图模式层级耦合辨识。基于二进制向量编码构建各边界尺度间的相关度矩阵 $W\in R^{n\times n}$，W_{ij} 表示 Motif_i 出现的情况下 Motif_j 出现的次数。基于条件概率对边界尺度间层级耦合关系建模，首先将相关度矩阵转化为概率形式 $P_{ij}=P(\mathrm{Motif}_j\mid\mathrm{Motif}_i)=W_{ij}/N_i$，$N_i=\sum_j W_{ij}$；其次基于置信度阈值 τ 判定满足 $P_{ij}\geqslant\tau$ 的 E_i 和 E_j 之间具有层级耦合关系；最后识别出 E_i 和 E_j 之间存在介区域。

6.3.4　符号化可微编程的介区域控制机制

在已划分好介区域的基础上，为了实现 SHiL 模型的分而治之过程，通过介区域中的外部知识 K_i 构建介区域中的控制机制 R_i，包含问题常识、推理规则和处理算法，以将其作用于多层次多尺度耦合关系的复杂系统。

1. 控制机制的符号化表征

控制机制 R_i 中的问题常识、推理规则本质上都是“条件-结论”的形式，可以通过逻辑规则的方式表示；而处理算法可以表示为计算单元，来源于物理学或社会学知识。因而 R_i 由Rules和CUs组合构成，满足 $R_i \subseteq \text{Rules} \times \text{CUs}$，其中Rules表示逻辑规则集合，CUs表示计算单元集合，$\times$ 表示集合的笛卡儿积。

考虑到引入介区域后税务数据的特点，逻辑规则可以表示成 $\langle \text{Rule} \rangle ::= (\text{ME}, \text{Thm}, \text{Atoms}, \text{Opers}) \in \text{Rules}$ 的形式，其中ME表示介区域，Thm表示介区域上的主题，Atoms表示构成该规则的原子公式集，通过未实例化的事实表示，Opers表示将原子公式连接起来的操作符号集，用以构成一阶逻辑规则的形式。Atoms和Opers都可抽象为符号单元。原子公式为未实例化的事实：$\langle \text{Atom} \rangle ::= (\text{Pr}, \text{Sub}, \text{Obj})$，其中Pr表示逻辑谓词，Sub与Obj分别表示原子公式的主语和宾语，宾语可为空。表6.2展示了发票虚开检测中的逻辑规则示例。

表6.2　发票虚开检测中的逻辑规则示例

编号	介区域	主题	相关规则	规则含义
1	发票-企业	专票	taxpayer(X) ∧ (sellGoods(X,Z)∨ ptServices(X,Z))→speInvoice(Z,X)	一般纳税人销售货物或者提供应税劳务，应向购买方开具专票
2	发票-企业	专票	taxpayer(X) ∧ selfSellSmoke(X,Z) →¬speInvoice(Z,X)	商业、企业一般纳税人零售的烟草等消费品不得开具专票
3	发票-企业	普通发票	taxpayer(X) ∧ sellAmount (X,A) →limitNumInvoice(X,B)	企业根据销售额实行最多开票数量限制
4	企业-团伙	税额	companyInPlace(X,A) ∧ taxAmount(Y,B)→taxRatio(X,C)	某地的企业依据其销售额，按比率征收增值税
5	企业-团伙	税额	companyInPlace(X,A) ∧ tecStartup (X)→freeTax(X)	某地销售额未超额的小微企业，免征增值税

根据外部知识 K_i，如《增值税专用发票使用规定》中规定，一般纳税人销售货物或者提供应税劳务，应向购买方开具专票；商业、企业一般纳税人零售的烟、酒、食品、服装、鞋帽、化妆品等消费品不得开具专票。“发票-企业”介区域上“专票”主题的控制机制可以表示成表6.2中1、2编号的规则形式。形如规则1中的sellGoods(X,Z)（销售货物）为原子公式，∧、∨和→为操作集。

计算单元可以表示为 $\langle \text{CU} \rangle ::= (\text{ME}, \text{Thm}, \text{Ic}, \text{Am}) \in \text{CUs}$，其中Ic为输入数据类型，Am为处理算法，如识别纳税人身份的神经网络模型。构成逻辑规则的符号单元与计算单元相互作用，如图6.7所示，进而形成介区域中的控制机制 R_i。

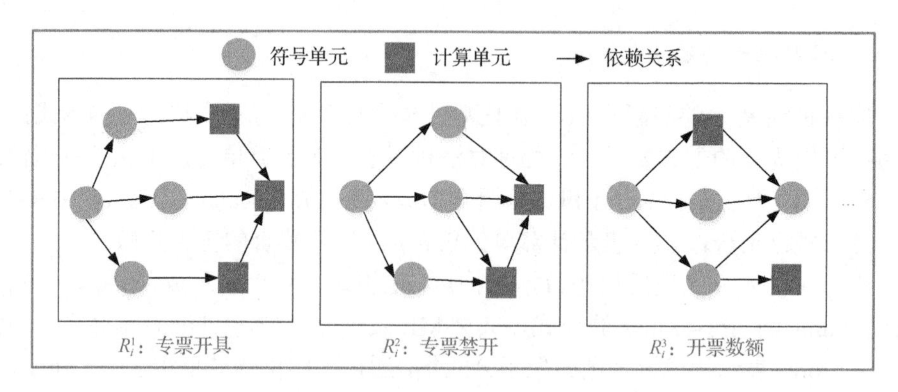

图 6.7　控制机制表示方法

2. 基于可微编程的控制机制构建

本部分提出一种自底向上的可微编程模型来学习介区域内所需的控制机制，主要包含：原子公式抽取、控制机制学习和先后序关系发掘，并使用介科学理论的竞争中协调机制进行迭代优化，如图 6.8 所示。其与人工构建的计算单元共同构成了介区域 M_i 中的控制机制 R_i。

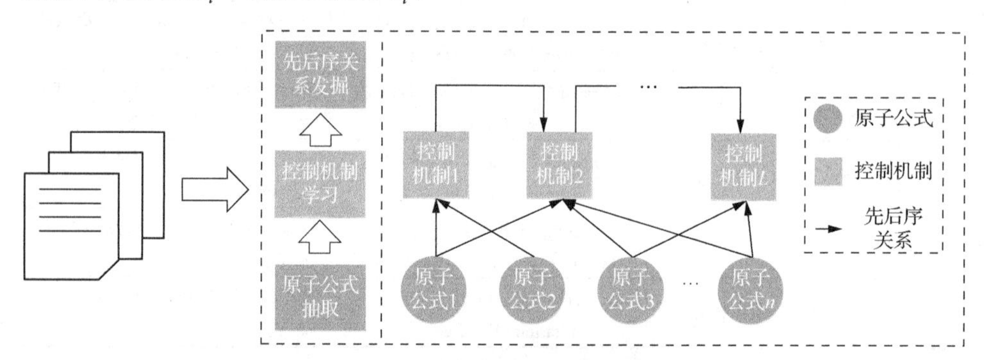

图 6.8　基于可微编程的控制机制构建

（1）原子公式抽取。原子公式是控制机制的组成元素，通过将原子公式与逻辑符号有序连接可以得到介区域内的控制机制。在抽取过程中，首先从已有的物理学或社会学知识中抽取蕴含的事实并用原子公式的形式表示。使用 Bi-LSTM 神经网络嵌入句子语义，对文本进行编码并在特征向量上构建词语级别的注意力机制，得到注意力权重向量 $T=\{t_1,t_2,\cdots,t_n\}$，其中 n 表示文本的长度，对于权重 T 较高的向量判断其关系类型。通过这种方法挖掘对象间的关系，构成原子公式 $\langle\text{Atom}\rangle::=(\text{Pr},\text{Sub},\text{Obj})$。

（2）控制机制学习。控制机制学习旨在从抽取的知识中学习一阶逻辑规则表达式。首先，利用矩阵形式表示原子公式之间的关系，并采用注意力机制对每个原子公式进行权重分析：

$$M=\begin{pmatrix} m_{11} & m_{12} & \cdots & m_{1k} \\ m_{21} & m_{22} & \cdots & m_{2k} \\ \vdots & \vdots & & \vdots \\ m_{k1} & m_{k2} & \cdots & m_{kk} \end{pmatrix} \tag{6.25}$$

式中，k 为原子公式之间的关系数量；矩阵元素 m_{ij} 为原子公式 i 与 j 存在于规则中的置信度。然后，通过 LSTM 网络模型对关系进行建模以抽取原子公式集合及其顺序，进而得到初步的规则。对不同的主题进行逻辑约束以形成完备的一阶逻辑规则表示。给定不同主题或推理问题，在此引入规则的隶属度概念，其值域为 $\alpha \in [0,1]$，表示不同主题中的规则可信度。

（3）先后序关系发掘。对于介区域中的推理过程，需要多个具有逻辑关系的控制机制共同完成。这些控制机制及其顺序组合成为介区域中推理的依据。首先，确定介区域中所需主题及相关原理；其次，通过注意力机制 $a(\cdot)$ 计算出完成该推理对不同逻辑规则的注意程度，从而根据权重得到先后序关系。公式如下：

$$I_N=\mathrm{TopN}\left(a\left(I,R_j^I\right)\right) \tag{6.26}$$

$$a\left(I,R_j^I\right)=\frac{e^{c\left(I,R_j^I\right)}}{\sum_{j=1}^{L} e^{c\left(I,R_j^I\right)}} \tag{6.27}$$

式中，$c(\cdot)$ 表示相似度计算方法；R_j^I 表示和原理 I 有关的第 j 个逻辑规则；L 表示所需控制机制个数的最大值。

在控制机制抽取的三个层次：原子公式抽取、控制机制学习、先后序关系发掘中，使用介科学理论的竞争中协调原则对其进行迭代优化。对于不同层次产生的结果 y 及其参数 x，利用变分原理计算其泛函的极值：

$$\frac{\partial f}{\partial y}-\frac{\mathrm{d}}{\mathrm{d}x}\left(\frac{\partial f}{\partial y'}\right)=0 \tag{6.28}$$

式中，f 为关于 $y(x)$ 和其一阶导数 $f_1(x)=\tanh(W_1x+b_1)$ 的函数。通过介科学理论的多机制预测机理，使不同层次的变分结果 A 满足一个固定函数 $g(A)$，在改变不同层次的主导作用的同时对其进行约束，以满足不同层次抽取结果在竞争中协调的原则。

6.3.5　跨界区域推理路径生成

1. 可解释性度量方法

目前，学术界关于深度学习的可解释性还没有一个明确的定义，但存在一些接受度较高的说法。例如，2017 年 ICML 的 Tutorial 中给出的一个相关定义是“解释是指解释给人听的过程”，其核心是需要提供可理解的术语来说明一些概念，且这些概念是自包含的，不需要进一步解释[42]。基于此，本部分提出主客观结合的可解释性度量方法，包含四个指标：逻辑替换指数、符号可解释性、符号间的相关性和模型推理路径长度，分别定义如下。

（1）逻辑替换指数σ：衡量模型推理步骤与外部知识的耦合程度，若推理步骤表示为$\vec{a}$，外部知识为$\vec{b}$，则$\sigma = \sum \vec{a} \varnothing \vec{b}$，其中$\varnothing$表示可选计算方式，$\sigma$取值越高，说明可被理解的程度越高。

（2）符号可解释性e_i：表示介区域内包含规则的可解释性，通过人工赋值的方式制定符号可解释性字典，对符号中蕴含的逻辑规则进行量化，即$e_i = \{(s_i, v_i) \mid (s_i, v_i) \in \mathrm{dict}(s, v)\}$，其中$s$表示符号，$v$表示对该符号可解释性的人工赋值。

（3）符号间的相关性r_{ij}：模型在推理过程中，介区域之间会产生映射关系，将这种映射关系定义为符号间的相关性。提出一种基于介区域的推理置信度传播算法，反向回溯并分配推理置信度，如图 6.9 所示。

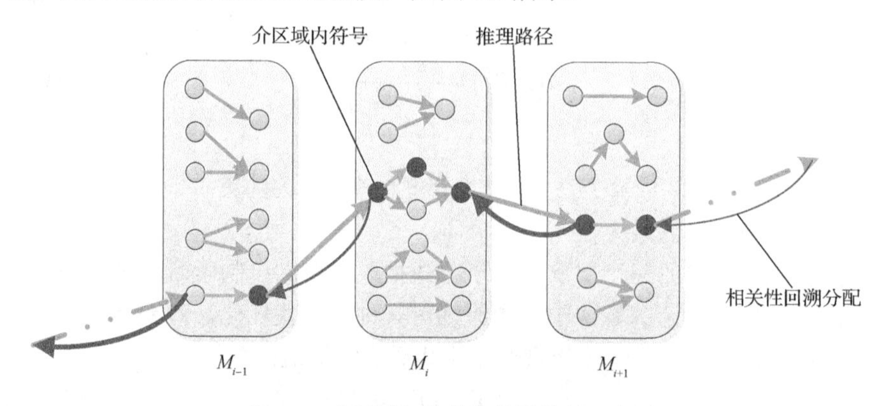

图 6.9 介区域间符号相关性传播示意图

该算法可表述为模型较高层 layer_k 得分 $R_k = \sum_{j \in N} R_{j \leftarrow k}$，存在符号$i$和$j$，且所在的介区域是连续的，则$r_{i \leftarrow j}^{(m,n)}$表示从符号$j$到符号$i$的且在介区域$m$和$n$之间传播的推理置信度，其中$n > m+1$，传播遵循如下原则：

$$R_j = \sum_{k \in N} \left(\alpha \frac{a_j}{\sum_{j \in N} a_j} - \beta \frac{a_j}{\sum_{j \in N} a_j} \right) R_k \tag{6.29}$$

式中，$\alpha - \beta = 1, \beta \geqslant 0$；$j$表示符号$k$所在层的前一层符号之一。

（4）模型推理路径长度d：当进行模型推理时，从模型的输入到输出之间存在很多推理路径，推理路径长度d可定义推理行为经过的符号间路径数目之和，$d=\sum w_{ij}$，即路径长度越小，涉及的规则越少，模型可理解性越强，符合人的直观认知。

综上，可解释性度量定义为

$$\varepsilon=\sigma+\frac{\left(\prod_{i=1,m=1}^{k} e_i^m * r_{i\leftarrow j}^{(m,n)} * e_j^n\right)}{\log_2 d} \tag{6.30}$$

式中，ε是人能理解的逻辑值，表示模型的可解释性，ε越高，模型的可解释性越强。

2. 最优推理路径生成

本部分的主要目标是在满足精准度约束和时效性约束的条件下最大化路径的可解释性，其中可解释性目标又可分解为多个子目标，因此可将最优推理路径生成问题转化为多步骤多目标组合优化问题。当一个解被认为是多个目标的最优解时，那么意味着无法在不损害一个目标的情况下，改进另一个目标，这种多目标之间的状态称为帕累托有效性。提出一种基于帕累托效率的推理路径选择排序（selection sort）算法，该算法通过对目标函数进行标量加权，将多目标优化问题转化为单目标优化，并设置优先级权重，实现满足精准度约束和时效性约束条件下最大化路径的可解释性，最终得到多目标组合优化问题下的最优推理路径。

本部分涉及可解释性、精准度和时效性三个优化目标，设$\mathcal{L}_i(\theta)$表示第i个目标的损失函数，并使用标量化技术将多个目标合并，得到总损失函数：

$$\mathcal{L}(\theta)=\sum_{i=1}^{k}\mathcal{L}_i(\theta)*\omega_i \tag{6.31}$$

式中，$\sum_{i=1}^{k}\omega_i=1,\omega_i>0,i\in\{1,2,3,\cdots,K\}$，同时引入了约束$\mu_i$作为第$i$个目标的权重下限，且$\omega_i\geqslant\mu_i,\sum_{i=1}^{k}\mu_i<1$。

为了得到多目标的帕累托有效解，必须使得总损失函数$\mathcal{L}(\theta)$最小化，已知Karush Kuhn Tucker（KKT）准则可以指导标量式的多目标组合优化问题，在KKT条件下的多目标组合优化问题可转化为

$$\begin{cases}\min.\sum_{i}^{K}\omega_i * \varDelta_\theta\mathcal{L}_i(\theta)_2^2 \\ \text{s.t.}\sum_{i}^{K}\omega_i=1,\omega_i\geqslant\mu_i,i\in 1,2,3,\cdots,K\end{cases} \tag{6.32}$$

经过转化之后，得到帕累托有效解的方向为使梯度下降为零的方向。在此条件下，该算法主要分为两部分：使用均分的标量权重先训练一次框架参数θ；然后使用权重训练算法自动更新权重ω_i，循环执行上述步骤，交替更新框架参数θ和权重ω_i。其中权重ω_i的更新涉及二次规划问题，在二次规划下，帕累托有效性条件变更为

$$\begin{cases}\min.\left\|\sum_{i}^{K}\hat{\omega}_i+\mu_i * \Delta_\theta \mathcal{L}_i(\theta)_2^2\right\|_2^2 \\ \text{s.t.}\sum_{i}^{K}\hat{\omega}_i=1-\sum_{i}^{K}\mu_i, \hat{\omega}_i \geqslant 0, i\in 1,2,3,\cdots,K\end{cases} \tag{6.33}$$

式中涉及等式约束和非等式约束，首先只考虑等式约束松散问题，然后引入一个投影过程，在所有约束下可行解的集合中生成一个有效解，此时考虑：

$$\begin{cases}\min.\left\|\hat{\omega}_i-\widetilde{\omega_i}\right\|_2^2 \\ \text{s.t.}\sum_{i}^{K}\hat{\omega}_i=1, \hat{\omega}_i \geqslant 0, i\in 1,2,3,\cdots,K\end{cases} \tag{6.34}$$

问题转变为非负最小二乘问题，可以使用有效集方法求解。

通过交替更新算法框架的参数θ和各目标权重ω_i，可解释性、精准度和时效性三个优化目标在算法框架下达到了多目标均衡。此时，通过设置一系列不同的目标权重下限μ_i可以得到一个符合帕累托有效性的解集，然后通过 Least Misery 算法选择最小化目标损失函数的最大值在该解集选择一个相对公平的解作为最优解。

6.4 知识检索

知识检索是知识推理的典型应用之一。给定一组查询，知识检索技术需要通过对问题进行解析、理解，进而在知识库中完成查询、推理、比较等逻辑运算。相比于传统信息检索技术，知识检索技术更加适用于复杂的知识查询场景。

6.4.1 基本概念

知识检索是指在知识组织的基础上，从知识库中检索出知识的过程，是一种基于知识组织体系，对记录于知识库中的知识进行深度推理分析，基于知识关联和概念语义检索的智能化检索方式。最初的知识检索方法由信息检索发展而来，经历了信息检索—特定知识库检索—知识图谱检索的发展历程，如图 6.10 所示。最初研究者将知识检索等价于信息检索，将信息检索的方法应用于知识检索。而后，一些研究者专门针对知识检索进行了相关的研究。例如，Martin 等[43]研究了用于知识表示的不同元数据语言（如 RDF、OML），并建议使用通用和直观的知识

表示语言，而不是基于xml的语言来表示知识。他们提出了在不同细节层次上满足用户需求的方法。Kamel等[44]提出了一个基于概念图的知识检索系统，将文档中的句子转换成概念图的形式用于知识检索。近年来，随着知识图谱技术的快速发展，基于知识图谱的知识检索技术成为了研究者关注的热点。知识图谱针对知识的系统化建模能力进行增强。

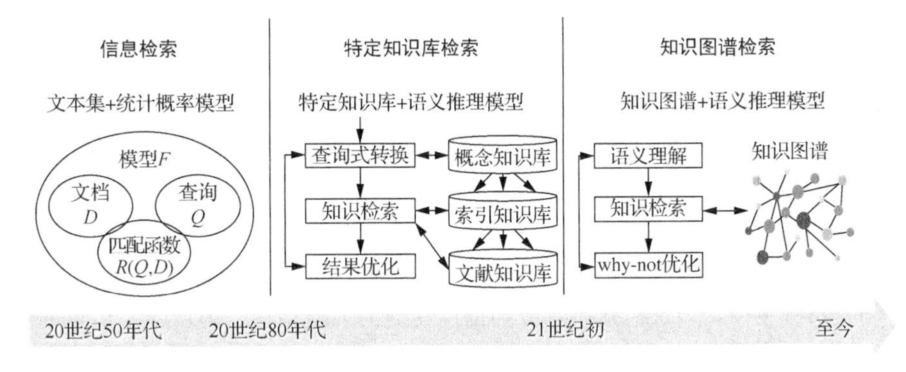

图6.10　知识检索发展历程

知识检索的概念容易与信息检索技术混淆。从宏观而言，知识检索技术的目标对象是知识而非信息。知识是经过系统化凝练总结的信息。知识检索应当能够返回结构化、系统化的凝练信息。信息检索往往以当前的搜索引擎为代表，采用关键字匹配等手段返回具有特定查询关键字的文档、图片、视频等信息。然而此类信息中的知识并未得到凝练总结，用户也无法从返回信息中直接获取有用的信息，需要人工进行筛选和总结。表6.3总结了信息检索与知识检索在模型、查询、组织结构、表征形式、存储和检索结果方面的不同。总而言之，知识检索可以理解为更高层次的信息检索技术，其返回的信息以知识的形式直接呈现给用户，无需用户在海量的相关信息中人工筛选总结。

表6.3　信息检索与知识检索的不同

区别	信息检索	知识检索
模型	统计概率模型	语义模型+推理模型
查询	自然语言	知识结构+自然语言
组织结构	索引表	知识单元与知识结构
表征形式	自然语言、标记语言	概念图、谓词逻辑、标记语言生成规则、框架、语义网络、本体
存储	文本集	知识库
检索结果	文本	知识单元集合

知识检索的基本特征是对包含在知识库中的知识和知识关联进行分析，运用知识处理技术和知识组织技术，实现基于语义理解的智能化查询。知识组织就是在信息组织的基础上，依靠专门的技术，按照知识的本质属性组织知识、建立知识系统的方法和手段。目前主流的知识组织技术便是前文中提到的知识图谱技术。通过知识图谱技术，可以系统性地针对知识进行建模和存储，形成高质量的知识库。

一般而言，知识检索技术的流程应当具有以下功能组件：

（1）系统化的知识查询语义体系。具备系统化的知识查询语义体系是知识检索技术的先行条件。知识检索模型应当通过系统化的知识查询语句进行概念的剖析和理解，从中提取知识查询语句的层次概念，从而进行知识的匹配和归纳。

（2）拥有知识库。知识检索的对象应当是知识库，信息应当以知识的形式结构化地存储于知识库中，知识库具备系统化的结构便于知识的搜索匹配。

（3）人机接口。知识检索技术应当提供便捷的人机接口。用户应当可以通过简洁的查询语句进行查询，检索得到的知识也应当以便于用户理解的方式进行输出。

给定一个查询，知识检索系统应对用户的查询进行语义解析和理解，将查询转化为系统化的语义模式，并在系统知识库中对查询进行相关性匹配，而后将匹配结果以知识的形式反馈给用户。

6.4.2 典型知识检索方法

当前的知识检索技术根据检索手段的不同，主要分为以下几种：①基于查询语言的知识检索；②基于关键词的知识检索；③基于图的知识检索；④基于自然语言的知识检索。基于自然语言的知识检索前文已针对该领域进行了详细的阐述，本章不再赘述，将针对其余三种检索方法分别进行阐述。

1. 基于查询语言的知识检索

当前应用最广的知识检索语言为Sparql协议与RDF查询语言（sparql protocol and RDF query language，SPARQL）。不同于关系型数据库语言SQL，SPARQL的查询对象是RDF数据库。RDF是知识图谱的基础，当前的知识图谱技术大多在RDF框架基础上构建，同时也支持SPARQL查询语言。

早期的知识检索技术往往采用基于SPARQL的方式。图6.11展示了堆栈在知识森林中的实例化主题分面树，根据RDF规范可将其表示为如下三元组（以其中两条三元组为例）：

```
<Stack, property, “First in last out”>
<Stack, pop, “Take out the top element of the stack”>
```

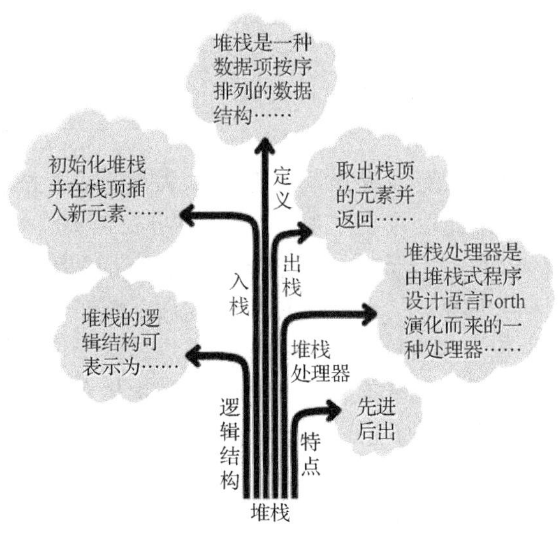

图 6.11 堆栈在知识森林中的实例化主题分面树

如果用户对数据结构课程中堆栈主题的弹出（pop）操作感兴趣，则可以通过以下 SPARQL 语句检索相关知识碎片：

```
SELECT  ?x
WHERE {
      <Data Structure, topic, Stack>.
      <Stack, pop, ?x>.
      <?x, a, Knowledge Fragment>
   }
```

除却SPARQL，其他可以应用于知识检索的查询语言还包括Cypher和Gremlin。其中，Cypher 是一种基于 SQL 的属性图查询声明性语言，而 Gremlin 是 Apache TinkerPop3 图框架的一种查询语言，更类似于函数式语言。相比于 Cypher 和 Gremlin，SPARQL 的应用更为广泛。然而，虽然 SPARQL 等结构化查询语言的效率较高，且可以精确地表达查询意图，但是普通用户往往难以掌握 SPARQL 查询所需的语法规则、知识图谱的模式和命名规范等技术细节。因此，对普通用户而言，撰写类似于上述的 SPARQL 语句较困难。

2. 基于关键词的知识检索

基于关键词的知识检索是指系统允许用户通过一组关键词进行知识查询，系统提取相关的知识片段，并以适当的格式作为答案呈现给用户。相比于需要特定检索语言的检索方式，如 SPARQL 等，关键词检索的方式对于用户而言更加便捷灵活。在数据库等领域，关键词检索已经有大量的相关研究。以搜索引擎技术为代表，基于关键词的知识检索得到了广泛的应用。然而，面向知识的关键词检索仍缺乏关注。近年来，随着知识图谱技术的快速发展，研究者渐渐聚焦于知识图谱中的关键词检索技术。

假设知识以图的形式表示（如知识图谱等），关键词检索指将每个关键字匹配到图中的一个顶点，并提取包含这些顶点的最小权值树，即最小权重斯坦纳（Steiner）树[45]。具体而言，给定一个带权图和一组查询关键词，系统首先需要为每一个关键词匹配相关的节点，称为匹配集。然后系统在图中寻找一个权重最小的树，并且该树至少包含每个匹配集中的一个节点。这个优化问题被称为群斯坦纳树（group Steiner tree，GST）问题。此外，关键词也允许与边匹配。边匹配问题可以通过图分裂直接转化为顶点匹配问题。形式化地，给定一组关键词查询 $Q=\left\{k_1,\cdots,k_g\right\}$，其中 k_i 表示一个关键词，令 K_i 表示 k_i 对应的匹配节点集合。给定图 $G=\langle V,E\rangle$，关于查询 Q 的答案可表示为一个群斯坦纳树 $T=\langle V_T,E_T\rangle$，使得：

（1）$V_T\subseteq V,E_T\subseteq E$，且 T 为一棵树；

（2）对于每一个匹配节点集合 K_i，V_T 至少包含其中的一个节点，即 $V_T\cap K_i\neq\varnothing$；

（3）树 T 的权重 $\mathrm{WTT}=\sum_{e\in E_T}\mathrm{WT}(e)$ 是所有满足条件（1）和（2）的树权重的最小值。

条件（1）和（2）定义了 GST 问题。条件（3）要求所返回树的权重最小。

GST 问题是 NP 难问题，对其进行精确的求解是极其消耗计算资源的。例如，在关系关键词搜索研究[46]中，现有精确求解方法在一个包含 160 万个节点和 610 万条边的图中需要上千秒的运算时间。为了对其进行快速求解，有研究者提出了基于中心标签（hub labeling，HL）的近似求解方法 KeyKG[47]。中心标签主要用于图中节点间距离和最短路径的快速计算，其通过可达节点列表标记图中的每个节点，减小了节点间路径计算的复杂度。

具体而言，KeyKG 算法为每一个关键词选取一个匹配的顶点，并且找到其对应的树。对于 g 个关键词，KeyKG 是一个 $(g-1)$ 近似算法，也就是说，一个 GST 边权值的总和至多是最小权重的 $g-1$ 倍。鉴于实际应用中的 g 往往很小，该算法的近似是可以接受的。KeyKG 算法的成功主要归功于匹配顶点集的选择和最短路径树的构造。为了更高效地在线计算节点间距离和最短路径，文献[46]设计了一种中心标签结构。该中心标签结构使用一种基于中介中心性（betweenness centrality）的启发式方法改善了现存的剪枝地标标识（pruned landmark labeling）算法。一般而言，中心标签结构属于静态结构。其通过离线的方式进行构造，并且具有查询不变性。在大规模知识图谱中，使用静态中心标签结构的 KeyKG 算法至少比目前先进的算法快一个数量级，并且所得结果的质量也较高。算法 6.1 展示了 KeyKG 算法的具体逻辑。

其中，getD 用于计算两个节点间的距离，getSP 用于计算两个节点间的最短路径。

算法 6.1　KeyKG

输入：一个知识图谱 $G=\langle V,E\rangle$，g 个关键词节点 $K_1,\cdots,K_g$

输出：G 中一个包含 $K_1,\cdots,K_g$ 的 GST

1: **for** $v_1 \in K_1$ **do**
2: 　**for** $i \leftarrow 2$ **to** g **do**
3: 　　$v_i \leftarrow \underset{v\in K_i}{\text{argmin}}\,\text{getD}(v_1,v)$
4: 　**end**
5: 　$U_{v_1} \leftarrow v_i : 1 \leqslant i \leqslant g$
6: 　$W_{v_1} \leftarrow \sum_{i=2}^{g} \text{dist}(v_1,v_i)$
7: **end**
8: $x \leftarrow \underset{v_1\in K_1}{\text{argmin}}\,W_{v_1}$
9: **for** $u \in U_x$ **do**
10: 　$T_u = \langle V_{T_u}, E_{T_u}\rangle \leftarrow \langle \{u\}, \varnothing\rangle$
11: 　**while** $U_x \subsetneq V_{T_u}$ **do**
12: 　　$\langle s_{\min}, t_{\min}\rangle \leftarrow \underset{\langle s,t\rangle\in V_{T_u}\times(U_x \setminus V_{T_u})}{\text{argmin}}\,\text{getD}(s,t)$
13: 　　$p \leftarrow \text{getSP}(s_{\min}, t_{\min})$
14: 　　将 p 的点和边加入至 T_u
15: 　**end**
16: **end**
17: $u_{\min} \leftarrow \underset{u\in U_x}{\text{argmin}}\,\text{WT}(T_u)$
18: **return** $T_{u_{\min}}$

此外，该研究也提出了 KeyKG 算法的变体 KeyKG+算法，该算法通过使用动态的中心标签结构扩展了 KeyKG 算法。动态的中心标签结构是在处理一个具体的查询时，通过倒排和聚集某些查询相关的静态标签而动态生成的。由于动态的中心标签结构减少了 KeyKG 算法中的重复操作，KeyKG+算法的效率相比 KeyKG 算法提升了数个数量级。

总而言之，基于关键词的知识检索提供了类似于搜索引擎的人机接口。用户可以通过单个或一组关键词进行知识检索。如何快速有效地在大规模知识图谱上进行关键词检索是当前研究的难点。

3. 基于图的知识检索

基于图的知识检索指将一个或者一组查询转换为一个或多个查询图模板，然后在知识库（知识图谱）中通过子图匹配技术进行检索。相比于其他方案，基于图的知识检索方法更加具有普适性，通过将其他方案的输入抽象为一个查询图，便可以在此基础上通过基于图的知识检索方法进行匹配和知识的抽取。

一般来说，现有的匹配方法可分为精确匹配方法和非精确匹配方法两大类。形式化地，给定一个查询模板 $T = g,c$，其中 g 为具有一组约束条件 c 的标注图，约束条件 c 为关于节点对属性的布尔函数集合，如限制两个节点之间的距离小于某个阈值，或两个节点之间的时间差在某个区间内等。精确匹配问题和非精确匹配问题的形式化定义如下：

定义 6.1 精确匹配。如果存在一个关于 g 的函数 ϕ，使得 $\phi(g)$ 为知识图谱 G 的一个子图，$\phi(g)$ 的标签等于知识图谱 G 的标签，$\phi(g)$ 的属性与知识图谱 G 的属性相同，并且 $\phi(g)$ 满足 g 的所有约束，则 $\phi(g)$ 为查询模板 $T = g,c$ 在知识图谱 G 上的精确匹配。

定义 6.2 非精确匹配。如果存在一个关于 g 的函数 ϕ，使得 $\phi(g)$ 为知识图谱 G 的一个子图，且子图 $\phi(g)$ 关于查询模板 $T = g,c$ 的匹配损失小于预定阈值 λ，则子图 $\phi(g)$ 为查询模板 $T = g,c$ 在知识图谱 G 上的非精确匹配。

非精确匹配的匹配损失一般定义[48]为

$$\text{Cost}_{(\phi)} = w_s * M_s + w_c * M_c + w_l * M_l \tag{6.35}$$

式中，M_s 为子图的结构损失；M_c 为约束损失；M_l 为标签距离；w_s、w_c、w_l 为用以衡量不同项之间权重的正系数。通过优化以上损失函数，非精确匹配可以尽可能获得符合检索需求的子图，并且返回的多个结果也可以通过以上损失函数进行排序。

传统的精确匹配方法是基于图同构的概念定义的。其通过分支定界技术，迭代地裁剪知识库并搜索与模板节点对应的候选节点，识别与查询模板同构的子图实例。然而，此类方法往往缺乏匹配灵活性。由于现实网络中存在潜在的噪声，知识图谱中可能不存在完全匹配的子图。此外，用户可能事先不知道查询模板。在这样的设置中，用户可能从关于子图的粗略想法开始，并依赖子图匹配系统检索“接近”模板的近似匹配。在涉及对抗性活动的应用程序中尤其如此，如非法金融活动或隐蔽犯罪。为了解决精确匹配的局限性，人们提出了非精确子图匹配技术。非精确子图匹配技术并不要求在知识库中寻找完全匹配查询图模板的子图结构，而是近似地选取与查询图模板最可能相匹配的子图结构。然而，此类方法的一个共同局限性是只能适用于由少量节点组成的查询模板，并且在知识库中假设了少量的边缘类型。因此，鉴于知识图匹配往往涉及边缘类型多样的大型复杂查询，这些方法在实际场景中的效果仍待提高。

6.4.3 知识检索中的 why-not 问题

用户在进行知识检索时可能遇到的一个问题：对于一个返回空结果或者非预

期结果的结构化查询，怎样对其修改从而获得期望的检索结果？由于对知识森林和结构化查询语言的技术细节缺乏了解，非专业用户通常无法自主完成修改。此时，应由检索模型对查询过程中存在的问题进行分析，并解释为什么没有返回用户所期待的结果，从而帮助用户审视自己的查询意图并进一步修改查询。这一问题即为知识检索中的 why-not 问题。

知识检索中的 why-not 问题可能在三种情况下出现：①所输入的结构化查询中存在拼写或语法错误等技术性错误，该情况可通过设置拼写与语法检查器解决；②知识森林不包括所要查询的知识碎片，在该情况下不存在对查询的解释问题；③所输入的结构化查询在拼写与语法上完全正确，并且知识森林也包含相应的内容，但是用户没有正确地表达其查询意图。例如，当某用户在学习 Java 编程时，想要详细了解双向链表（doubly linked list）的相关信息，但是其错误地认为数组表（array list）也是由双向链表实现的，并输入了如下结构化查询：

```
SELECT ?x
WHERE {
    < Array List, doubly linked list, ?x>.
    < ?x, a, Knowledge Fragment>
    }
```

在执行完查询后用户发现所返回的结果为空，此时的 why-not 问题即为“为什么上述结构化查询没有返回任何结果”。由于所分析的前两种场景较为简单，且属于各类型数据库在进行查询时都可能出现的共性问题，因此本节主要介绍第三种 why-not 场景的解决方案。

文献[49]提出一种基于嵌入表示的 why-not 问题解释模型。其估算查询变量在嵌入表示空间中的向量表示，通过在嵌入空间中进行搜索得到近似的查询结果，并进一步生成 why-not 问题的解释。图 6.12 右侧展示了被查询的 RDF 图在嵌入向量空间中的理想表示，即语义相似的节点在嵌入向量空间中相互靠近。例如，由于 drama film (v_3) 与 fantasy film (v_5) 在语义上较为相似，因此它们的嵌入向量表示 $\boldsymbol{v}_3$ 与 $\boldsymbol{v}_5$ 也相互靠近。RDF 图中的边在嵌入向量空间中表示为节点之间的翻译操作。例如，由于 RDF 图中存在三元组（Sleepy Hollow (v_4)，type (e_3)，fantasy film (v_5)），因此在嵌入向量空间中 $\boldsymbol{v}_4+\boldsymbol{v}_3\approx\boldsymbol{v}_5$ 成立。这样，即使结构化查询所定义的答案不存在，仍然可以在嵌入向量空间中基于翻译机制估算答案的向量表示。例如，可基于 $(\boldsymbol{v}_v,\boldsymbol{e}_1,\boldsymbol{v}_1)$ 计算 $\boldsymbol{v}_v\approx\boldsymbol{v}_1-\boldsymbol{e}_1$，然后在嵌入向量空间中寻找与 $\boldsymbol{v}_v$ 相近的节点，如 Sleepy Hollow $(\boldsymbol{v}_4)$，作为该查询的近似结果。

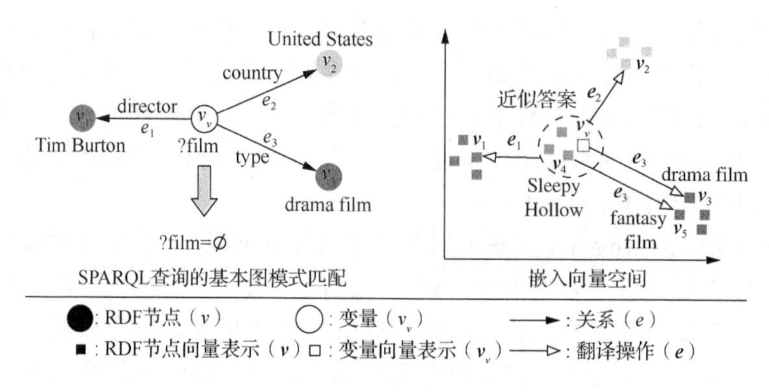

图 6.12　模型解释过程示意图

在得到近似答案后，模型在 RDF 图中基于近似答案生成与给定查询最相近的子图作为 why-not 问题的解释。例如，对于上述的问题，模型可以基于 Sleepy Hollow 生成子图{(Sleepy Hollow, director, Tim Burton), (Sleepy Hollow, country, United States), (Sleepy Hollow, type, fantasy film)}。通过与原查询对照，用户可以发现是查询中 drama film 的约束过强导致没有返回任何结果，因此只要相应地将 drama film 改为 fantasy film 即可。

6.4.4　挑战与发展趋势

近年来，知识库不仅在规模上不断增大，而且其模式的复杂性也相应提高，这为知识检索任务带来了更大的挑战。本节总结以下三个未来在知识库中进行知识检索所需要考虑的挑战与可能的解决方法：

（1）知识检索的复杂度问题。随着知识库规模的不断扩大，知识检索技术的复杂度成为制约其实际应用的关键因素。一个可能的方向是充分结合现有的数据库高效检索技术与人工智能算法。通过人工智能算法能够更加高效深入地理解用户查询语义，结合并改进现有的数据库检索技术，可以优化知识检索复杂度，实现实时高效的知识检索。

（2）知识图谱的模式复杂性问题。知识图谱作为结构化的 RDF 图，其与非结构化的用户查询之间存在一定的“语义鸿沟”问题。随着知识图谱领域内容的扩充，其对某些知识的表达模式更为复杂，“语义鸿沟”问题的影响会更显著。为此，可尝试在结构化查询构建中增加与用户的交互，使用户对知识图谱中相关内容的表达模式更为了解，从而便于用户改写查询语句。

（3）知识检索技术的泛化性问题。不同领域间的知识分布存在差异性，而现有的机器学习算法往往基于独立同分布的假设，这为知识检索技术的泛化带来了挑战。可以尝试利用迁移学习的方法，消除不同领域知识间的分布差异，专注领域知识间的共性特征进行知识检索。

6.5 智 能 问 答

自动问答是人工智能和自然语言处理领域中一个备受关注并具有广泛发展前景的方向。自动问答旨在根据用户的自然语言问题在已有资源上进行查询与推理，最终将精准答案返回给用户。显然，自动问答是信息检索系统的一种高级形式，其需要在传统知识查询的基础上进行复杂知识推理，以便高质量地满足用户答疑需求。根据推理空间中不同的资源组织形态，可将自动问答分为自然语言问答、视觉问答和教科书式问答等。问题生成是自动问答的对偶问题，其可以为自动问答系统提供必要或额外的数据，也可以与问答系统有机地结合在一起，从而互相促进。知识森林作为一种高质量的知识库，一方面可为自动问答中的答案推理提供知识支撑；另一方面可引导并监督问题的自动生成过程。

6.5.1 自然语言问答

近些年来，随着机器学习的发展，人类更加希望利用人工智能技术，使得计算机具有和人类一样理解语言的能力。因此，大量的研究开始专注于自然语言问答任务，旨在利用算法使计算机理解文章语义并回答相关问题。

1. 任务定义与难点

常见的自然语言问答任务可以分为四种类型：完形填空（cloze test）、多项选择（multiple choice）、片段抽取（span extraction）、自由回答（free answering），如图 6.13 所示。

上下文C

Comparisons were drawn between the development of television in the 20th century and the diffusion of printing in the 15th and 16th centuries. Yet much had happened between. As was discussed before, it was not until the 19th century that the newspaper became the dominant pre-electronic medium, following in the wake of the pamphlet and the book and in the company of the periodical.

问题Q

…it was not ____ the 19th century that the newspaper…

选项	答案
A. after B. by C. during D. until	D

（a）完形填空

问题Q

When did the newspaper become the dominant pre–electronic medium?

选项	答案
A. 1400s B. 1500s C. 1800s D. 1900s	C

（b）多项选择

问题Q

When did the newspaper become the dominant pre-electronic medium?

答案

not until the 19th century

（c）片段抽取

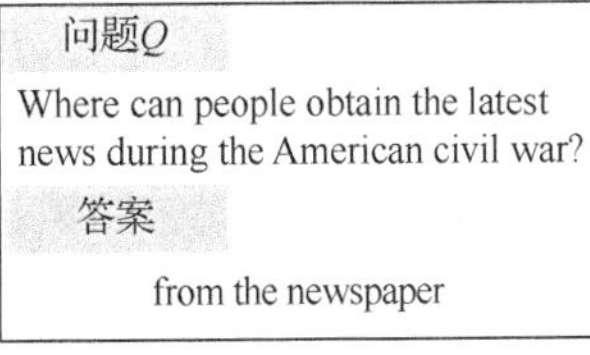

问题Q
Where can people obtain the latest news during the American civil war?
答案
from the newspaper

（d）自由问答

图 6.13 自然语言问答任务的四种类型

完形填空的任务为给定上下文C，其中一个词或实体$a(a \in C)$被移除，模型需要使用正确的单词或实体进行填空，以最大化条件概率$P\left(a \mid C-\{a\}\right)$。多项选择的任务是给定上下文$C$，问题$Q$，候选答案列表$A=\{a_1,a_2,\cdots,a_n\}$，模型需要从列表$A$中选择正确的答案$a_i$，以最大化条件概率$P\left(a_i \mid C,Q,A\right)$。多项选择与完形填空的区别是答案不再局限于单词或实体，而是必须提供候选答案列表。完形填空任务和多项选择任务存在一定的局限性。首先，短语可能不足以回答问题，往往需要完整的句子作为答案。其次，在现实的情况下往往不会提供候选答案列表，而是需要根据已有信息抽取出答案。由此，片段抽取任务也随之产生。该任务的输入是上下文C和问题Q，其中$C=\{t_1,t_2,\cdots,t_n\}$，模型需要根据上下文C，抽取连续的子序列$a=\{t_i,t_{i+1},\cdots,t_{i+k}\}$ $(1 \leqslant i \leqslant i+k \leqslant n)$，使得条件概率$P\left(a \mid C,Q\right)$最大化。考虑到答案可能不仅仅局限于一段上下文中，模型需要学会在多个上下文中进行推理并总结答案。由此，自由回答任务引起了广泛的关注。对于自由问答任务，给定上下文C和问题Q，模型需要预测出正确答案a，其中a不一定是上下文C的子序列。此时，任务目标为最大化条件概率$P\left(a \mid C,Q\right)$。

2. *基于注意力交互的方法*

自然语言问答模型可分为四个关键模块：嵌入表示、特征抽取、特征交互和答案预测，如图 6.14 所示。

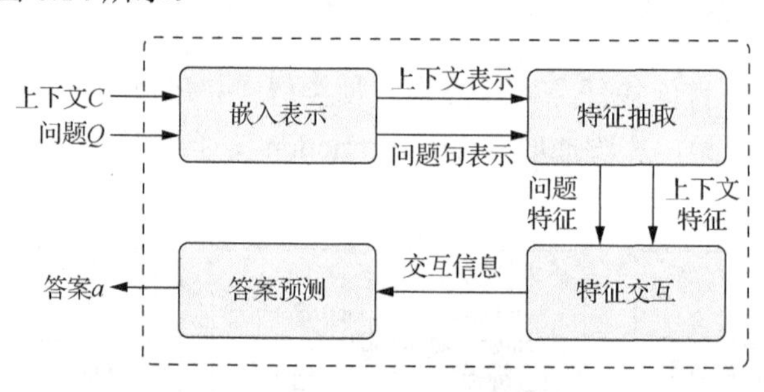

图 6.14　自然语言问答模型框架

该类模型主要专注于问题特征与上下文特征的信息交互，得到更加有利于问题推理的信息。借鉴人类推理时的注意力聚焦方式，这些模型引入注意力交互机制。通过问题与上下文的理解与交互，模型能学习到需要重点关注的片段。而后对该片段内的单词与短语投入更高的注意力值，从而抑制句子中其他位置产生的无用信息。这些基于注意力交互的方法，通过设计不同的注意力机制来提升模型的性能。双向注意力流网络（bi-directional attention flow network，BiDAF）[50]是一种典型的自然语言问答模型。该模型同时计算了上下文对问题、问题对上下文的注意力，以获得一个问句感知的上下文表示。此外，该模型允许注意力向量流入后续的 RNN 层，对问句感知的上下文表示进行编码，这样可以减少提前融合造成的信息丢失。

在 BiDAF 中，将上下文编码表征为H，问题表征为U，首先计算H和U的相似度矩阵：

$$S_{tj}=\alpha(H_{t},U_{tj})\in\mathbb{R} \tag{6.36}$$

式中，S_{tj}表示上下文编码表征H中第t列向量与问题表征U中第j列向量的相似度；α表示可训练的映射函数。下面是双向注意力的计算方式。

首先，计算上下文对问题的注意力：

$$a_{t}=\text{softmax}(S_{t:}) \tag{6.37}$$

$$\hat{U}_{:t}=\sum_{j}a_{tj}U_{:j} \tag{6.38}$$

将相似度矩阵的每一行经过 softmax 层，直接得到注意力值a_t。将得到的注意力值与问题表征中的每一列加权求和得到新的问题编码$\hat{U}$。

其次，计算问题对上下文的注意力。取相关性矩阵中最大的一列，对其进行 softmax 归一化计算，重复T次得到$\hat{H}$。具体计算公式如下：

$$b=\text{softmax}\left(\max_{\text{col}}(S)\right) \tag{6.39}$$

$$\hat{H}=\sum_{t}b_{t}H_{:t} \tag{6.40}$$

例如，Dhingra 等[51]提出了门控的注意力（gated attention，GA）机制。该注意力机制中利用双向 GRU，分别对问题和上下文进行编码。通过点乘的方式，将上一层中问题和上下文的特征表示融合。

最后，对最后一层的两个向量做内积，得到概率分布，进而预测答案。门控的注意力机制主要采用了 GRU 进行实现。GRU 中的两个门和候选状态的核心推理计算公式如下所示：

$$r_{t}=\sigma(W_{r}x_{t}+U_{r}h_{t-1}+b_{r}) \tag{6.41}$$

$$z_{t}=\sigma(W_{z}x_{t}+U_{z}h_{t-1}+b_{z}) \tag{6.42}$$

$$\tilde{h}_{t}=\tanh\left(W_{h}x_{t}+U_{h}(r_{t}\odot h_{t-1})+b_{h}\right) \tag{6.43}$$

式（6.41）～式（6.43）中，$\tilde{h}_t$为候选输出；r_t和z_t分别为重置门与更新门；$\odot$为 Hadamard 乘积或元素点积。

除了上述的注意力机制外，Kadlec 等[52]提出了一种一维匹配模型，在答案判断时运用了指针和注意力（pointer sum attention）机制。Cui 等[53]提出了注意力过度集中机制，将一种注意力嵌套在另一种注意力之上，提升模型性能。QANet[54]将 CNN 卷积网络与自注意力机制结合，增强模型速度与准确率。

3. 基于预训练的方法

对于不同的自然语言任务，传统的语言模型都需要重新学习潜在的特征表示。在许多情况下，训练数据的大小限制了潜在特征表示的质量。考虑到语言的细微差别对所有自然语言任务的影响都是相同的，可以从一些通用任务中学习语言的潜在特征表示，从而在所有的任务中共享。因此，出现了许多在大量未标记语料库上预训练后形成的语言模型，如 BERT[55]、GPT[56]等。这些强大的预训练语言模型在自然语言的诸多任务中，实现了最先进的性能。目前，基于预训练的自然语言问答可以分成两种范式。

第一种范式是先预训练，后微调。在这种范式下，模型先在共享的任务上，对大量未标记语料库进行通用预训练。然后，在自然语言问答任务中进行微调。在实际的问答任务中，会将上下文、问题、选项拼接成序列，输入到预训练后的语言模型中，得到强大的文本表示。

第二种范式是基于提示的学习。通常而言，提示学习是指在自然语言问答的输入或输出中添加自然语言文本，以鼓励预训练的模型执行特定任务。在上下文的学习中，不需要更新预训练语言模型的参数，与微调方法相比减少了计算需求。同时，提示学习能促使新任务的制订与预训练的目标更好地结合。通过对预训练获得知识的更好利用，提高少样本下模型的性能。对于如图 6.15 所示的自然语言问答任务，可以将多项选择问题转化为提示学习的样式，训练模型预测缺失的空位。

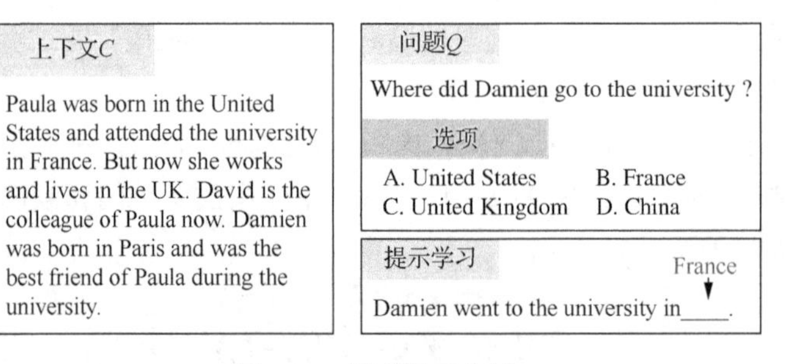

图 6.15　提示学习实例

4. 研究展望

现阶段，大部分的自然语言问答任务，更加关注浅层的文本表示和特征匹配。特别是大规模预训练语言模型的出现，大大提高了模型对文本的表征能力，降低了这些任务的挑战性。对此，当前的研究出现了一些新的方向。

（1）基于外部知识的自然语言问答任务。人类在理解上下文时，不仅依赖于给定的上下文文本和问题句，往往还需要借助一些外部先验知识，如常识等。此时，问答任务的输入变成了上下文、问题、知识。因此，如何从庞大的外部知识库中检索出最相关的有用信息，以及如何将外部知识与已有的文本特征进行融合，也成为对自然语言问答任务的挑战。

（2）基于对话的自然语言问答任务。现有的问答类型是给定段落的语义后回答问题，因此问题之间是相互独立的。然而，人们获取知识最自然的方式是通过一系列相互关联的问答过程，从多轮对话中进行归纳和推理。该任务的主要挑战在于，如何利用对话历史，以及如何识别多轮对话中的指代关系。

（3）基于逻辑推理的自然语言问答任务。现有的问答任务依赖于语言模型的强大表征能力，在绝大多数的传统问答数据集上取得了不错的效果。人类对语言的认知不仅停留于文本的理解层面，还具有一定的推理能力。因此，此类任务需要模型学习到文本中蕴含的深层规则，并能在相似的案例中进行推理。

6.5.2 视觉问答

视觉问答（vision question answering，VQA）任务同时涉及计算机视觉和自然语言处理领域。VQA任务通常反映现实世界中的场景，有利于帮助视力障碍人士以及推进自动驾驶技术等具有现实意义的研究。

1. 任务定义与难点

在视觉问答任务中，机器接受的输入为图片 D 、与图片相关的问题 q 和候选答案集 $A=\{a_1,a_2,\cdots,a_m\}$ ，输出则为预测结果 $\hat{a}$ 。VQA任务可形式化为

$$\hat{a}=\arg\max_{a\in A} p(a|D,q;\theta) \tag{6.44}$$

式中，θ 为可训练地获取预测结果的参数。图6.16为VQA2.0数据集[57]中的视觉问答实例。

Q：图片中有几只鸟？
A：8。
Q：图片中是什么天气？
A：多云。

Q：图片中什么是绿色的？
A：苹果。
Q：图片中有红色的物体吗？
A：没有。

图6.16 VQA2.0数据集中的视觉问答实例

相比于自然语言问答以及传统的图像描述任务，视觉问答更具有挑战性。首先，视觉问答任务具有多模态信息，针对同一张图片可以有若干个关注点不相同的问题（图6.17），这导致正确答案需要机器充分理解问题和图像才能给出；其次，

部分视觉问答任务需要一定的常识才能进行回答，如图 6.17 中需要同时具有“钟表能表示时间”和“如何读钟表上的时间”两项常识才能够正确回答题目“图片中是什么时间？”。

Q1：什么坐在沙发上？
Q2：图片中什么是白色的？

Q：图片中是什么时间？

图 6.17　视觉问答中的挑战

2. 基于全局特征的方法

基于全局特征的视觉问答方法较为简单，其基本思想是利用卷积神经网络获取图像特征，利用循环神经网络获取文本特征，之后将这二者嵌入一个公共空间中，紧接着根据任务需要采用不同的解码器获得答案，结构如图 6.18 所示。

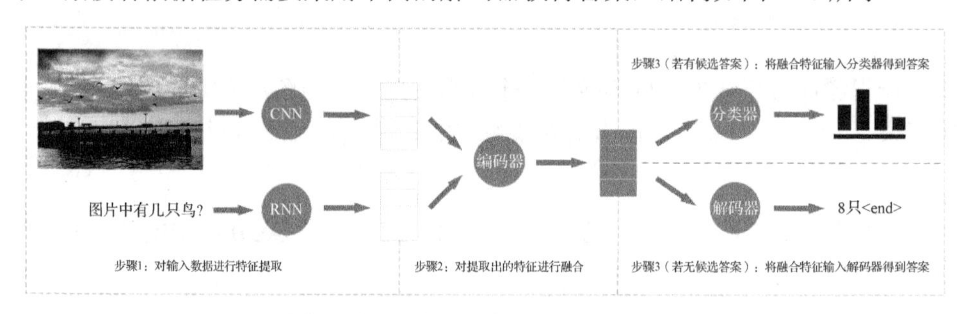

图 6.18　基于全局特征方法的结构图

Neural-Image-QA[58]是一种典型的基于联合嵌入的方法，该方法采用 LSTM 网络对处理好的问题与图像特征进行编码，之后采用另一个 LSTM 网络作为解码器以生成可变长度的答案。类似地，VIS+LSTM[59]也采用 LSTM 网络作为编码器，不同的是其不采用 LSTM 作为解码器生成答案，而是把编码后的特征直接送入分类器，从固定的词汇表中选出答案。

基于全局特征的方法侧重于解决跨模态信息交互问题，是大多数 VQA 任务的基础。但图像和文本中可能包括一些不相关信息和噪声，采用全局特征无法区分有用信息和噪声，因此基于全局特征的模型在视觉问答推理方面比较有限。

3. 基于注意力机制的方法

基于注意力机制的方法一般挖掘图像或文本的局部特征，其为模型该关注什么信息提供了指导。这类模型通常以问题文本的特征为引导，计算出图像不同区域所对应的注意力权重。LSTM-att[60]是一种具有代表性的基于注意力机制的 VQA 模型，其采用 LSTM 对文本进行编码，然后计算文本表示对图像各个位置的注意力，并将加权后的图像特征加入下一阶段的输入。

在 LSTM-att 之后，部分 VQA 模型针对图像区域的划分进行了改进。之后的模型一般使用 Faster R-CNN 等提取出感兴趣的区域，然后利用注意力机制增强有关区域的关注权重。此类模型中以 BUTD[61]最具代表性。具体来说，BUTD 在获取文本特征 q 与图像中各个感兴趣区域的特征 $R=\{r_1,r_2,\cdots,r_n\}$ 之后，利用文本特征计算每个区域特征的注意力权重，对第 i 个区域特征，具体公式如下：

$$a_i = \operatorname{softmax}(W_a^T g([q,r_i])) \tag{6.45}$$

式中，W_a^T 为可学习的参数；$[q,r_i]$ 为文本特征与第 i 个区域特征的拼接；g 为一个非线性函数，有：

$$g(x) = f_1(x) \circ f_2(x) \tag{6.46}$$

$$f_1(x) = \tanh(W_1 x + b_1) \tag{6.47}$$

$$f_2(x) = \operatorname{sigmoid}(W_2 x + b_2) \tag{6.48}$$

式中，W_1、W_2 为可学习的参数；b_1、b_2 为偏置；$\circ$ 为阿达玛积。

获得注意力权重之后，图像的特征可以表示为每个感兴趣区域的特征与其注意力权重的加权求和，即 $r=\sum_{i=1}^{n} a_i r_i$。之后将图像特征与文本特征嵌入公共空间中即可进行答案预测。

与全局特征方法相比，基于注意力的方法具有优越的性能和更好的可解释性。目前大部分视觉问答任务的模型为基于注意力的方法。

4. 研究展望

目前视觉问答任务的研究已经取得了相当程度的准确率提升，但同时仍然存在若干未解决的问题，具体可总结为两点：

（1）可解释性问题。目前的视觉问答能够提供图片或文本各元素相对应的注意力权重，但其仅仅局限于展示出对问题回答影响最大的图片部分，却不能给出模型的推理过程，已有的评价指标也侧重于准确率的提升，关注答案是否准确。未来如何使模型在回答问题时给出原因及逻辑推理过程是一项挑战。

（2）鲁棒性问题。目前的视觉问答模型较为依赖语言偏倚（language bias），同时数据集的分布也会显著影响模型的决策。如今大多数模型仅采用文本信息的准确率比仅采用图像信息的准确率高得多，这也证明模型更偏向于利用文本信息回答问题。理想的模型应该同时采用两种不同模态的信息，并且避免语言偏倚的影响，如何设计针对该问题的评价指标以及相对应的数据集是一项挑战。

6.5.3　教科书式问答

目前，互联网数据普遍呈现跨模态的特点，同一事物可以用文本、图像、视频等多种模态进行表达。跨模态数据中不同媒体形态间的互补性有助于实现对复杂事物的高效表达和深度理解。教科书式问答面向智慧教育问题中的智能答疑，是教育领域的一项跨模态任务。

1. 任务定义与难点

区别于传统的针对自然语言形式问题的智能答疑，教科书式问答旨在回答跨模态形式的问题，问题中涉及文本和图像两种模态，除此之外问题的回答还需要结合丰富的文本上下文。如图 6.19 所示，给定一个跨模态问题，其中包含一张示意图 d 和关于该示意图 d 的自然语言形式问题 q ，机器需要结合一个由多个段落组成的长文本上下文 $C=\{p_1,p_2,\cdots,p_n\}$ ，从候选答案集 $A=\{a_1,\cdots,a_4\}$ 中预测概率最高的答案 $\hat{a}$ 作为跨模态问题的正确答案。其形式化定义如下：

$$\hat{a}=\underset{a\in A}{\arg\max}\, p(a\,|\,d,q,C;\theta_d) \tag{6.49}$$

式中，θ_d 为可训练的参数；函数 $\arg\max$ 为当 $a=\hat{a}$ 时，得到的概率 $p(a\,|\,d,q,C;\theta_d)$ 最大，即预测答案为 $\hat{a}$ 。

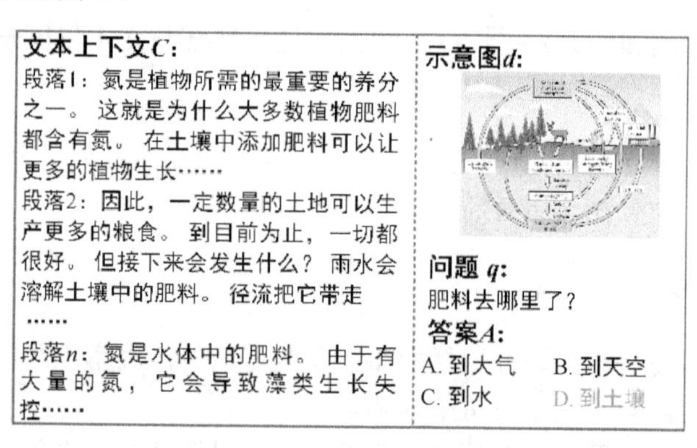

图 6.19　教科书式问答实例

当前教科书式问答主要面临以下两大关键挑战：①视觉方面，教科书中的图像大多表现为抽象的示意图形式。与自然图像之间存在较大的差异，示意图主要由点、线、矩形等几何形状描述概念，具有特征稀疏与知识抽象的特点。因此很难使用自然图像的提取方法挖掘示意图中丰富的信息。同时，示意图对象存在歧义性。“同形不同义”，即具有相似视觉外观的对象可能表达不同的语义特征，如图 6.20（a）和（c）中相同的圆圈分别表示“原子核”和“全月”。“同义不同形”，即具有相同语义的对象可能具有差异较大的视觉特征，如图 6.20 中的“原子核”和“质子”等对象在不同的示意图中具有不同的表示形式。这引发了模态鸿沟的问题，给视觉对象和文本语义的对齐带来了挑战。②文本方面，与单模态的文本问答任务相比，教科书式问答的文本上下文更加复杂，其平均长度为 668 个单词。以前用于文本理解的大多数模型，如双向注意力流机制、具有记忆网络的多层嵌入方法等可以最多处理大约 300 个单词，因此现有的方法不能直接适用于教科书式问答。另外，教科书中的文本是来自特定的教育领域，一些术语在通用领域很少见，现有的在通用领域预训练的文本表征方法不足以充分表示教科书中的文本知识。

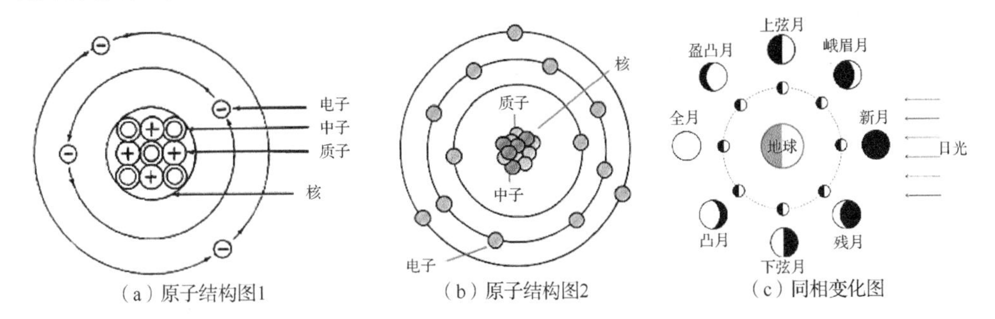

图 6.20　教科书式问答中的示意图示例

目前教科书式问答的相关研究方法主要通过在理解示意图和文本的基础上进行多模态融合，然后在问题的引导下推理得到答案。根据研究侧重点的不同，教科书式问答的研究方法可以分为两类：示意图理解方法和文本理解方法。

2. 示意图理解方法

教科书式问答中的示意图理解方法，旨在通过对示意图进行构图，采用图神经网络学习上下文感知的表征，进而增强示意图理解并帮助多模态推理，从而提升问答效果。当前两种典型的示意图理解方法是 UDPnet[62]和 RARF[63]，这两种方法的构图和表征流程如图 6.21 所示。

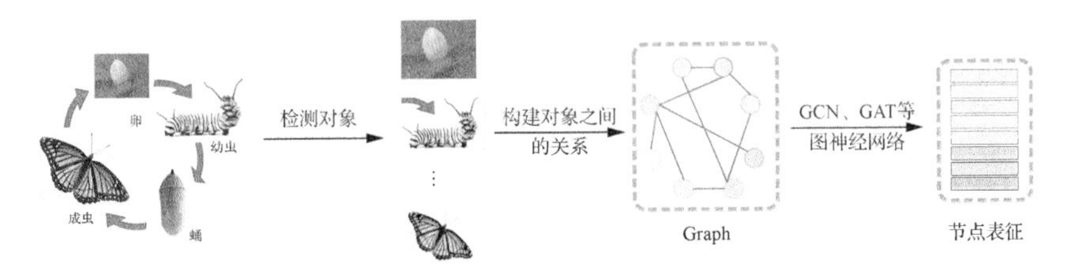

图 6.21　示意图理解方法的构图和表征流程

基于对象检测器的图解析网络 UDPnet[62]是一种新颖的示意图理解方法，它联合解决示意图理解中对象检测和关系匹配的任务，通过识别示意图中的对象作为节点，将节点之间的空间关系以及对象类别的置信分数作为初始边，采用动态记忆模型更新关系矩阵，从而构建视觉关系图。对于文本，使用斯坦福依赖解析器构建最相关段落的依赖树，经过选择过滤使用剩下的节点和边得到文本关系图。多模态融合部分采用一个融合的图卷积网络 f-GCN 来抽取视觉关系图和文本关系图的联合图特征[64]。最后根据给定的问题和候选答案的表示抽取特征的相关部分，选出正确答案。

考虑到示意图总是省略一些与关键信息无关的细节，相比之下，文本上下文尽管包含了一些不重要的信息，但是详细描述了知识点。因此，一种基于语义依赖和示意图对象相对位置的关系检测算法 RARF[63]被提出，主要包括关系集的构建和关系检测。该方法一方面借助文本上下文补充示意图忽略的关键信息，采用斯坦福依赖解析器对文本进行语义依赖分析得到一个关系集合，然后考虑关系的传递性，进一步扩展该关系集合；另一方面根据示意图中的 OCR tokens 的相对位置确定节点之间是否存在关系。基于构建的图，采用图注意力网络 GAT 在视觉关系图上学习上下文感知的节点表征，进而帮助提升问答的效果。

3. 文本理解方法

教科书式问答中的文本理解方法，旨在通过从长文本中捕获回答问题的关键信息，或者增强文本表征来提升问答效果。当前两种典型的文本理解方法是 XTQA[65]和 ISAAQ[66]。

XTQA[65]是一种从粗粒度到细粒度的算法，通过计算每个 span（句子的集合，由句子的索引来表示）相对于问题的信息增益来生成 span-level 的解释用于教科书式问答。它可以在提供答案的同时，提供选择该答案的依据，实现一定的可解释性。该算法首先使用 TF-IDF 方法从文本上下文 C 中粗略地选择和问题 q 相关的 M 个段落 p 。然后通过计算每个 span 相对于问题的信息增益，从所有的候选 span 中细粒度地选择前 K 个证据 span。候选证据 span 的表示如下：

$$e_k' = [p''_{\mathrm{START}(k)}; p''_{\mathrm{END}(k)}] \tag{6.50}$$

式中，$\mathrm{START}(k)$ 和 $\mathrm{END}(k)$ 分别表示 span 开始和结束的索引；$p''_{\mathrm{START}(k)}$ 和 $p''_{\mathrm{END}(k)}$ 表示对应索引的 span 表示。通过连接起始 span 的表示生成候选证据 span 的表示 e_k 。每个候选证据 span e_k 相对于问题 q 的信息增益 $g(q,e_k)$ 的计算方式如下：

$$g(q,e_k) = H(q) - H(q \mid e_k) \tag{6.51}$$

式中，$H(q)$ 表示问题 q 的信息熵；$H(q \mid e_k)$ 表示给定 e_k 时问题 q 的条件熵。信息熵是用于度量信息量的一个概念，表示变量的不确定性。信息增益越大，e_k 相对于问题 q 的不确定性越大。

ISAAQ[66]方法侧重于增强文本的表征。当前基于 transformer 的语言模型，如 BERT、RoBERTa 等可以显著提高回答教科书式问答问题所需的语言理解和推理能力。ISAAQ 采用 RoBERTa 语言模型来解决教科书式问答中的语言理解，通过对预训练的 RoBERTa 多步微调，从而增强文本的表示能力，具体过程如下。

（1）问答支撑文本的获取。首先对于教科书式问答中的长文本提出三种背景文本的抽取方法：第一种是信息检索的方法，对于每个答案选项a_i，将q和a_i连接起来，并针对 ElasticSearch 等搜索引擎运行查询。基于搜索引擎得分，从查询中获取前n个句子。第二种是下一句话预测的方法，通过使用 transformer，将$s_{ij} = \mathrm{seq}([q, a_i], \mathrm{ls}_j)$作为输入，其中$q$是问题，$a_i$是可能的答案，$\mathrm{ls}_i$是段落中的一个句子，输出$\mathrm{ls}_j$可以从$a_i$是$q$的答案的语句语义中推导出的概率。根据这个概率值对句子进行排名，取前n个句子，并返回由它们连接而成的段落。第三种是最近邻的方法，使用 transformer 获得问题和候选答案对以及段落中每个句子的向量表示，计算它们之间的余弦相似度。根据相似度分数选择前n个句子，将它们连接成单个段落。

（2）文本特征提取器的微调。首先在一系列的阅读理解数据集，包括 RACE 的训练集，科学多选问题数据集 ARC、ARC-Easy、ARC-Challenge 和 OpenBookQA 上通过问答任务对文本特征提取器 RoBERTa 进行初步微调。其次在教科书式问答训练集的文本多选和示意图多选问题上进一步微调。最后使用多次微调得到的文本特征提取器表征抽取的支撑文本，以问题为引导，结合示意图的表示，给出问题的答案。

4. 多步推理方法

教科书式问答需要在问题的引导下进行多步推理，获得问题相关的多模态特征表示，从而预测问题的答案。借鉴人类反复思考、反复注意的行为，提出一种基于问题引导的多步迭代教科书式问答推理模型 DDGNet。如图 6.22 所示，DDGNet 模型主要包括问题引导的抽取和上下文感知的动态图推理两步。

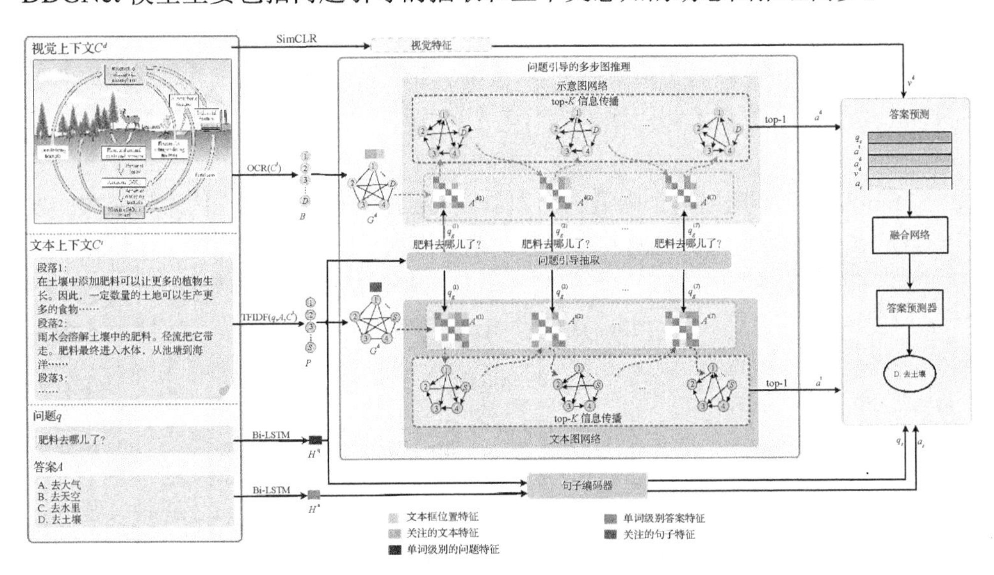

图 6.22 基于问题引导的多步迭代教科书式问答推理模型

（1）问题引导的抽取。通过采用自注意力机制获得对于问题中单词的注意力权重 $\alpha_w^{(t)}$，使得问题在每一步关注不同的信息，然后对问题中的每个单词加权求和获得问题引导表示 $q_g^{(t)}$：

$$\alpha_w^{(t)} = \text{softmax}\left(W_1(W_2^{(t)}\text{RELU}(W_3 q_r) \odot h_w)\right) \tag{6.52}$$

$$q_g^{(t)} = \sum_{w=1}^{N_q} \alpha_w^{(t)} h_w \tag{6.53}$$

式中，q_r 表示问题句子水平的特征，即双向 LSTM 正向和反向最终隐藏状态的拼接；h_w 表示问题经过双向 LSTM 后得到的单词特征；W_1、$W_2^{(t)}$ 和 W_3 表示可训练的线性转换参数，$W_2^{(t)}$ 在每个迭代步骤中独立学习；N_q 表示句子中包含单词的个数。

（2）上下文感知的动态图推理。通过 top-K 信息传播机制在每一步中动态更新示意图和文本上下文的图网络。具体地，首先对图网络构建邻接矩阵 $A^{(t)} \in R^{M \times M}$：

$$A^{(t)} = \text{softmax}\left(\frac{W_4 G^{(t)}((W_5 G^{(t)}) \odot (W_6 q_g^{(t)}))^{\text{T}}}{\sqrt{d_h}}\right) \tag{6.54}$$

式中，$G^{(t)}$ 表示时间步 t 示意图或文本上下文的图网络的节点表示；矩阵 $A^{(t)}$ 中 $A_{ij}^{(t)}$ 表示第 i 个发送节点和第 j 个接收节点之间的有向连接权重，即将节点之间归一化后的相关性分数作为边的权重；$\frac{1}{\sqrt{d_h}}$ 表示一个参数的调节，防止矩阵乘法得到结果太大而导致 softmax 函数的梯度太小；W_4、W_5 和 W_6 表示可学习的参数。

然后采用 top-K 信息传播机制为每个节点选择 K 个最相关的节点形成邻居节点集 $E^{(t)} \in R^{M \times K}$，节点之间的权重关系集 $W^{(t)} \in R^{M \times K}$：

$$E^{(t)}, W^{(t)} = \text{top-}K(A^{(t)}) \tag{6.55}$$

式中，top-K 是一个返回两个向量的函数。该 top-K 消息传递策略认为越相关的发送节点应该向接收节点发送越多的信息，即连接权重越大。

节点 i 对所有来自邻居集 $E_i^{(t)}$ 的输入信息求和，从而更新图节点表示 $G_i^{(t)}$：

$$V^{(t)} = (W_7^{(t)} G^{(t)}) \odot (W_8^{(t)} q_g^{(t)}) \tag{6.56}$$

$$m_{ij}^{(t)} = \text{softmax}(W_{ij}^{(t)}) \cdot V_j^{(t)} \tag{6.57}$$

$$G_i^{(t)} = W_9\left(G_i^{(t-1)}; \sum_{j \in E_i^{(t)}} m_{ij}^{(t)}\right) \tag{6.58}$$

式（6.57）中，$V_j^{(t)}$ 是融合了问题特征的第 j 个图节点的表示；$m_{ij}^{(t)}$ 是在问题引导下第 j 个发送节点向第 i 个接收节点传递的消息；$W_{ij}^{(t)}$ 是第 i 个节点到第 j 个节点之间的连接权重。式（6.58）中，通过将第 $t-1$ 步的图节点的表示 $G_i^{(t-1)}$ 和邻居节点集合发送的信息连接，得到当前第 t 步的图节点表示。式（6.56）～式（6.58）中，W_7、W_8 和 W_9 为可学习的参数。

经过 T 步动态更新之后，示意图网络和文本图网络已经学到了各自全局的上下文感知的特征。为保留原始节点的特征，将节点的初始表示和第 T 步节点的表示连接得到最终的图节点表示，然后将其用于答案预测。

5. 研究展望

当前教科书式问答已经取得了较大的进展，然而其中仍存在一些不足，总结为以下两点：

（1）抽象示意图和长文本的深度理解问题。目前研究针对示意图的理解能力仍有待提升，需要进一步挖掘示意图的特点，结合人类认知特点，设计鲁棒的示意图理解方法。此外，长文本问题的解决采用线下的方式通过一定策略缩小文本范围，割裂了与后续模型的统一性，无法统一训练，未来也期望设计一个端到端优化文本抽取的方法。

（2）教科书式问答的可解释问题。目前教科书式问答基本停留在准确率的提升上，希望首先能够给出一个准确的答案，实现的是初级的智能答疑。已有的可解释方法也仅针对文本简单定位出相关的答案依据，真正的智能答疑有赖于深层可解释性的实现，提供回答问题的深层逻辑推理过程等。因此教育场景下的在线答疑提供答案的可解释问题是未来的一大研究重点，需更多地关注可解释的教科书式问答。

6.5.4 问题生成

无论是在学术界还是工业界，问题生成（question generation）都具有广泛的应用。对于问答系统，该任务可以生成大量的问题，从而扩充问答系统的数据，以减少标注大规模问答对所带来的人力消耗。对于教育系统，该任务可以作为一个智能导师应用，提出问题以评估学生的学习情况，同时可以促进学生的自主学习。对于对话系统，该任务可以帮助聊天机器人生成对话式的问题以提高系统的交互性和持久性。

1. 任务定义与难点

如图 6.23 所示，问题生成为计算机主动地针对一段文本进行提问，具体来说就是给定一段特定的文本 $T=(t_1,t_2,\cdots,t_n)$ 与想要得到的答案 $A=(a_1,a_2,\cdots,a_n)$，自动地生成内容通畅且符合上下文语义的问题 $Q=(q_1,q_2,\cdots,q_n)$。

问题生成存在两大难点，首先，模型要保证生成的问题流畅通顺且不存在语法和语义问题，如图 6.23 中的问题是一个标准答案，而训练得不好的模型生成出来的问题就有可能是“谁是色雷斯人，色雷斯人，以及色雷斯人的历史？”，这个

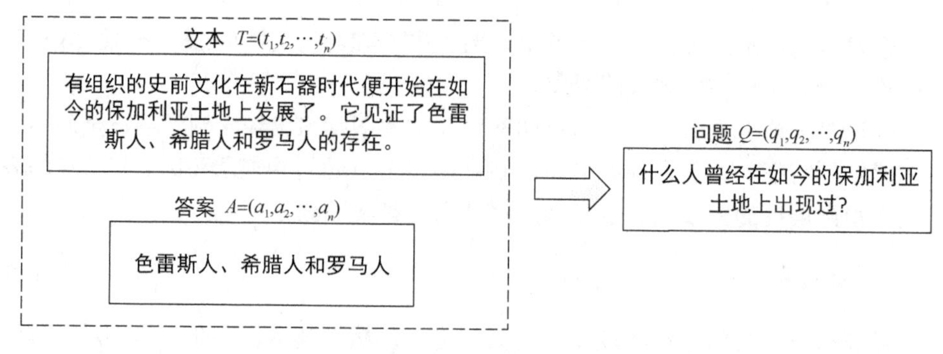

图 6.23　问题生成实例

问题显然存在流畅性与语义性问题。其次，针对给定文本较长的情况，模型需要抓住关键句使生成的问题与该关键句存在强相关性，图 6.23 中的文本共计有 49 个字，而关键句只有 18 个字，因此模型需要从这 49 个字中找到这 18 个关键字并从中学习如何提问。

2. 基于端到端的问题生成框架

针对以上两大难点，早期的问题生成方法主要基于模板和规则，通过自定义的模板或者启发式的规则，从上下文中摘取合适的词填入模版形成问题，这种方法能很好地确保生成问题的流畅性与正确性，但同时也会带来大量的人力消耗，因此逐渐不再被广泛应用。现在的方法主要基于数据驱动模式，并使用端到端的生成式模型，其主要基于图 6.24 所示的模型结构[67]。

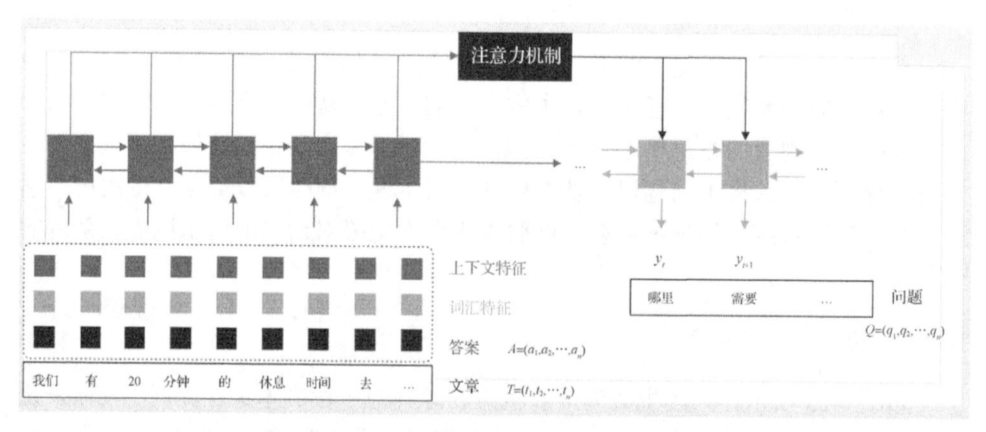

图 6.24　端到端的生成式模型结构

首先通过输入文本提取出特定的表征，由于提取表征的方法比较复杂，将会在下文对其进行详细讲解。提取出表征后将其通过编码器进行编码，再计算词与词之间的 attention 分数，并将其输入到解码器中逐词地生成问题。

编码器层基于一个神经循环网络构成，将上文中提到的两种表征方式之一作为编码器的初始层，经过多层的编码迭代形成一个包含所有上下文及答案信息的隐藏层表示。通常使用双向 LSTM 在前向和后向两个方向读取输入 $e=(e_1,\cdots,e_n)$。编码后，则会得到两个隐藏向量序列，即 $\vec{h}=(\vec{h_1},\cdots,\vec{h_n})$ 和 $\overleftarrow{h}=(\overleftarrow{h_1},\cdots,\overleftarrow{h_n})$。编码器的最终输出层就是 $\vec{h}$ 和 $\overleftarrow{h}$ 的串联。最终将该表示的最后一层传入解码器层以生成问题。

对于解码器层，在编码器提供了特征丰富的表示后，解码器一般仅使用一个带有注意力机制的 LSTM。生成时以一个词为单位进行，为了使模型有能力生成稀有词，还可以从源上下文中直接复制单词。具体来说，对于每个时间步 t，LSTM 会读取上一个时间步的单词词向量 w_{t-1} 以及上一层隐藏层状态 s_{t-1} 来计算该步的隐藏层状态：

$$s_t=\mathrm{LSTM}(w_{t-1},s_{t-1}) \tag{6.59}$$

然后计算注意力分数分布：

$$e_{t,i}=h_i^{\mathrm{T}}W_c s_{t-1} \tag{6.60}$$

$$\alpha_t=\mathrm{softmax}(e_t) \tag{6.61}$$

式中，W_c 为权重矩阵；α_t 为注意力分数分布，由此便可以计算得到当前时间步的上下文向量 h_t^*，从而获得单词概率分布 P_{vocab}：

$$h_t^*=\sum_{i=1}^{n}\alpha_t^i h_i \tag{6.62}$$

$$P_{\mathrm{vocab}}=\mathrm{softmax}(W_d\,\mathrm{concat}(h_t^*,s_t)) \tag{6.63}$$

最终问题生成模型的训练目标就是最小化训练数据集的负对数似然，具体的损失函数如下：

$$L=-\sum_{i=1}^{S}\sum_{j=1}^{|y^{(i)}|}\log_2 P\left(y_j^{(i)}\middle|x^{(i)},y_{<j}^{(i)};\theta\right) \tag{6.64}$$

式中，$S=\{(x^{(i)},y^{(i)})\}_{i=1}^{S}$ 为当前训练的整个上下文-问题对；$x^{(i)}$ 为上下文；$y_{<j}^{(i)}$ 为问题文本中的前 j 个词；θ 为训练过程中的其他参数。

除此以外，还有一些扩展方法能使模型表现更优。例如，Kim 等[68]使用单独的答案编码模块，通过对答案进行一个更全面的建模让模型能针对这个更丰富的信息提出与答案更相关的问题。NEMA 等[69]加入强化学习模块，通过设计一个问答模块与问题生成形成对偶任务，并且设计一些合理的奖励机制使模型结合强化学习的能力，从而得到更好的效果。Duan 等[70]提出了拷贝机制，通过将上下文中的词汇表按一定比重加入到生成词的词汇表中，以帮助模型在问题生成时也能考虑到罕见词的问题。

3. 上下文编码方法

上下文表征的目的在于将输入文本转化为模型可理解的表征方式，是基于端到端的问题生成方法中必不可少的步骤。在问题生成中该方法又分为两类，分别是基于序列结构和图结构的问题生成方法。

基于序列结构和图结构的问题生成表征方式同自然语言其他的序列化表征方式一样，将上下文作为文字序列形式，并通过词向量的方式进行嵌入，而将答案作为位置序列形式嵌入。具体来说，上下文大多数使用 Glove[71]预训练词向量做初始化进行嵌入，而对于答案而言，一般采用 BIO 方法，即在一段上下文文本中，为答案所在的单词开头处打上 B 标签，表示 Begin，为答案所在的单词但非开头处打上 I 标签，表示 In，为非答案的单词打上 O 标签，表示 Outer，然后将该标签序列也拼接进输入中。除了句子单词，这种表征方式一般还会提供其他的词汇特征，如单词的大小写、POS 和 NER 标签。POS 标签特征在许多 NLP 任务中很重要，如信息提取和依赖解析。考虑到问题生成的数据集一般包含大量命名实体，所以添加了 NER 表征来帮助找出这些命名实体。最后这些向量经过拼接形成最终的序列结构表征方式。

基于图结构的问题生成表征方式会先采取特定的方式构建一个与答案信息强相关的图，然后使用 GCN 对图进行编码，得到一个基于图结构的嵌入。具体来说，编码过程可以用如下公式表示：

$$g_t^{l+1} = \sigma\left(D^{-\frac{1}{2}} A D^{-\frac{1}{2}} g_t^l W^l\right) \tag{6.65}$$

$$D_{ii} = \sum_j A_{ij} \tag{6.66}$$

$$A = A + I_N \tag{6.67}$$

式（6.65）～式（6.67）中，D 表示对角矩阵；I_N 表示单位矩阵。GCN 的第 $l+1$ 层使用第 l 层的输出 g_t^l 作为输入，t 代表第 t 个时间步，且 g_t^0 被设置为初始的序列词向量，即使用上下文的序列表征作为 GCN 的初始化向量。

4. 基于不确定性感知的解码方法

拷贝机制（图 6.25）是问题生成模型中的重要组件之一，可以帮助模型处理罕见词的问题，并更准确地生成上下文中出现过的事实细节。但是，在基于拷贝机制的模型进行解码时，容易产生重复或者错误的拷贝。实例分析发现其主要原因在于拷贝机制中的拷贝概率与对应的拷贝分布存在不一致的情况。更具体地说，在解码问题时，部分从段落中拷贝的单词对应的拷贝概率高，但是拷贝分布非常均匀。根据信息熵的定义，越均匀地分布，其不确定性越高。也就是说，当模型对于要拷贝的单词置信度非常低时，仍可能会以较高概率从上下文中进行拷贝。

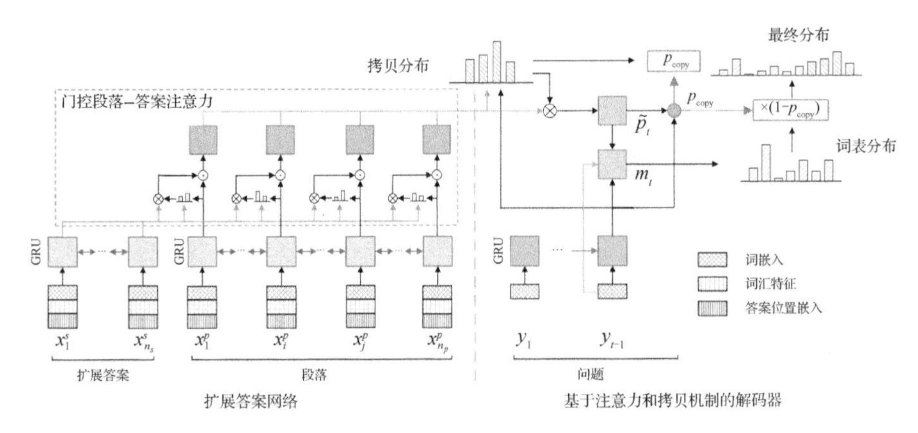

图 6.25　基于不确定性感知的解码方法

为了缓解这种不一致性问题，提出了一种基于不确定性度量的问题生成解码方法拓展回答网络（extended answer network，EAN）[72]，该方法设计了一个综合考虑拷贝概率、拷贝分布和词表分布的不确定性度量指标，具体如下：

$$u_t = (1 - p_{\text{copy}})\frac{H(P_{\text{vocab}}(y_t))}{\log_2|V|} + p_{\text{copy}}\frac{H(P_{\text{vocab}}(y_t))}{\log_2|X|} \tag{6.68}$$

式中，$H(\cdot)$表示度量分布不确定性的信息熵；$|V|$和$|X|$分别表示整个训练语料和当前上下文段落对应的词表大小。因此在t步解码时，指标u_t揭示了模型从语料词V和拷贝词表X中生成下一个单词的不确定性。u_t越大，不确定性越高。然后，将不确定性得分u_t与经典束搜索中的条件对数似然得分做如下线性组合：

$$s(y_{1:T}) = (1-\beta)\frac{1}{T}\sum_{t=1}^{T}\log_2 P_{\text{vocab}}(y_t) + \beta\log_2\left(\frac{1}{\frac{1}{T}\sum_{t=1}^{T}u_t}\right) \tag{6.69}$$

式中，$y_{1:T}$是部分生成的问题；β是线性组合的超参数；$s(y_{1:T})$是对束搜索中候选问题进行排序的评分函数，其得分越高越好。该不确定性感知的束搜索策略能在解码过程中有效降低重复和错误的拷贝，并提升生成问题的各项性能指标。

5. 研究展望

虽然现有模型在问题生成上都取得了不错的成果，但现实场景下的问题生成往往并没有这么简单。以下从两个不同的方面介绍问题生成未来可能的发展方向。

（1）更广泛的输入模式。现在的大多数工作是使用纯文本作为输入，少量工作使用了来自图像（VQG）的输入。基于图像的问题生成是针对一个图像进行提问，现有的大多数教科书离不开图像，因此以图像作为输入的问题生成可以帮助教育系统更好地提升学生的学习水平。

（2）深度问题的生成。赋予计算机提出深层次问题的能力，将有助于构建出更好的问题生成系统，有助于以更高层次的认知水平对一段文本提出更难以回答的问题。深度问题不仅可以应用在教育领域促进学生更好的学习，还可以应用在对话系统上维持更好的互动。

6.6 本 章 小 结

本章首先总体介绍了知识推理的研究现状和发展趋势，归纳了知识推理的发展脉络，还提出了知识推理面临的鲁棒性和可解释性挑战，并指出两个未来的知识推理模型发展方向。其次介绍了带有记忆的知识推理模型、可解释的符号化分层递阶学习模型 SHiL、自动问答和知识检索等几类知识推理相关的模型和任务。最后详细介绍了团队提出的 SHiL 模型，其核心思想是“分层递阶可控+符号化知识驱动”，解决了深度学习中海量参数导致的高复杂性、黑盒特性导致的不可分解性，以及封闭的训练推理过程导致的人工不可干预性三大难题。

参 考 文 献

[1] CHEN X, JIA S, XIANG Y. A review: Knowledge reasoning over knowledge graph[J]. Expert Systems with Applications, 2020, 141: 112948.

[2] 吴飞, 韩亚洪, 李玺, 等. 人工智能中的推理:进展与挑战[J]. 中国科学基金, 2018, 32(3): 262-265.

[3] YAO L, CHU Z, LI S, et al. A survey on causal inference[J]. ACM Transactions on Knowledge Discovery from Data, 2021, 15(5): 1-46.

[4] MUELLER E T. Commonsense Reasoning: An Event Calculus Based Approach[M]. Burlington: Morgan Kaufmann, 2014.

[5] MCCARTHY J. Artificial Intelligence, Logic and Formalizing Common Sense[M]. New York: Springer, 1989.

[6] DAVIS E, MARCUS G. Commonsense reasoning and commonsense knowledge in artificial intelligence[J]. Communications of the ACM, 2015, 58(9): 92-103.

[7] STORKS S, GAO Q, CHAI J Y. Commonsense reasoning for natural language understanding: A survey of benchmarks, resources, and approaches[J]. arXiv preprint arXiv:190401172, 2019.

[8] LAO N, COHEN W W. Relational retrieval using a combination of path-constrained random walks[J]. Machine Learning, 2010, 81(1): 53-67.

[9] GARDNER M, TALUKDAR P, KRISHNAMURTHY J, et al. Incorporating vector space similarity in random walk inference over knowledge bases[C]. Proceedings of the 2014 Conference on Empirical Methods in Natural Language Processing, Doha, Qatar, 2014: 397-406.

[10] CHEN W, XIONG W, YAN X, et al. Variational knowledge graph reasoning[C]. Proceedings of the 2018 Conference of the North American Chapter of the Association for Computational Linguistics: Human Language Technologies, New Orleans, USA, 2018: 1823-1832.

[11] XIONG W, HOANG T, WANG W Y. DeepPath: A reinforcement learning method for knowledge graph reasoning[C]. Proceedings of the 2017 Conference on Empirical Methods in Natural Language Processing, Copenhagen, Denmark, 2017: 564-573.

[12] OMRAN P G, WANG K, WANG Z. An embedding-based approach to rule learning in knowledge graphs[J]. IEEE Transactions on Knowledge and Data Engineering, 2019, 33(4): 1348-1359.

[13] GUO S, WANG Q, WANG L, et al. Jointly embedding knowledge graphs and logical rules[C]. Proceedings of the 2016 Conference on Empirical Methods in Natural Language Processing, Austin, USA, 2016: 192-202.

[14] GUO S, WANG Q, WANG L, et al. Knowledge graph embedding with iterative guidance from soft rules[C]. Proceedings of the AAAI Conference on Artificial Intelligence, New Orleans, USA, 2018: 4816-4823.

[15] ZHANG W, PAUDEL B, WANG L, et al. Iteratively learning embeddings and rules for knowledge graph reasoning[C]. Proceedings of the World Wide Web Conference, San Francisco, USA, 2019: 2366-2377.

[16] ROCKTÄSCHEL T, RIEDEL S. End-to-end differentiable proving[C]. Proceedings of the Advances in Neural Information Processing Systems, Long Beach, USA, 2017: 3791-3803.

[17] YANG F, YANG Z, COHEN W W. Differentiable learning of logical rules for knowledge base reasoning[C]. Proceedings of the 31st International Conference on Neural Information Processing Systems, Long Beach, USA, 2017: 2316-2325.

[18] WANG P W, STEPANOVA D, DOMOKOS C, et al. Differentiable learning of numerical rules in knowledge graphs[C]. Proceedings of the International Conference on Learning Representations, New Orleans, USA, 2019.

[19] LV X, GU Y, HAN X, et al. Adapting meta knowledge graph information for multi-hop reasoning over few-shot relations[C]. Proceedings of the 2019 Conference on Empirical Methods in Natural Language Processing and the 9th International Joint Conference on Natural Language Processing, Hong Kong, China, 2019: 3376-3381.

[20] CHEKOL M,· PIRRÒ G, SCHOENFISCH J, et al. Marrying uncertainty and time in knowledge graphs[C]. Proceedings of the AAAI Conference on Artificial Intelligence, San Francisco, USA, 2017: 88-94.

[21] HOCHREITER S, SCHMIDHUBER J. Long short-term memory[J]. Neural computation, 1997, 9(8): 1735-1780.

[22] GRAVES A, WAYNE G, DANIHELKA I. Neural turing machines[J]. arXiv preprint arXiv:14105401, 2014.

[23] WESTON J, CHOPRA S, BORDES A. Memory networks[J]. arXiv preprint arXiv:14103916, 2014.

[24] SUKHBAATAR S, SZLAM A, WESTON J, et al. End-to-end memory networks[C]. Advances in Neural Information Processing Systems, Montreal, Canada, 2015: 2440-2448.

[25] GRAVES A, WAYNE G, REYNOLDS M, et al. Hybrid computing using a neural network with dynamic external memory[J]. Nature, 2016, 538(7626): 471-476.

[26] STACHENFELD K L, BOTVINICK M M, GERSHMAN S J. The hippocampus as a predictive map[J]. Nature Neuroscience, 2017, 20(11): 1643-1653.

[27] ZHOU M, DUAN N, LIU S, et al. Progress in neural NLP: Modeling, learning, and reasoning[J]. Engineering, 2020, 6(3): 275-290.

[28]STEFANINI M, CORNIA M, BARALDI L, et al. From show to tell: A survey on image captioning[J]. arXiv preprint arXiv:210706912, 2021.

[29] SHARMA H, JALAL A S. A survey of methods, datasets and evaluation metrics for visual question answering[J]. Image and Vision Computing, 2021, 116: 104327.

[30] 包希港, 周春来, 肖克晶, 等. 视觉问答研究综述[J]. 软件学报, 2021, 32(8): 2522-2544.

[31] 张钹, 朱军, 苏航. 迈向第三代人工智能[J]. 中国科学: 信息科学, 2020, 50(9): 1281-1302.

[32] DONG Y, LIAO F, PANG T, et al. Boosting adversarial attacks with momentum[C]. Proceedings of the IEEE Conference on Computer Vision and Pattern Recognition, Salt Lake City, USA, 2018: 9185-9193.

[33] 丁梦远, 兰旭光, 彭茹, 等. 机器推理的进展与展望[J]. 模式识别与人工智能, 2021, 34(1): 1-13.

[34] ATKINSON R C, SHIFFRIN R M. Human memory: A proposed system and its control processes[J]. Psychology of Learning and Motivation, 1968, 2: 89-195.

[35] BOWER G H. Psychology of Learning and Motivation[M]. Cambridge: Academic Press, 1979.

[36] MIKOLOV T, KARAFIÁT M, BURGET L, et al. Recurrent neural network based language model[C]. Proceedings of the Interspeech, Makuhari, Japan, 2010: 1045-1048.

[37] GALLISTEL C R, KING A P. Memory and the Computational Brain: Why Cognitive Science Will Transform Neuroscience[M]. Hoboken: John Wiley & Sons, 2011.

[38] VINYALS O, FORTUNATO M, JAITLY N. Pointer networks[C]. Proceedings of the 28th International Conference on Neural Information Processing Systems, Montreal, Canada, 2015: 2692-2700.
[39] HUANG W, LI J, EDWARD P, et al. Mesoscience: Exploring the common principle at mesoscales[J]. National Science Review, 2018, 5(3): 27-32.
[40] 李静海, 胡英, 袁权. 探索介尺度科学: 从新角度审视老问题[J]. 中国科学: 化学, 2014, 44(3): 277-281.
[41] 李静海, 黄文来. 探索知识体系的逻辑与架构: 多层次、多尺度及介尺度复杂性[J]. Engineering, 2016, (3):34-54.
[42] DOSHI-VELEZ F, KIM B. Towards a rigorous science of interpretable machine learning[J]. arXiv preprint arXiv:170208608, 2017.
[43] MARTIN P, EKLUND P W. Knowledge retrieval and the world wide web[J]. IEEE Intelligent Systems and Their Applications, 2000, 15(3): 18-25.
[44] KAMEL M, QUINTANA Y. A graph based knowledge retrieval system[C]. Proceedings of the 1990 IEEE International Conference on Systems, Man, and Cybernetics Conference Proceedings, Los Angeles, USA, 1990: 269-275.
[45] VOß S. Steiner's problem in graphs: Heuristic methods[J]. Discrete Applied Mathematics, 1992, 40(1): 45-72.
[46] COFFMAN J, WEAVER A C. An empirical performance evaluation of relational keyword search techniques[J]. IEEE Transactions on Knowledge and Data Engineering, 2012, 26(1): 30-42.
[47] SHI Y, CHENG G, KHARLAMOV E. Keyword search over knowledge graphs via static and dynamic hub labelings[C]. Proceedings of the Web Conference 2020, Taipei, China, 2020: 235-245.
[48] KOPYLOV A, XU J, NI K, et al. Semantic guided filtering strategy for best-effort subgraph matching in knowledge graphs[C]. Proceedings of the 2020 IEEE International Conference on Big Data, Atlanta, USA, 2020: 2539-2545.
[49] WANG M, WANG R, LIU J, et al. Towards empty answers in SPARQL: Approximating querying with RDF embedding[C]. Proceedings of the International Semantic Web Conference, Monterey, USA, 2018: 513-529.
[50] SEO M, KEMBHAVI A, FARHADI A, et al. Bidirectional attention flow for machine comprehension[J]. arXiv preprint arXiv:161101603, 2016.
[51] DHINGRA B, LIU H, YANG Z, et al. Gated-attention readers for text comprehension[C]. Proceedings of the Annual Meeting of the Association for Computational Linguistics, Vancouver, Canada, 2017: 1832-1846.
[52] KADLEC R, SCHMID M, BAJGAR O, et al. Text understanding with the attention sum reader network[C]. Proceedings of the 54th Annual Meeting of the Association for Computational Linguistics, Berlin, Germany, 2016: 908-918.
[53] CUI Y, CHEN Z, WEI S, et al. Attention-over-attention neural networks for reading comprehension[C]. Proceedings of the 55th Annual Meeting of the Association for Computational Linguistics, Vancouver, Canada, 2017: 593-602.
[54] YU A W, DOHAN D, LUONG M T, et al. QANet: Combining local convolution with global self-Attention for reading comprehension[C]. Proceedings of the International Conference on Learning Representations, Vancouver, Canada, 2018.
[55] DEVLIN J, CHANG M W, LEE K, et al. BERT: Pre-training of deep bidirectional transformers for language understanding[C]. Proceedings of the 17th Annual Conference of the North American Chapter of the Association for Computational Linguistics: Human Language Technologies, Minneapolis, USA, 2018: 4171-4186.
[56] BROWN T, MANN B, RYDER N, et al. Language models are few-shot learners[J]. Advances in Neural Information Processing Systems, 2020, 33: 1877-1901.
[57] ANTOL S, AGRAWAL A, LU J, et al. Vqa: Visual question answering[C]. Proceedings of the IEEE International Conference on Computer Vision, Santiago, Chile, 2015: 2425-2433.
[58] MALINOWSKI M, ROHRBACH M, FRITZ M. Ask your neurons: A neural-based approach to answering questions about images[C]. Proceedings of the IEEE International Conference on Computer Vision, Santiago, Chile, 2015: 1-9.
[59] REN M, KIROS R, ZEMEL R. Image question answering: A visual semantic embedding model and a new dataset[J]. Proceedings of Advances in Neural Information Processing Systems, 2015, 1(2): 5.
[60] ZHU Y, GROTH O, BERNSTEIN M, et al. Visual7w: Grounded question answering in images[C]. Proceedings of the IEEE Conference on Computer Vision and Pattern Recognition, Las Vegas, USA, 2016: 4995-5004.

[61] ANDERSON P, HE X, BUEHLER C, et al. Bottom-up and top-down attention for image captioning and visual question answering[C]. Proceedings of the IEEE Conference on Computer Vision and Pattern Recognition, Salt Lake City, USA, 2018: 6077-6086.

[62] KIM D, YOO Y, KIM J S, et al. Dynamic graph generation network: Generating relational knowledge from diagrams[C]. Proceedings of the IEEE Conference on Computer Vision and Pattern Recognition, Salt Lake City, USA, 2018: 4167-4175.

[63] MA J, LIU J, WANG Y, et al. Relation-aware fine-grained reasoning network for textbook question answering[J]. IEEE Transactions on Neural Networks and Learning Systems, 2021.

[64] KIM D, KIM S, KWAK N. Textbook question answering with multi-modal context graph understanding and self-supervised open-set comprehension[C]. Proceedings of the 57th Annual Meeting of the Association for Computational Linguistics, Florence, Italy, 2019: 3568-3584.

[65] MA J, LIU J, LI J, et al. XTQA: Span-level explanations of the textbook question answering[J]. arXiv preprint arXiv:201112662, 2020.

[66] GÓMEZ-PÉREZ J M, ORTEGA R. ISAAQ-Mastering textbook questions with pre-trained transformers and bottom-up and top-down attention[C]. Proceedings of the 2020 Conference on Empirical Methods in Natural Language Processing, Online, 2020: 5469-5479.

[67] DU X, SHAO J, CARDIE C. Learning to ask: Neural question generation for reading comprehension[C]. Proceedings of the 55th Annual Meeting of the Association for Computational Linguistics, Vancouver, Canada, 2017: 1342-1352.

[68] KIM Y, LEE H, SHIN J, et al. Improving neural question generation using answer separation [C]. Proceedings of the AAAI Conference on Artificial Intelligence, Honolulu, USA, 2019: 6602-6609.

[69] NEMA P, MOHANKUMAR A K, KHAPRA M M, et al. Let's ask again: Refine network for automatic question generation[C]. Proceedings of the 2019 Conference on Empirical Methods in Natural Language Processing and the 9th International Joint Conference on Natural Language Processing, Hong Kong, China, 2019: 3314-3323.

[70] DUAN N, TANG D, CHEN P, et al. Question generation for question answering[C]. Proceedings of the 2017 Conference on Empirical Methods in Natural Language Processing, Copenhagen, Denmark, 2017: 866-874.

[71] PENNINGTON J, SOCHER R, MANNING C D. Glove: Global vectors for word representation[C]. Proceedings of the 2014 Conference on Empirical Methods in Natural Language Processing, Doha, Qatar, 2014: 1532-1543.

[72] ZENG H, ZHI Z, LIU J, et al. Improving paragraph-level question generation with extended answer network and uncertainty-aware beam search[J]. Information Sciences, 2021, 571: 50-64.

第7章　典 型 应 用

大数据知识工程是新一代人工智能的共性技术，具有非常广泛的应用场景及巨大的应用价值。本章将介绍大数据知识工程在教育、税务和网络舆情三个领域的大规模应用。大数据知识工程是大数据时代的关键技术，发挥着越来越重要的作用。

7.1　知识森林个性化导学

知识森林自提出到现在，逐步得到了国内外同行的引用和认可，并广泛应用于在线教育领域。在线教育具有学习过程不限时间、不限地点，学习内容丰富且更新快等优点，解决了传统教学中教学资源与教学场景的时空及内容受限问题，在一定程度上提高了学习者的认知效率，已成为当前构建学习型社会的重要手段。目前，在线教育面临海量教学资源的散、杂、乱挑战，主要表现为两个方面。

（1）教学资源模态多样、位置分散、内容片面。当前教学资源丰富多样，不但有自然语言文本，还包括大量图像、视频等多种类型，大规模网络公开课（massive open online courses，MOOC）学习更是以视频为主。教学资源总量呈指数级增加，使得真正符合用户需求的资源数量却相对减少，加大了学习者定位所需资源的难度，引发认知过载问题。

（2）教学资源关联稀疏，质量保障困难。互联网的开放性导致互联网上的学习资源由不同专业程度的人生成，质量参差不齐。互联网的自治性导致不同来源的资源之间缺乏关联，热点内容在各个源中都有，互补的内容缺乏关联。现有在线学习模式不重视知识之间的内在关联性，很难有效地协助学习者完成知识建构，导致学习者学习迷航问题。

知识森林的本质作用是改变了知识的组织方式和呈现方式，解决了散、杂、乱挑战以及碎片知识的结构化、体系化描述问题，有助于提高组织方式海量在线教学资源的组织方式、在线学习效率和备课质量，可有效缓解当前在线学习存在的问题。下面以“万有引力”知识的获取、学习和备课为例进行说明。

（1）由之前利用搜索引擎在互联网上漫无边际找学习资料转变为知识森林指导下的学习资源查找。例如，当查找“万有引力”知识点时，系统将给出和万有引力相关的知识体系，实现“既见树木，又见森林”，既能方便地获取某个特定知识点的知识，也能从宏观上得到上下左右相关的知识点。

（2）知识森林提供了个性化的导学路径推荐。在线教育中，利用知识森林能够为学生提供一系列导学功能。例如，能够为学生生成一条符合学习目标和认知能力的学习路径，避免无目标、无头绪的乱学，即学习迷航问题；能够解答学习中与课程知识相关的问题，帮助学生答疑。

知识森林可缓解学习者难以从海量教学资源中高效获得所需内容的难题。然而一般学习者理解知识森林的主体化、层次化结构仍有一定难度，需要利用数据可视化、增强现实（augmented reality，AR）等技术将知识森林映射到不同的视觉通道，再通过多粒度自然交互方式，使知识森林更易理解和使用。

7.1.1　知识森林导航学习系统

知识森林导航学习系统可为学习者提供个性化的导航学习服务，让学习者对学科及课程产生全局、系统的认知，避免学习迷航等问题。本书作者带领的研究团队利用知识森林构建工具，从维基百科等 25 个知识源中构建 8 个学科 232 门课程的知识森林，统计数据如表 7.1 所示。该知识森林数据集是我国首个在国际权威语义网 LOD 上发布的中文教育知识图谱数据集。

表 7.1　学科知识森林统计表

学科名	课程数	主题数	碎片数
化学	33	11536	394334
医学	40	11049	245310
历史学	18	5427	116483
数学	30	12072	385460
物理学	39	7695	262278
生物学	39	12661	377836
经济学	12	4272	106756
计算机科学	21	12291	428129
合计	232	77003	2316586

图 7.1 给出计算机科学 21 门课程的学科知识森林，其中节点表示课程，节点间的有向边表示课程间的学习依赖关系。学习者可以选择感兴趣的课程进行进一步学习。

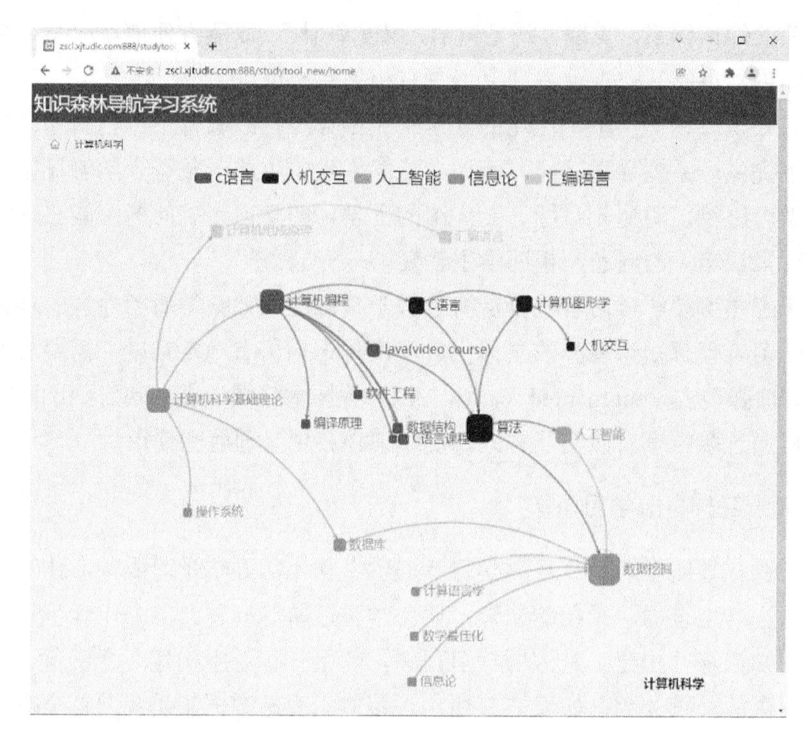

图 7.1　计算机科学的学科知识森林

知识森林导航学习系统实现了在海量原始资源中找知识、学知识，向个性化导学的转变。具有“零基础”和“场景驱动”两种学习模式，可以多粒度展示“知识森林—知识簇—主题—分面—碎片化知识”，同时也支持认知路径的显示。图 7.2 是“零基础”系统界面图，以数据结构为例，图 7.2（a）是学习者进入界面后的初始状态，页面左侧是知识点列表，将课程内主题以主题簇名进行分类显示，保证用户对主题簇以及主题从属关系有所理解。页面右侧会显示该课程知识森林的圆形布局图，其中大圆为主题簇，表示紧密相关的多个主题，簇内小圆表示主题，大圆间的箭头表示主题簇之间的认知关系，小圆间的箭头表示簇内各个主题间的认知关系。

当点击选择左侧列表中的知识主题时，被点击的主题高亮显示，同时右侧的课程知识森林就切换到该知识主题的可视化界面，图 7.2（b）是选择“折半查找”知识主题时的可视化界面。在图 7.2（a）中，当点击知识簇时，可以放大簇的结构。如果点击簇内的某个主题，也可进入如图 7.2（b）所示的知识主题可视化状态。

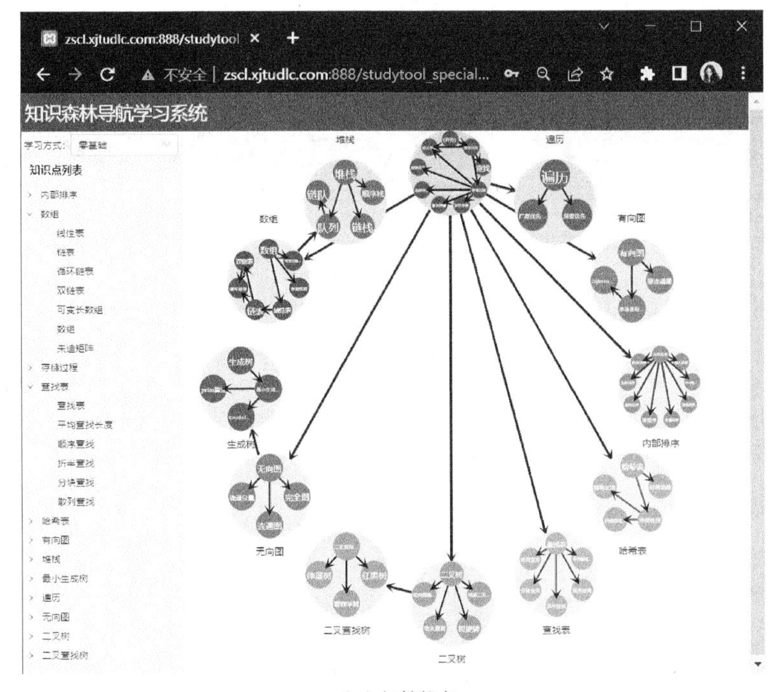

（a）初始状态

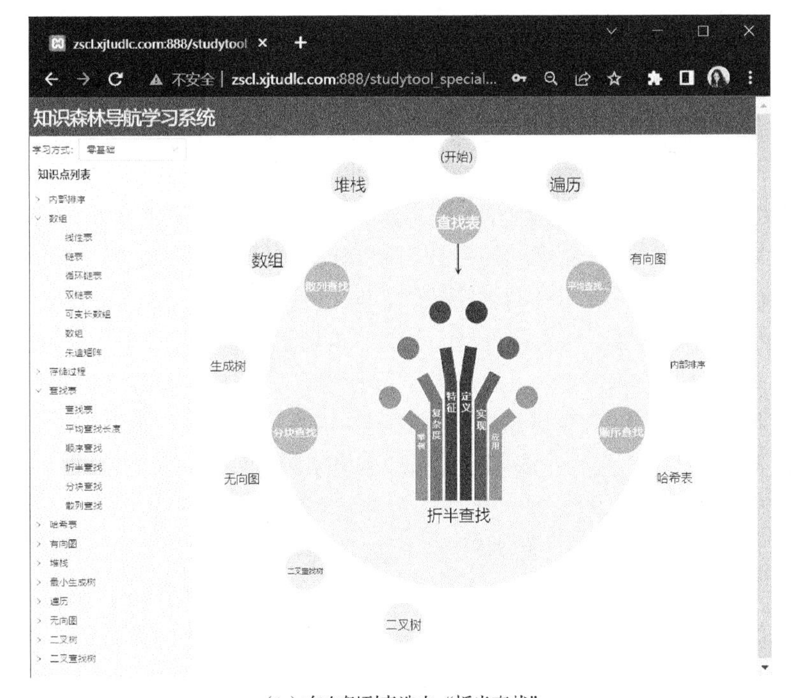

（b）在左侧列表选中“折半查找”

图 7.2　“零基础”系统界面图

图 7.3 是在知识主题可视化时选择“链式存储”的“定义”分面时的界面。当选择某个具体分面后，该分面的知识碎片则显示在页面的右侧。

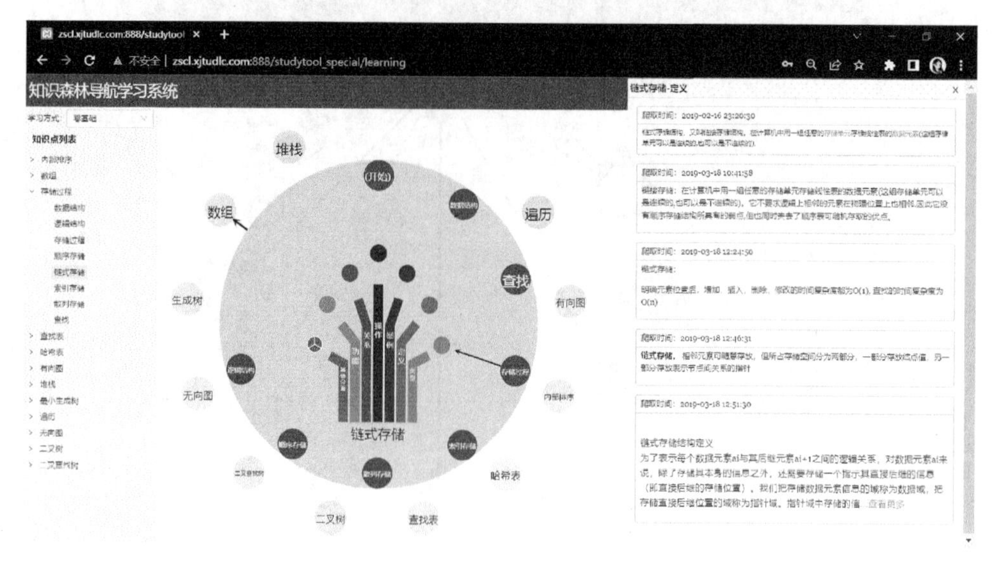

图 7.3　“链式存储”主题及相关碎片

7.1.2　知识森林 AR 交互学习

增强现实（AR）技术是一种将真实世界信息和虚拟世界信息“无缝”集成的新技术，适合情境教学和建构主义教育，在教育领域具有很好的应用前景。AR 技术运用到教育领域的优点可概括为三个方面：①将抽象的学习内容可视化、形象化。AR 通过让学习者亲自接触 3D 模型来增强学习体验，提高学习者对现实情境的视觉感知能力。学习者能够通过多种不同的视角来观察 3D 模型，从而增强对现实事物的理解。②提升学习者的存在感、直觉和专注度。AR 给学习者一个特殊的空间，让他们感觉到与其他人同处一个位置，同时通过提供即时反馈和语音或非语音的提示来培养学生的直觉，进而加强学习者对学习社区的认知。③使用自然方式交互学习对象，即 AR 教育可模拟出“真实体验感”。例如，基于 AR 的凸透镜成像实验，学习者动手直接操作虚拟的蜡烛、透镜来改变物距，观察不同的实验现象，这种非鼠标、键盘操作的自然交互方式，与做真实实验的感觉基本是一致的。

基于 AR 在教育领域的诸多优势，构建了基于 AR 技术的知识森林可视化学习系统——增强现实知识森林（augmented reality knowledge forest，ARKF），为学习者提供结构化、趣味化的新型互动学习模式。ARKF 运行于标准 iOS 和 Android 主流平台，学习者只需下载 APP 到移动设备，如手机、平板电脑上，就可以感受到 ARKF 带来的新颖体验以及知识森林给学习带来的帮助。进入 APP 后，初始界面上有一个课程列表和一个扫描按钮，如图 7.4 所示。

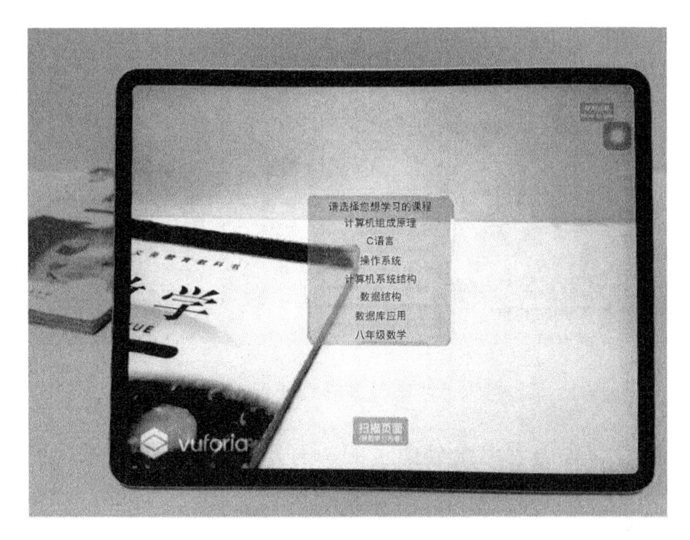

图 7.4 ARKF 初始界面

当学习者想要学习一门课程的相关知识点时，可以通过点击初始界面课程列表中的课程名直接进入沙盘场景，也可以使用扫描框来扫描相关课本的封面、扉页或者书中具体的某一页，系统会识别所扫描页面中包含的知识主题及课程名。如果没有匹配到任何知识主题及课程名，会返回扫描框，可以重新进行扫描。如果匹配到关键词，场景判别器会判断学习者的学习意图。如果学习者扫描的是一本书的封面，那么系统预测学习者想要整体学习这门课程，系统将返回这门课程的沙盘场景。如果学习者扫描的是具体的某一页内容，那么系统将认定学习者想要学习这页内容中所包含的知识主题，系统将返回分面树场景。下面将分别展示上述两个场景。

1. 分面树场景展示

在分面树场景中，学习者通过分面树来学习知识主题。学习者在使用课本学习时，如果想学习某一个知识主题，可以通过 ARKF 的扫描框，如图 7.5（a）所示，对包含这个主题的某一页进行扫描（以课程“八年级数学”的“勾股定理”页面为例）。扫描后，系统会识别出此页文字中包含的相关课程的所有主题关键词并在关键词外生成追踪框进行实时追踪，即使移动设备在使用的过程中有移动，追踪框也可以实时对课本上的知识主题进行追踪，如图 7.5（b）所示。当学习者点击想要学习的知识主题后，系统将以 AR 的形式生成这个知识主题的分面树。分面树对应主题，树枝对应主题下的分面，树叶对应相应分面下的知识碎片集。

（a）扫描界面

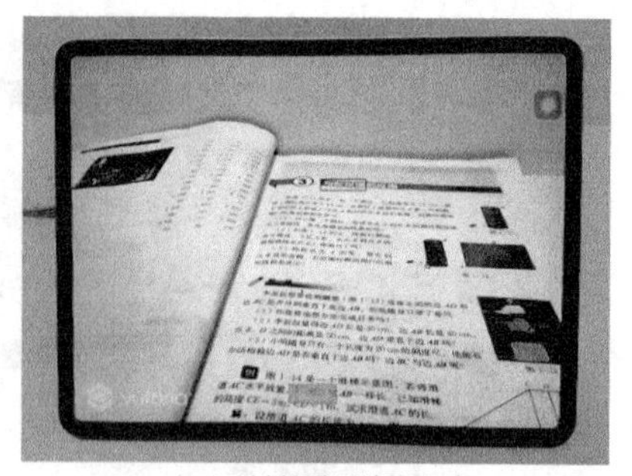
（b）关键词识别及追踪

图 7.5 “八年级数学”课程识别界面

点击一片树叶，会出现这个分面下的所有知识碎片列表，如图 7.6（a）所示。选择感兴趣的知识碎片，系统跳转到如图 7.6（b）所示的页面，学习者可以学习该知识碎片的详细内容。点击右下角的按钮，可以返回知识碎片列表，学习者可以选择其他知识碎片进行学习。在主题分面树页面再点击“返回”，系统回到扫描界面，学习者可以扫描另外一页内容进行学习。

（a）AR形式的分面树

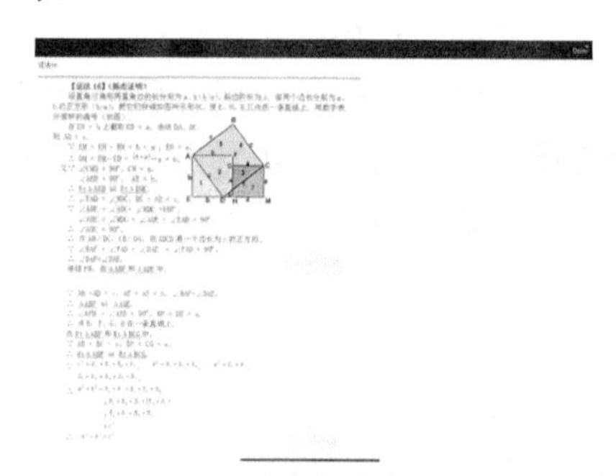
（b）知识碎片

图 7.6 “勾股定理”主题分面树及知识碎片

2. 沙盘场景展示

在沙盘场景中，学习者通过沙盘及知识簇来整体学习一门课程。学习者在使用课本学习时，如果想整体了解一门课程的知识架构或者想获得知识主题间的学习导航，可以通过 ARKF 的扫描框，对课本的封面（或者扉页）进行扫描。系统会识别出这门课程，点击即可跳转到相关课程的沙盘场景。

在沙盘场景中，ARKF 利用社团检测算法，把所有主题分为不同的簇，簇与簇间的连线表示簇与簇之间的学习先后顺序关系，白点运动方向表示学习的方向。图 7.7 是“八年级数学”课程的沙盘场景。学习者可以对课程的所有主题有一个概览，簇与簇之间的连线也为学习者的学习提供了先后关系的指引。

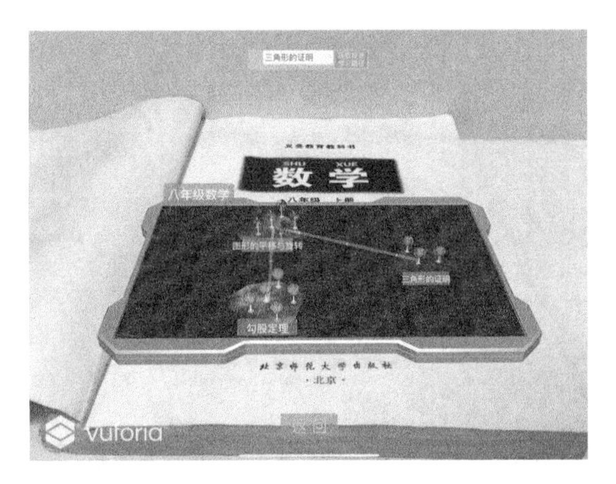

图 7.7 “八年级数学”课程的沙盘场景

在课程沙盘场景界面点击某个知识簇后，簇内的所有主题及主题间认知关系将被展示，如图 7.8 所示。主题与主题之间的认知关系为学习者提供了导航，可以有效地缓解学习迷航的问题。学习者可以选择自己感兴趣的主题，进而跳转到分面树场景，对一个主题进行具体的学习。

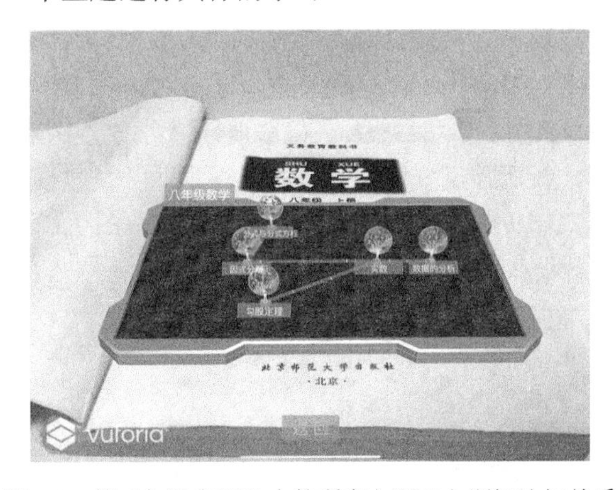

图 7.8 簇“勾股定理”中的所有主题及主题间认知关系

7.1.3 应用示范

知识森林导航学习系统在高等继续教育和国际教育培训领域进行了大规模应用，验证了大数据知识工程在教育领域的应用价值。

在高等继续教育领域，基于知识森林构建技术及导航学习技术研发建成“MOOC 中国”学习平台，促进了中国 MOOC 平台的发展，抢占了全球 MOOC 中智能导学技术制高点。“MOOC 中国”平台目前汇聚了 1000 多门 MOOC 优质课程资源，注册用户 1000 余万。图 7.9 给出了“MOOC 中国”学习平台的课程首页。

图 7.9　“MOOC 中国”学习平台的课程首页

在国际教育培训领域，基于知识森林构建技术及导航学习技术创建 IKCEST 丝路工程科技发展专项培训系统，服务于俄罗斯、泰国、吉尔吉斯斯坦、乌兹别克斯坦等“一带一路”沿线国家；培养了来自 100 多个国家的四万余留学生以及在华涉外企业人员，目前已有 6255 人获得培训证书；推动中国在线教育走向“一带一路”沿线国家。新冠肺炎疫情期间，积极规划并开发建设 COVID-19 疫情防控专栏，开设 COVID-19 循证医学数据库和课程服务。图 7.10 给出了丝路科技知识服务系统的首页。

图 7.10　丝路科技知识服务系统的首页

7.2 智能化税务治理

前面介绍了大数据知识工程在知识森林个性化导学方面的应用，本节主要讨论大数据知识工程在智能化税务治理方面的应用。事实上，税务场景包含政策法规、报表、发票、预算、结算等数万亿相关数据，这些数据具有空间分散、内容片面、结构无序、关联复杂、动态变化的特点。如何有效利用此类海量、低质、无序的碎片信息，并实现自动化辅助决策是智慧税务治理面临的重要挑战。在这样的背景下，传统的专家系统、机器学习等理论面临成本过大、无法演化更新和不可解释问题。对此，作者团队近年来基于大数据知识工程方法，主要研究了税务知识图谱、发票虚开检测、偷逃骗税行为识别等关键技术[1-6]，构建智慧税务系统，并应用于国家金税工程。其中，作者团队主持研制出的税务大数据计算关键技术及系统[7]，得到规模化应用。研制出的金税三期风险管理系统，已在国家税务总局和全国所有省级税务局部署应用。国家税务总局简报指出，通过技术创新实现两大提升：①极大提高税收风险识别的自动化、智能化水平；②从过去管不了、管不全、管不准转变为可管控、全覆盖、全链条。破解了长期困扰金税工程的“塔尖难题”，推动税务治理体系和能力现代化，促进了税法遵从、诚信纳税、公平正义。本节将从税收知识库构建、税收优惠计算、偷逃骗税风险智能识别等方面进行阐述。

7.2.1 税收知识库构建

我国 1994 年启动金税工程以来，积累了工商、税务、海关等数万亿税收历史数据，只有转化为可推理计算的结构化知识库，才能实现智能化的税务治理。对此，将全国积累的数万亿税收历史数据，转化为纳税人、偷逃骗税案例、政策法规三大税收基础知识库。

1. 税法知识库

1）税法知识库定义

税法知识库构建的核心，是需要满足“可表达”原则。“可表达”指税务法规或征收条例中的语义能够通过知识库进行合理、准确的表达。其知识类型一方面要能够涵盖现有税务数据中的基本要素和要素之间的语义关系；另一方面，涉税法律具有多种形式，横向可分为法律条文、税务征收、税务优惠与惩戒等，纵向可分为国家法律、部门规章与地方性法规。同时在内容上，既有成文法，如税收征管法，也有临时税收政策，如一项优惠政策等，表现为具有时效性的多源碎片特性。因此，税法知识库的定义与组织要具有完整性和可扩展性，能够满足税务政策制定的需要。

根据上述分析，可借助知识森林理论构建税法知识库，将涉税法规视为一个主题，在主题下将单条税务征收条例中的知识表示成一棵分面树，然后根据领域差异（如征收类成文法或优惠类条款等）融合生成税法知识森林，如图 7.11 所示。其中，税法分面树用于描述一个具体的涉税条文，包括法律条文、税务征收、税务优惠等类别。税法分面树是一种以税法主题为根节点，涉及纳税主体、征税对象、征税行为和税目等分面的树型结构。

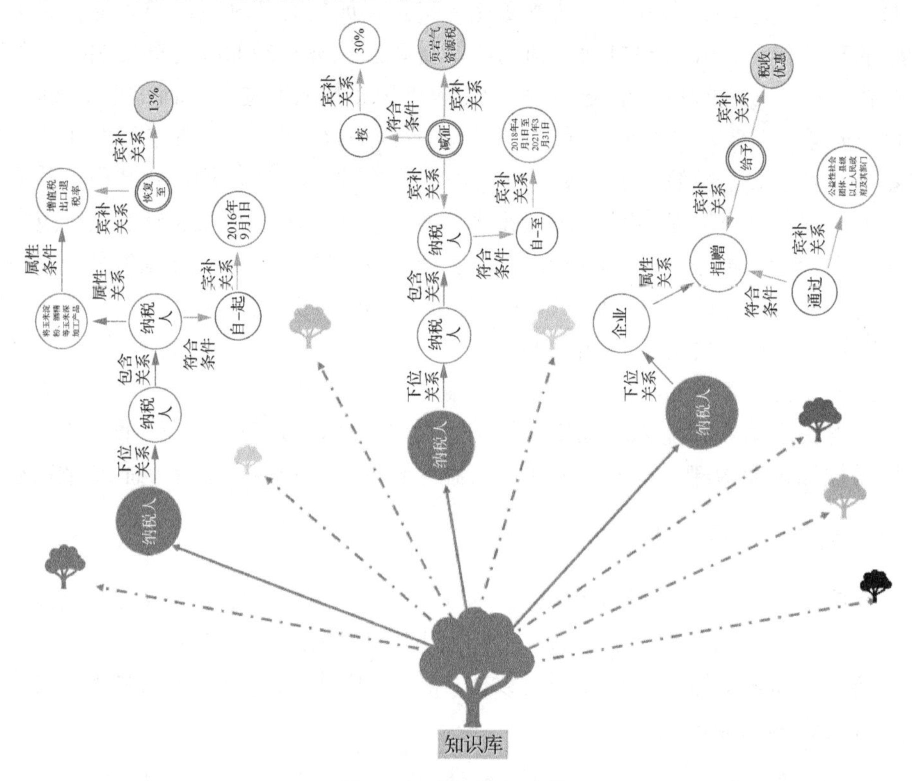

图 7.11　税法知识森林

定义 7.1　税法分面。描述税法主题的某一维度或视角，如纳税主体、征税对象、征税行为和税目等。对于税法主题 $t_i \in T$，它的这些分面共同组成税法分面集合 F_i，同时分面间存在约束和依赖关系，表示为 $\mathrm{FR}_i \subseteq F_i \times F_i$。

定义 7.2　税法分面树。对于涉税条文 text_i，由其税法分面集合 F_i、税法主题-税法分面关系 $\mathrm{TF}_i \subseteq \{t_i\} \times F_i$ 和分面间的关系 $\mathrm{FR}_i \subseteq F_i \times F_i$ 构成的以 t_i 为根节点的树状结构，称为税法分面树，可表示为二元组 $\mathrm{FT}_i = \left(F_i \cup \{t_i\}, \mathrm{TF}_i \cup \mathrm{FR}_i\right)$。

定义 7.3　税法知识库。以知识森林的形式组织税法知识库，是将涉税法律中各个税法知识主题扩展为由税法分面树构成的知识组织结构。一个税法知识主题的知识森林可表示为一个二元组 $KF=(MFT, LD)$。其中，$MFT=\{MFT_i\}_{t_i\in T}$ 表示 T 中所有税法知识主题对应的税法分面树的集合，$LD\subseteq T\times T$ 表示税法知识主题之间的依赖关系。

一棵完整的税法分面树通常至少由四部分组成：纳税主体、征税对象、征税行为和税目，如图 7.12 所示。其中，纳税主体、征税对象和税目为涉税实体，征税行为为涉税谓词，对应税务征收条例的基本要素。另外，还包含一个或多个（可缺省）主体约束、对象约束和行为约束，它们分别对纳税主体、征税对象和征税行为进行限定和修饰。约束部分通常是带涉税谓词的短语。

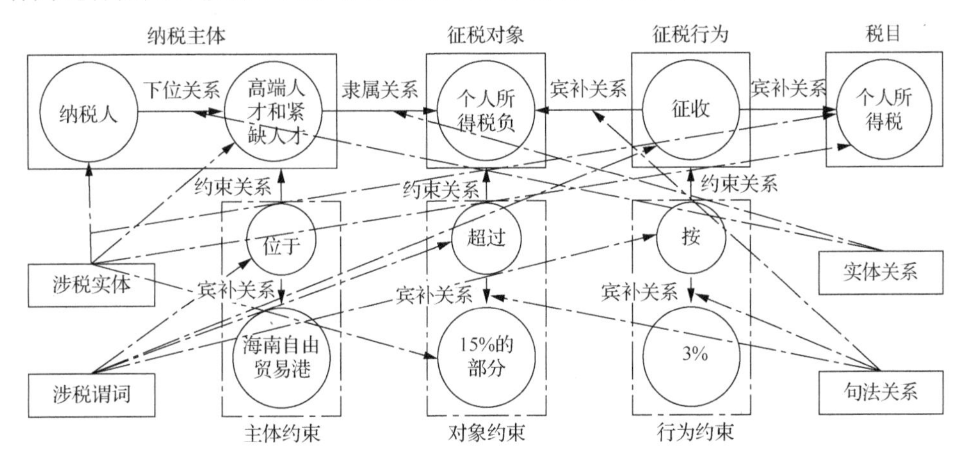

图 7.12　税法分面树示例

（1）纳税主体：纳税人及其包含的上下位关系集合，具体表现为向税务机关缴纳税款的人、组织、单位等涉税实体。如图 7.12 所示，节点“高端人才和紧缺人才”是“纳税人”的下位词，是节点“纳税人”的具体化。纳税主体通常包含一个或多个“主体约束”，用于限定纳税人的具体范围。一般通过纳税人的地域、经营范围、产生交易的时间等条件进行约束。

（2）征税对象：纳税主体的应税项目，如销售收入、个人所得等，即征税的标的物。征税对象和纳税主体之间存在隶属关系。征税对象是税法的最基本要素，是区分不同税种的主要标志。

征税对象也可以包含一个或多个“对象约束”，用于对征税对象的范围进行限定。例如，在单个税法知识条目中，通过对象约束，可以对纳税主体的征税对象按金额划分为不同的区间，然后分别进行征税。

（3）征税行为：征税行为是主题分面树的核心，为涉税谓词中的主句谓语动词，表示对纳税主体的应税行为，如征税、缴税、免征、预缴、征收、暂停征收等。征税行为的施动者是税务机关，其作用的对象是征税对象和税目。征税行为可以包含“行为约束”，用于表示税率等内容，说明如何缴纳、何时缴纳、缴纳多少等内容。

（4）税目：税目是征税对象的具体化，是税法中对征税对象分类规定的具体征税品种和项目，如个人所得税、车辆购置税、印花税等。

（5）约束：在税法知识表示中存在一些特定的知识结构，表现为税法分面集之间的关系，可以用于对税法知识表示进行模块化表示。通过对特定的知识结构进行模块化处理，不仅可以减少标注工作量和标注错误，提升标注质量，有利于税法知识库的构建和维护，还可以为税务治理模块化编程接口提供支撑。将纳税主体、征税对象和征税行为中的修饰进行模块化表示，按其修饰的对象分别称为主体约束、对象约束和行为约束，具体又分为时间约束：包含之前、之间、之后等；地点约束：包含整体、位于、之外等；金额约束：包含大于、小于、之间等；税率约束：包含减按、按等。图 7.13 表示三种常见的约束方式。

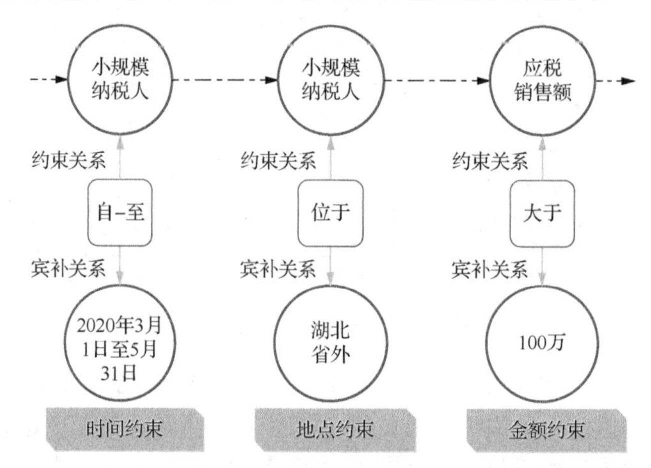

图 7.13　三种常见的约束方式

另外，单个被约束对象（纳税主体、征税对象或征税行为）可以存在多个约束条件。各个约束之间可以存在“且”“或”“非”的关系，用于表达不同的语义关系。其中，“且”关系（∧）表示同一纳税主体且约束对象之间具有隶属关系，用于表示纳税主体需同时满足多个约束条件。如图 7.14（a）所示，在知识表示中采用串行结构表示“且”关系，也可以将多个具有且关系的约束条件合并到一个纳税主题，用于简化税法知识库。“或”关系（∨）的约束对象之间具有集合“并”的关系，即满足其中的一项即可。图 7.14（b）中的三个或约束关系表示满足“自产”、“加工”和“购买”其中一项的货物都要征税对应的税目。约束条件之间的或关系采用并行结构表示。为了区别简化的且关系表示，或关系约束采用进入的箭头指向。“非”关系（¬）用于否定约束条件中的语义，表示“未”“没有”等。

在税法知识表示中，在涉税谓词上加横线表示非关系，如图 7.14（c）所示，非关系操作符可以大量减少税务知识表示中谓词的种类，提供更简洁的知识表示方法。

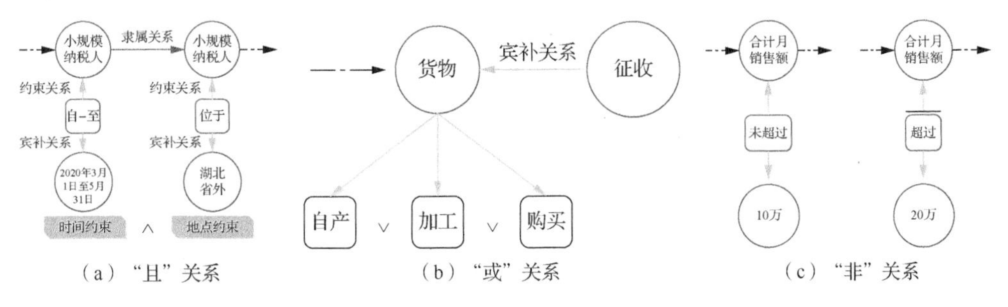

图 7.14　约束间的“且”“或”“非”关系

2）税法知识库构建

税法知识条目包括四个部分：纳税主体、征税对象、征税行为和税目，其中纳税主体、征税对象和征税行为可以存在一个或多个修饰。因此，为了生成税法知识库，需要将抽取的知识要素和要素关系按税法知识的结构进行组装。根据这一特点，提出一种以征税行为为中心基于规则的启发式搜索方法来生成税法知识库。

具体来说，设 N 和 V 分别表示要素抽取后的名词性要素集合和谓词性要素集合。要素关系集合分别表示为 E_{nn}、E_{nv}、E_{vv}。其中，E_{nn} 表示名词性要素之前的语义关系集合（如上下文关系、隶属关系等），E_{nv} 表示名词性要素和动词性要素之间的语义关系集合（如宾补关系等），E_{vv} 表示动词之间的关系（如条件关系等）。令集合 $A\subset V$ 表示征税行为集合（如减免、征收、优惠等），$C\subset N$ 表示税目的集合（如增值税等），$O\subset N$ 表示征税对象集合，$S\subset N$ 表示纳税主体集合。税法知识库生成算法如算法 7.1 所示。

算法 7.1 税法知识库生成算法

输入：N，V；E_{nn}，E_{nv}，E_{vv}，A
输出：T，知识库

```
1:  IF ∃v∈V and v∈A;                        //征税行为
2:  T.insert(v);
3:  While(∃[v,v']∈E_vv)                     //行为约束
4:        T.insert([v,v']);
5:        IF ∃[v',n]∈E_nv; T.insert([v',n]);
6:  IF ∃n∈N and n∈C; [n,v]∈E_nv;            //税目
7:    T.insert([n,v]); else return;
8:  IF ∃n∈N and n∈O; [n,v]∈E_nv;            //征税对象
9:    T.insert([n,v]);
```

```
10:    While (∃[n,v']∈E_nv)                 //对象约束
11:      T.insert([n,v']);
12:  IF ∃n∈N and n∈S; [n,n']∈E_nn;          //征税对象
13:      T.insert([n,n']);
14:      While (∃[n,n']∈E_nn)               //对象约束
15:      T.insert([n,n']);
16:  IF ∃n∈N and n∈S; [n,n']∈E_nn;          //纳税主体
17:      T.insert([n,n']);
18:      While (∃[n,v']∈E_nv)               //主体约束
19:          T.insert([n,n']);
```

最后基于上述结构化知识，即可构建出税务知识的语义网络，用于支撑信息查询、税务稽查、政策查询和偷逃漏税、发票虚开等税务治理应用需求。注意，税法知识库构建并不是各项税法知识的简单拼接。在税法知识库中添加税法知识时，需要判断待添加税法知识和已有税法知识之间的语义关系，满足时效性、一致性、无矛盾性要求。其中，时效性主要解决税收政策实时更新的问题；一致性指相同征税行为在税法知识库中对应唯一的税法知识条目；无矛盾性指满足同一纳税人的各个税法知识条目之间不应该有冲突。

在税法要素抽取的过程中，可能存在出错的情况，导致知识库存在结构不一致或内容缺失等问题。由于税法知识库有明确的内在知识结构，需要在传统要素抽取和要素关系抽取的基础上，对输出的结果进行结构约束。另外，为了避免税法知识条目之间的不一致性和矛盾性，需要在合成税法知识库时进行冲突检测。在具体应用中，需要人工辅助对自动识别的结果进行验证。

2. 案例知识库

案例知识库的主要任务是识别涉税案件中犯罪主体所发生的犯罪行为，从而分析案件的犯罪行为。因此，需要提取案件中的所有相关事件。相比于税法知识库主要用来表示知识之间的静态语义关系，如上下位关系、包含关系等。案例知识库既需要表示陈述性的知识，也需要表示事件的演化和知识之间的相互作用。在案例知识库构建中，主要以涉税裁判文书作为知识源，并以谓语中心词作为案例中事件的触发词，通过识别谓语中心词及关联要素来识别案例中的事件。然后对案件中发生的所有事件信息进行构建，提取涉税案例的关键事件信息，构建涉税案例知识库。

1）事件和事件要素的定义

针对中文语句的特点和司法领域数据多元化的特点来构建事件模板。以谓语中心词为事件触发词，与其相关的关联要素为事件元素，构建基于谓语中心词的

事件模板[8]。根据需要，抽取的事件相关信息包含以下几类。

（1）动作：指事件触发词，即谓语中心词。它是事件变化的过程及其特征，包括对程度、方式的描述，如收取、虚开、抵扣。同时，它也是句子中带有唯一性的谓语动词，表示句子语义的核心行为。

（2）对象：指事件的参与对象。其包括参与事件的所有角色，这些角色可能是动作的施动者（主体对象）或动作的受动者（客体对象）。事件的参与对象一般是事件中的第一实体，它是发起事件的制造者或接受事件的被动者。在句子中的句法结构主要表示主语。

（3）时间：指触发事件的时间段。事件发生的具体时间，一般分为绝对时间和相对时间。绝对时间是指具体的时间段，如 2021 年 1 月 1 日等。相对时间一般是指在绝对时间之后，也可能是一个具体事件完成之后的表述，如从事货物运输服务期间、开具发票后等。在司法领域的案情描述数据中，主要围绕犯罪主体发生犯罪行为的介绍。因此，一篇案情内容描述数据中，通常第一个事件的时间段是绝对时间，而后续事件的时间段大多是相对时间。

（4）环境：指触发事件的场所。事件发生的具体地点，如某某码头、某城区帽厂等。任何事件都不能脱离环境因素而独立存在，必须在一定的环境下，且必须由具体的地点支撑才能触发事件。但并不是每一个事件的发生地点都有具体描述，大多数地点是由一些范围程度词组成，如在某某大桥桥头的附近等。

（5）前置断言：指触发事件的前置条件。前置条件是指触发该事件的原因，可能由各要素满足的约束条件组成。例如，因白银属于出口配额许可证管理商品，白银出口不能退税；因 A 公司需将溅射靶组件的白银部分回熔，故实际结算费用中扣除了 B 公司为此支付的提炼费等。实例 1 是两个简单的司法事件句，其中“因白银属于出口配额许可证管理商品”表示这个事件发生的前置条件，是触发事件的原因。实例 2 是因为事件的参与方触发了“需将溅射靶组件的白银部分回熔”的约束条件，才触发了后续的事件。

（6）后置断言：指事件发生的后置条件。事件发生后，事件主体通过触发词产生的变化或者事件主体状态的改变，变化后的结果将成为事件的后置条件，如不能退税、扣除提炼费等。实例中的退税和扣除提炼费是触发事件后造成的结果。

2）案例知识库构建

为了解决事件和事件要素抽取中的特征稀疏和嵌套问题，采用一种基于神经网络的嵌套实体识别模型。该模型利用神经网络中的 BERT 方法进行词嵌入提取。将词的一位有效编码映射到词的分布式表示，从而获取词的语义信息，减少特征稀疏带来的语义特征稀疏问题。针对嵌套现象，该模型首先识别纳税人要素的开始边界和结束边界，其次通过组合产生候选要素，最后采用分类模型识别纳税人知识要素。

在谓词性要素识别中，目前中文信息抽取领域很少有关于谓语中心词的相关研究，缺少相关数据集。为了解决谓词性要素的识别问题，针对中文谓语词制订了标注规范、标注数据集，并提出了一种基于深度神经网络的句法要素识别方法。该方法采用 Bi-LSTM 网络从原始数据中自动抽取句子中的结构信息和语义信息，并利用 Attention 机制自动计算抽象语义特征的分类权重。最后，通过 CRF 层对输出标签进行约束，输出最优的标注序列。

在事件及事件关系提取的基础上，还需要过滤案例中存在的噪声事件，从而提取案件的主要行为事件线索。对此，主要通过确定候选事件与行为序列的关联性来分析案件的关键事件。关键事件识别模型图如图 7.15 所示。

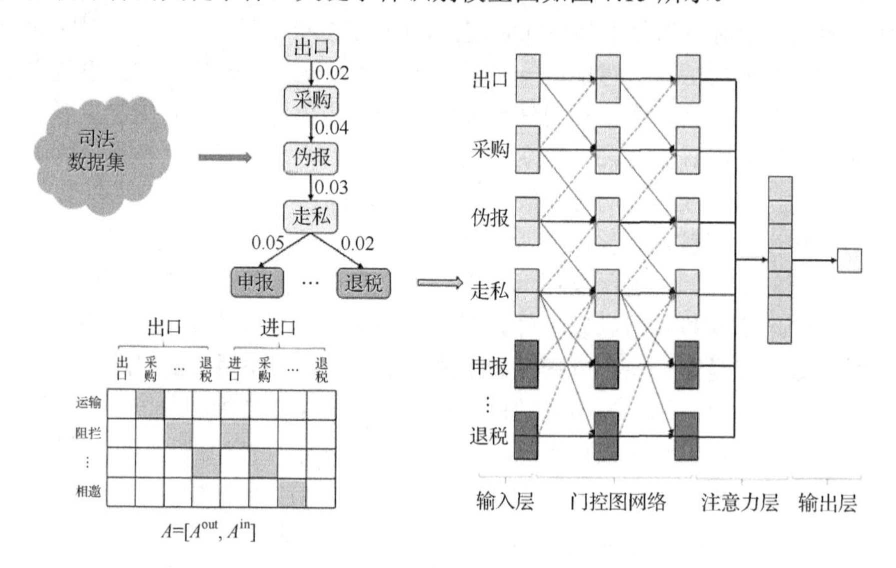

图 7.15　关键事件识别模型图

3. 纳税人知识库

纳税人分为法人和自然人。不同的税种有不同的纳税人，纳税人与征税对象、计税依据和纳税环节有密切的关系。本小节内容主要描述法人纳税人知识库构建的相关情况。

法人纳税人在经营的过程中还会涉及很多其他因素，如自然人作为企业的投资人、合伙人或者法人和企业有多种关系，与此同时一个自然人有可能在多个公司任职；另外，企业和企业之间的交易涉及商品信息。为了更好地建模税务知识库，需要从多种不同载体及数据结构的碎片化信息中获取知识。

首先，从相关政府机构网站、企业信息网站、企业自身网站爬取获得企业事件信息，如股权变更、上市情况、经营范围变更等信息，对信息进行归类提取，获得企业事件知识图谱。

其次，从全国企业信用查询系统获得公司投资控股人信息，每个企业可以对应多个控股人，一个控股人可能对应多家企业，结合人员的社会关系与亲属关系，可以构建出企业-人关系知识图谱。

再次，公司之间的交易关系主要从发票中提取，发票中的购方纳税人电子识别号、销方纳税人电子识别号与发票编号构成了交易关系三元组，由此可以构建公司交易关系知识图谱。

最后，商品信息知识抽取需要围绕发票信息进行，包含但不限于货物或应税劳务、服务名称（以下简称原始名称）、购买方纳税人信息、销售方纳税人信息。原始名称包含两个部分：商品简称和商品品名（如*经纪代理服务*代订机票产品，简称部分用星号标明）。标准商品品名与商品编码唯一对应，商品编码共 19 位，能够表示 10 级层次关系。然而在真实数据中，开具发票时，原始名称的确定和开票人员的个人习惯高度相关，因此原始名称具有多样性——同一个商品可能对应不同的原始名称，或者同一个原始名称对应不同的商品。这些问题对标准商品品名的确定带来了极大的挑战。因此，通过结合外部知识，如购销方行业、经营范围等，利用自然语言处理相关算法深度学习，得到标准商品品名。由此可以构建公司与货物之间的销购关系知识图谱。

构建过程中，在不同网络关系中的同一个实体可能有不同的指代，对相同实体不同指代的情况要进行归并。同时，不同图谱中实体可能存在范围不同问题，一些实体可能在图谱 A 中出现，但在图谱 B 中没有出现，反之亦然。因此构建关系图谱前，应先对每种实体的全集进行限定，在构建过程中用此全集进行实体合法性检查。

最终，将纳税人知识库定义为一个异质网络$G=\{V,E,\phi,\psi\}$，包含节点集合V和边集合E。其中，ϕ是节点类型的映射函数$\phi:V\to A$；ψ是边类型的映射函数$\psi:E\to R$；A和R分别是节点类型和边类型集合，且$|A|+|R|>2$。图 7.16 是构建的纳税人知识库网络结构示意图，其中节点类型有 4 种，包括公司（company）、事件（event）、货物（item）、人（person），边类型有 7 种，包括交易边（transaction）、购货边（buy）、售货边（sell）、商品层级（belong to）、变更边（alteration）、投资控股边（post）和亲属边（relative）。

对于异质网络中的节点及关系，主要依赖知识本体结构来定义模式图谱，也就是概念模型的设计。

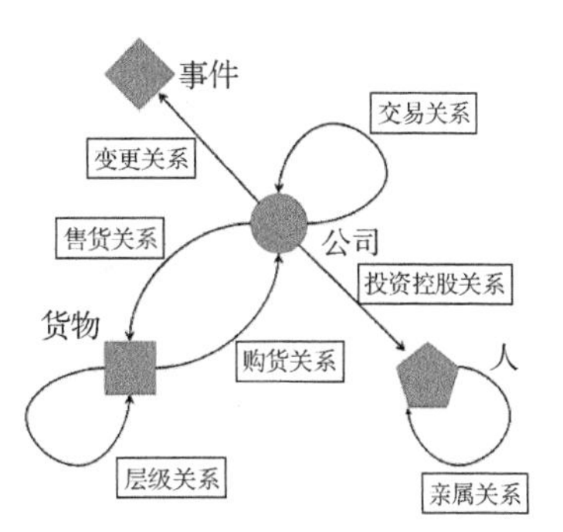

图 7.16 纳税人知识库网络结构示意图

7.2.2 税收优惠计算

税法知识库的知识要素之间存在明确的

规则性和逻辑性，可以通过自动编译的方式，将税法知识编译为可执行代码，在纳税人涉税交易数据上进行税收优惠计算，包括优惠应享资格检测、应享优惠税额计算、优惠应享条件智能化推荐、可享优惠条件检测等，从而实现端到端的智能数据计算。

税收优惠计算分为两部分：税法知识编译（K2SQL）与模块化优惠计算引擎构建。

1. 税法知识编译

通过构建操作函数库，对税法知识库中的知识和规则进行编译。征税操作函数的处理对象为纳税人工商注册数据、报税数据、涉税交易数据。纳税人工商注册数据包括：纳税人抬头、识别号、注册地址、注册时间、纳税人类型、经营范围等字段；纳税人报税数据包括：申报税种、涉税销售额、涉税交易信息、应缴纳税额、抵扣信息、优惠享受项目等；纳税人涉税交易数据为交易中的发票数据，包括每笔交易的纳税人双方的抬头、识别号、时间、地点、商品目录、商品名、单价、金额等内容。

如表 7.2 所示，根据税法知识库的特点，分别构建针对纳税主体、征税对象和征税行为的函数库。操作函数库中的每个函数分别对应税法知识库中的主体约束、对象约束或行为约束。其中，主体约束用来从数据库中选择符合条件的纳税人主体，对象约束用来统计纳税人主体的交易金额（如月销售额、年收入等），行为约束表示具体的征收条件（如按 3%）。

表 7.2　涉税处理操作语句举例

功能	修饰类型	描述	函数
时间约束	纳税主体	确定纳税人发生交易的时间范围，如 2019 年以来成立的企业	SELECT * FROM DATABASE WHERE ENTERPRISE_DATETIME < ‘2019’
地点约束	纳税主体	确定纳税人的位置信息，如非湖北省的小规模纳税人	SELECT TAXPAYER FROM DATABASE WHERE TAXPAYER NOT IN(SELECT TAXPAYER FROM DATABASE WHERE TAXPAYER_LOCATION = ‘HUBEI PROVINCE’)
金额约束	征税对象	统计纳税人在指定时间内的交易额，如月销售额大于 15 万元	SELECT * FROM DATABASE WHERE TURNOVER > 150000
条件约束	征税行为	规定执行征收管理的条件，如按 3%征收个人所得税	UPDATE DATABASE SET TAX = TAXPAYER_INCOME * 0.03

2. 模块化优惠计算引擎构建

根据税法知识的编辑结果生成可执行代码。基于解释型语言的特点，直接利用税法知识库，从操作函数库中选取对应的主体修饰、对象修饰和行为修饰的函数，进行模块化集成。将税收优惠计算建模为一个多条件匹配问题，此类问题遵循如下可满足规则[9]。

可满足规则：若规则的每一个模式均能在当前工作存储器中找到可匹配的事实，且模式之间的同一变量能取得统一的约束值，则称该规则为可满足的。形式化上，规则：

$$\mathrm{IF}(P_1,P_2,\cdots,P_M)\mathrm{THEN}(A_1,A_2,\cdots,A_M) \tag{7.1}$$

称为可满足的。若存在一个通代σ，使得对每一个模式P_i，在工作存储器中有一个元素W_i满足：

$$P_i\sigma = W_i,\quad i=1,2,3,\cdots,m \tag{7.2}$$

式中，σ作用在某个模式的结果称为模式实例，σ作用在整个规则的结果称为规则实例。

本部分采用规则计算引擎进行处理，降低业务逻辑的复杂度，避免在程序中编写大量的判断条件，同时将条件转化为一个有向图结构，每一个节点都储存了中间的匹配结果，一定程度上减少了重复操作，因此引入规则引擎来构建计算引擎，如图 7.17 所示。规则引擎的核心是 Rete 算法[10]，由 Forgy 提出并设计。该算法的目的是将已知的事实和设定的规则进行匹配，如果事实满足规则说明的条件，那么就认为事实与规则相匹配，规则可以被激活。在 Rete 中，为了提高匹配的效率，算法使用了大量的内存，通过缓存来避免重复的计算。在计算后，Rete 将为规则的条件生成一个网络，网络中的每个节点对应一个模式。当规则数量较多时，Rete 将图中的节点进行分类，并构建匹配网络，从而达到提高匹配效率的目的。

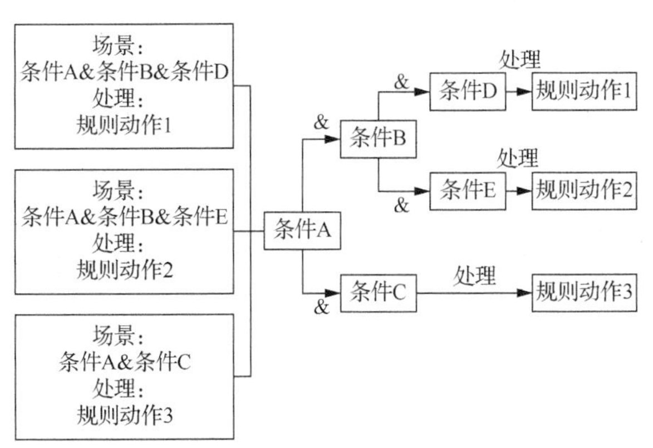

图 7.17　基于 Rete 的多条件匹配示意图

根据税收优惠检测逻辑和纳税人申报流程，税收优惠计算引擎采用模块化构建的方式实现，主要包括四部分：应享优惠资格检测、可优惠税额计算、申报智能指导和条件满足性检测。

1）应享优惠资格检测

应享优惠资格检测模块如图 7.18 所示。该模块主要解决的问题：针对一条税收优惠法规，检测纳税人是否有资格享受该优惠。基于税法知识编译结果，对纳税主体、征税对象和征税行为对应代码进行再组织，将应享优惠资格检测分为三步：

（1）从纳税人数据（工商注册数据、税务申报数据和涉税交易数据）中抽取满足主体修饰（来源于税法知识库）的纳税人主体；

（2）根据第（1）步的检测结果和对象修饰，进一步缩小应享优惠资格范围，若当前税法知识库中不存在行为修饰，则当前检测结果作为最终结果；

（3）根据第（2）步的检测结果和行为修饰，进一步筛选满足行为修饰条件的纳税人，视为最终结果。

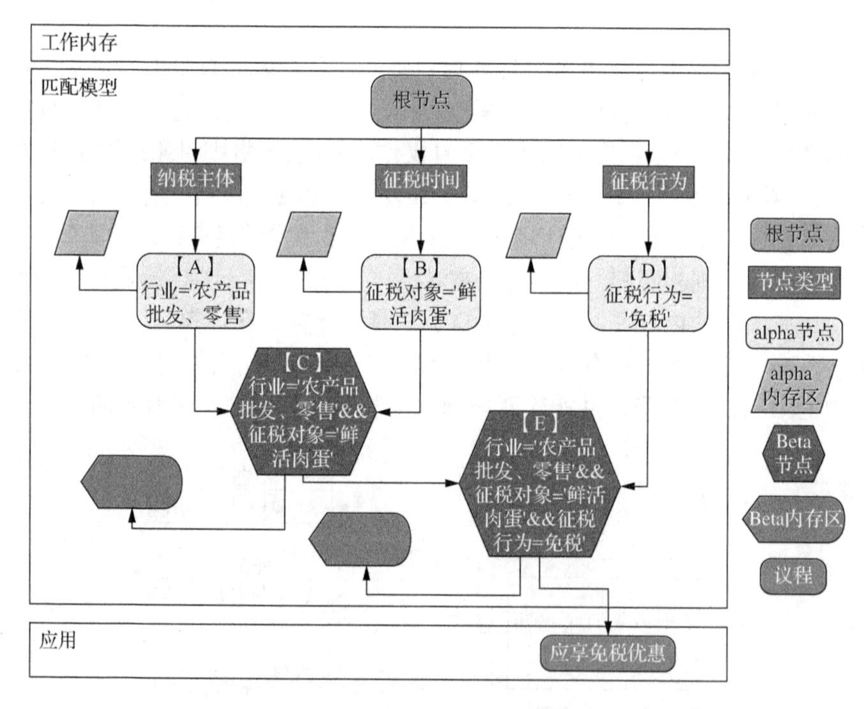

图 7.18　应享优惠资格检测模块

2）可优惠税额计算

该模块主要解决的问题：针对一条税收优惠法规，如果纳税人具备资格享受该优惠，那么计算可以享受的额度。根据税收优惠法规，优惠类型可分为四种：

免税、减征、暂缓、简易办税。首先对四种类型的额度计算进行统一表示，不同额度计算类型的税率如表 7.3 所示。

表 7.3　不同额度计算类型的税率

额度计算类型	税率
免征	0
减征	x
暂缓	−1
简易办税	−2

根据额度计算的统一标识，免征、暂缓和简易办税类型，可以通过等价语义转换获取对应的税率；减征类型，可以通过专有名词抽取技术，获取对应的税率。然后通过操作函数库中的条件约束，对纳税人应缴纳税额进行更新操作，计算过程如图 7.19 所示。

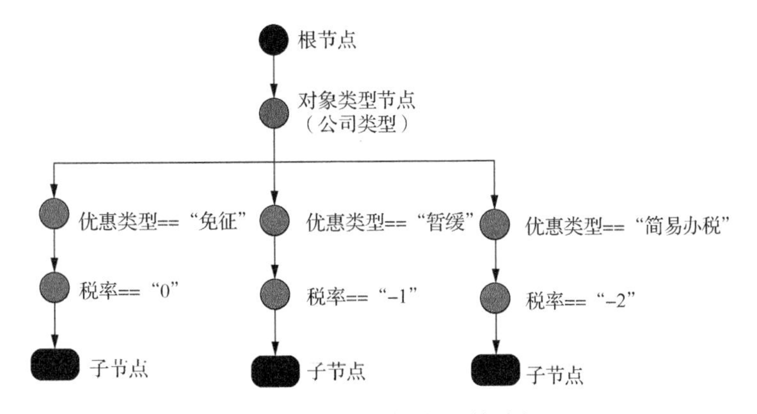

图 7.19　可优惠税额计算过程

3）申报智能指导

该模块主要解决的问题：针对一条税收优惠法规，如果纳税人具备资格享受该优惠，那么应该如何进行申报。基于应享优惠资格检测结果，对纳税主体、征税对象和征税行为三部分检测过程进行对齐，用户根据需求，选择是否需要税务专家介入，结合专家知识为纳税人制定申报指导，如申报数据需要包括企业成立时间证明、纳税人的主要经营范围、指定时间内的交易额数据等。

4）条件满足性检测

该模块主要解决的问题：针对一条税收优惠法规，如果纳税人不具备资格享受该优惠，那么检测出不满足的条件是哪些，应如何改进。 基于税法知识库编译结果，对纳税主体、征税对象和征税行为对应代码进行再组织，将条件满足性检测分为三步：

（1）从纳税人数据（工商注册数据、税务申报数据和涉税交易数据）中抽取满足主体修饰（来源于税法知识库）的纳税人主体，对不满足条件的纳税人，取全集和当前检测结果的差集，作为不满足主体修饰的条件检测结果。

（2）根据第（1）步的检测结果，对不满足条件纳税人进行条件填充，使其满足主体约束。通过对象修饰，进一步缩小对象修饰层级的应享优惠资格范围，取全集和当前检测结果的差集，作为不满足对象修饰的条件检测结果。

（3）根据第（2）步的检测结果，对不满足条件纳税人进行条件填充，使其满足主体约束和对象修饰，进一步缩小行为修饰层级的应享优惠资格范围，取全集和当前检测结果的差集，作为不满足行为修饰的条件检测结果。

7.2.3　偷逃骗税风险智能识别

在纳税人知识库和案例知识库的基础上，提出了基于知识库的纳税人偷逃骗税检测算法。偷逃骗税检测算法分为两个阶段，首先使用一个基于异构图的层次注意力模型来计算企业嫌疑值，随后召回高嫌疑值的企业输入 SHiL 模型中进行线索识别与证据链的生成。具体网络结构如图 7.20 所示。

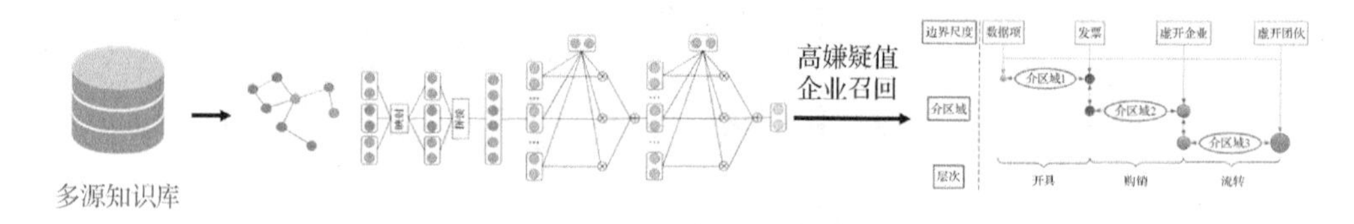

图 7.20　基于知识库的纳税人偷逃骗税检测算法网络结构图

多源知识库的本质是一个异构信息网络。基于元路径的图挖掘方法是异构信息网络中基本的语义捕捉方法，其本质是抽取了异构图的子结构，从指定对象连接序列中捕捉精确复杂的语义信息。每条元路径包含不同的复杂结构和丰富的税务风险信息。例如，公司-人-公司元路径描述了两家公司具有共同的投资人；公司-货物-公司描述了两家公司买卖了相同的货物，具有类似的经营范围。在税务异构信息网络上进行风险智能识别的核心在于如何设计合适的聚合函数来挖掘元路径中的风险信息。具体来说，提出使用层次注意力模型来捕捉元路径所包含的语义。首先，聚合每个特定元路径实例中的结构和风险信息。其次，元路径级注意力机制聚合同一元路径下多个不同元路径实例信息，充分考虑不同元路径实例之间的重要性。最后，利用跨元路径级注意力机制聚合来自跨元路径的信息，考虑元路径之间的重要性。

每种类型的节点包含完全不同的属性信息，这些属性信息具有不同的特征空间，甚至可能具有不同的特征维度。因此，首先将节点利用特定于节点类型的特征变换矩阵投影到同一特征空间中。节点投影过程如下：

$$h_i = P \cdot x_i \tag{7.3}$$

式中，P 是税务节点投影矩阵；x_i 是公司 i 的初始化税务特征向量；h_i 是公司 i 投影后的税务特征向量。

每个节点包含多条元路径实例。保留元路径上的中间节点信息，并将其拼接起来防止信息损失。形式化表示为

$$h_{ik}^P = \sigma(W_P \cdot [h_i \parallel h_v]) \tag{7.4}$$

式中，h_{ik}^P 是公司 i 在元路径 P 下的第 k 个实例，将元路径上节点进行拼接；W_P 是元路径特定的税务风险语义学习矩阵；$\sigma(\cdot)$ 是非线性激活函数。

在元路径实例特征聚合之后，每个节点学习到一组基于元路径的实例级嵌入。每个元路径实例包含了不同的风险语义信息。因此，元路径级注意力机制学习不同元路径实例对节点的影响，形式化表示为

$$e_{ij}^P = \sigma\left(k_P^T \cdot h_{ij}^P\right) \tag{7.5}$$

式中，k_P^T 是元路径级税务语义相关的参数化注意力向量；e_{ij}^P 是第 j 个实例的税务风险重要性系数。随后进行归一化操作：

$$\alpha_{ij}^P = \frac{\exp e_{ij}^P}{\sum_{k \in N_i^P} \exp e_{ik}^P} \tag{7.6}$$

式中，α_{ij}^P 是归一化后的税务风险注意力值。

基于元路径级节点 i 的嵌入可以表示为一组通过元路径实例级特征和相关重要性系数学习的实例嵌入表示，如下所示：

$$f_i^P = \sigma\left(\sum_{j \in N_i^P} \alpha_{ij}^P \cdot h_{ij}^P\right) \tag{7.7}$$

式中，f_i^P 是公司 i 基于元路径 P 的多个元路径实例学习到的风险嵌入表示。

在异构图中，每条元路径包含不同的深层语义信息。为了更好地从多条元路径中学习节点的嵌入表示，提出了一种新的元路径级注意力机制来从多个元路径中学习节点的隐含信息，如下所示：

$$e_i^P = \sigma\left(v_P^T \cdot f_i^P\right) \tag{7.8}$$

式中，v_P^T 是元路径级税务风险参数化注意力向量；e_i^P 是元路径级税务重要性系数。同样进行归一化操作：

$$\beta_i^{P_j} = \frac{\exp e_i^{P_j}}{\sum_{k=1}^{|P|} \exp e_i^{P_k}} \tag{7.9}$$

式中，$\beta_i^{P_j}$ 是归一化后的税务风险注意力值。

最后，利用学习到的注意系数对元路径特定嵌入进行聚合，得到最终的公司风险特征，如下所示：

$$z_i = \sum_{j=1}^{|P|} \beta_i^{P_j} \cdot f_i^{P_j} \tag{7.10}$$

模型采用半监督学习，通过交叉熵损失函数计算损失。模型最终输出每个公司偷逃骗税的概率，将高嫌疑值公司输入 SHiL 模型中。

如 6.3.3 小节所述，依照“域内高内聚、域间低耦合”从复杂税务异构信息网络中划分介区域。

发票虚开的主导因素为“发票流向”。基于介科学复杂系统建模理论，在发票虚开检测系统中可以划分如图 7.21 所示的介区域。偷税骗税具有三个层次，分别为“数据项-发票”、“发票-企业”和“企业-团伙”。其中“数据项”、“发票”、“企业”和“团伙”可视为边界尺度。“数据项-发票”层次中的介区域存在“数据约束关系”，受到品名控制、金额控制和税率控制等控制机制竞争协调的影响。“发票-企业”层次中的介区域存在“购销关系”，受到购销存关系和原料投产关系等控制机制竞争协调的影响。“企业-团伙”层次中的介区域存在“利益关系”，受到控股关系和交易关系等控制机制竞争协调的影响。

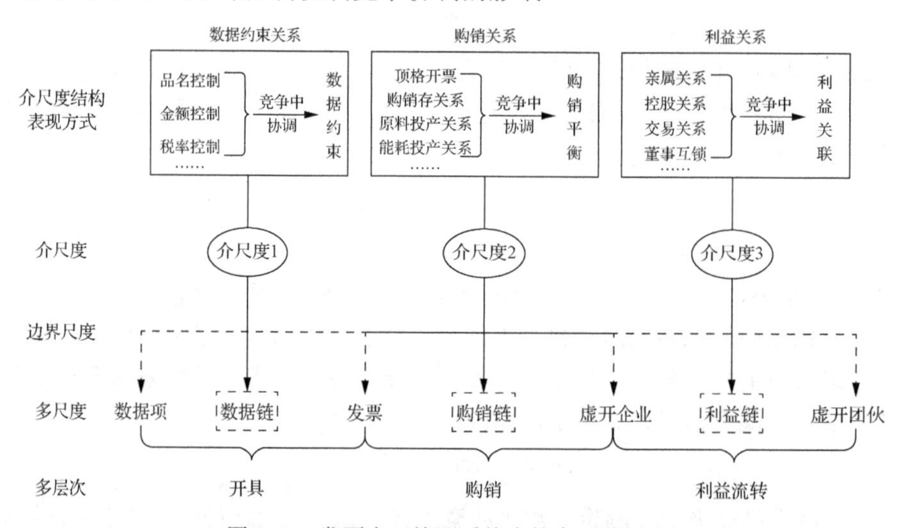

图 7.21　发票虚开检测系统中的介区域划分

经过 6.3.4 小节中的原子公式抽取和控制机制学习的步骤，得到具体介区域内部符号，其中介区域符号为线索，现为进行线索融合输出完整证据链，分为两个步骤进行：

第一步实现介区域内部线索融合，通过注意力机制 $a(\cdot)$ 计算出完成该推理对不同逻辑规则的注意程度，从而根据权重得到先后序关系，完成介区域内部线索融合。

第二步实现跨介区域线索融合，从而生成完整证据链，采用多目标优化算法的形式，分别定义可解释性、精准度、时效性的损失函数，使三者之间达到帕累托最优，从而输出完整证据链，如图7.22所示。其中，介区域符号由三部分组成，用以表示两个实体及其关系，每个小写字母均表示公司等实体，w代表河北鑫旺；u代表US Helios公司；h代表浦江元化；t代表东营亚通；x代表薛某；e代表名下三家企业；d代表下游企业。大写字母代表关系类型，其中，OIL代表原油；CEI代表假冒进出口；CCL代表资金闭环；PSD代表购销背离；HIL代表控股互锁。

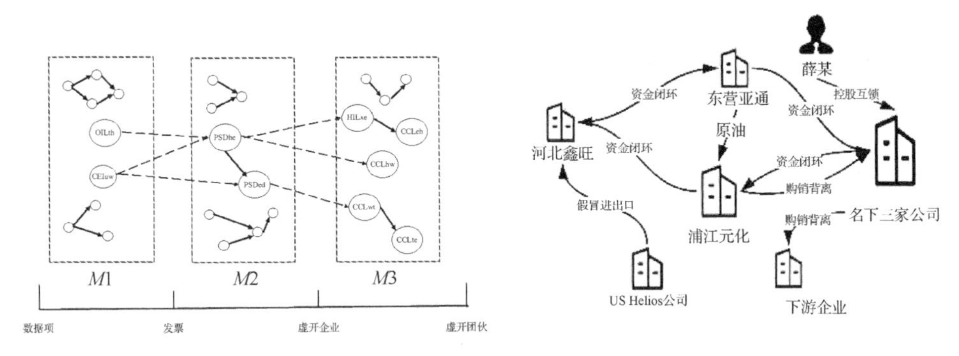

图7.22 跨介区域线索融合及证据链

7.3 网络舆情的智能监控

大数据知识工程中“跨源、跨域、跨媒体”的特点在网络舆情数据中尤为明显。一方面，世界经济和政治的一体化使舆情事件的传播可以跨越地区、行业和国界；另一方面，移动接入设备的普及和社交媒体的使用加速了舆情数据的产生和传播。通过互联网，个人不仅是舆情事件的旁观者和消费者，同时也是信息的生产者和传播者。然而，由个人或自媒体等用户生成的数据多为短文本且质量良莠不齐，知识碎片化问题更为明显。加上网络舆情具有的隐蔽性和偏差性，很容易被反动分子利用，使得舆情数据中的知识存在严重的矛盾性和不一致性，导致舆情数据的挖掘与融合面临更为严重的散、杂、乱挑战。除此之外，网络舆情数据还具有强的动态性、时效性和交互性。

为了分析网络舆情数据，提供面向网络舆情的智能监控，提出舆情网络的概念。该概念利用事件要素之间的内聚性，将事件定义为以触发词为中心、关联要素构成的子图。通过抽取舆情事件中的要素信息，构建以事件要素（人物、地点、组织、行为等）为节点，要素之间的关联关系（位置关系、家庭关系、主动关系等）为边的舆情网络。

舆情网络是知识森林概念在舆情领域的应用。借助于舆情网络的概念，有助于缓解大规模舆情数据中的知识碎片化对知识获取与认知带来的挑战。通过将事件定义为以触发词为中心、关联要素构成的子图，不仅能够展示舆情事件的关联要素信息，实现对该事件的全方位认知，还能帮助使用者以事件为中心快速定位和跟踪网络舆情中的碎片化知识。在舆情网络中，一个行为节点，会通过实体节点关联到其他行为节点。利用舆情网络中行为节点的关联关系和动态转移规律，可以对舆情事件进行分析和建模，从而支撑基于文本内容理解的网络事件传播分析，为舆情事件的跟踪、预测和控制提供核心技术支撑。

7.3.1 舆情网络的定义和构建

舆情网络是舆情信息的一种组织和管理方式。通过将舆情事件定义为舆情网络上以触发词为中心、关联要素构成的子图，可以提供关于舆情事件的梗概和可视化，可以挖掘网络舆情中事件要素的潜在关联，实现跨事件要素之间的信息融合，从而支持舆情事件在传播过程中的语义和逻辑关联的分析。下面给出舆情网络的定义和形式化描述。

定义 7.4 舆情网络。舆情网络指以网络舆情数据中的舆情事件要素为顶点，舆情事件要素之间的关联关系为边所构成的知识图谱。其中，舆情事件表示为以触发词为中心、关联要素构成的子图。舆情事件之间的关联关系可以定义为事件之间的时序关系或逻辑关系。具体而言，舆情网络 N 定义为二元组 $N=\{V,E\}$,其中 $V=\{v_1,v_2,\cdots,v_N\}$ 和 $E=\{e_1,e_2,\cdots,e_M\}$ 分别表示顶点和边的集合。$v_i=\{a,\tilde{V},\tilde{E}\}$ 表示以行为节点 a 为中心的舆情事件子图，$\tilde{V}=\{s,o,l,t,\cdots\}$ 表示舆情事件子图中与行为节点相关联的要素节点，如主体、客体、地点和时间等事件要素。$\tilde{E}=\{(a,x)\mid x\in\tilde{V}\}$ 表示事件要素之间的语义关系。舆情网络 N 中，$e_i=(a,a')$ 表示两个行为节点之间的关联关系，如时序关系和因果关系。

舆情网络将文档事件中的有效信息以网络的形式组织起来，实现舆情数据的结构化。一方面，舆情网络能够建模事件在语义空间中的时变特性；另一方面，舆情网络能够建模多种事件间的逻辑关系，并提供舆情事件传播多粒度、层次化、跨时空的形式化表示。

在实际应用中，舆情网络的构建可分为四个步骤。

首先，识别舆情数据中的文档事件。具体任务是通过聚类方法从舆情数据中发现舆情事件及其所属的主题。主题类似于聚类算法后得到的文档簇。文档事件定义为描述同一主题的一簇文档。在每个文档事件中，选择该主题中概率最大的词作为这一文档事件的描述。通过舆情文档事件识别，可以过滤掉与舆情事件无关的文档，减少舆情数据散、杂、乱带来的影响。

其次，识别文档事件中的行为动词，也称为事件触发词或谓语中心词。行为动词是事件变化的过程及其特征，包括对程度、方式的描述。在舆情网络中，事件定义为以触发词为中心、关联要素构成的子图。事件触发词也是句子中具有唯一性的谓语动词，表示句子语义的核心行为。通过行为动词识别，可以识别舆情数据中的事件信息，提供面向事件的网络舆情分析。

再次，在行为动词识别之后，识别文档中的命名实体，重点识别与事件关联的实体，如事件发生的时间、地点和人物等。在实体识别中，作者团队提出了基于边界组合的命名实体识别方法。该方法利用边界分类器识别每个句子中的实体是边界；通过实体边界组合生成候选命名实体；用边界分类器从候选命名实体中过滤出命名实体正例。

最后，实体识别之后，通过关系识别方法识别实体和行为动词之间的关系。在关系识别中，除了需要抽取名词性要素之间的语义关系，如上下位关系、隶属关系等。关系识别也需要抽取谓语动词和其他要素之间的句法关系，如主谓关系、宾补关系等。由于两个知识要素之间可能同时存在语义关系和句法关系，所以需要分别采用两个独立的边界分类器来进行语义关系抽取和句法关系抽取。为了识别命名实体之间的关系，提出了基于特征组合的实体关系识别方法。该方法首先抽取句子中最小粒度的特征(也称为原子特征)。然后利用先验知识将原子特征组合成复合特征，进行关系抽取。该方法能有效利用句子中的结果特征，提高特征的分类效果。

7.3.2 舆情网络应用分析

利用舆情网络中行为节点之间的关联关系和动态转移规律，可以对舆情事件的链式传导现象进行分析和建模。把舆情数据中的事件传播方式建模为链式传导方式。链式传导模型不同于传染病模型和深林火灾模型，其特点在于考虑了事件之间的激发模式和动态演化，能建模网络事件传播的特点。另外，事件链式传导模型是基于信息抽取和文本理解的，可以分析文本内容语义空间中事件演化的规律，从而支撑基于文本内容理解的网络事件传播分析，为舆情事件的跟踪、预测和控制提供核心技术支撑。以下从舆情事件的跟踪和预测、舆情事件的引导和阻断两个方面介绍舆情网络的应用分析。

1. 舆情事件的跟踪和预测

由于事件链式传导考虑了传播过程中事件之间的语义和逻辑关系，因此能够有效地建模事件传播过程中的动态演化规律。另外，基于行为节点之间的动态转移规律，还可以有效利用机器学习领域中的理论和方法对事件的链式传导机理进行建模，从而支持事件的跟踪和预测。在传导趋势预测分析中，需要考虑事件链式传导的三种可能的激发模式：顺序激发、扩散激发和多源激发。

顺序激发指一个事件直接激发下一个事件，这是最简单的激发模式。在舆情网络中，顺序激发可以表示两个行为之间的顺序和因果关系。扩散激发也是事件传播中常见的模式。在大规模网络环境下，一个事件往往会同时触发多个事件，从而使网络舆情的传播呈爆炸式增长。由于存在多个分支，扩散激发也是舆情事件跟踪和预警中的难点。多源激发指在多个事件的同时作用下，才会引发下一个事件。这是最复杂的激发模式，因为多个触发源之间可以是“与”或者“或”的关系，还有可能存在多种组合。

在事件链式传导的趋势分析和预测中，采用基于多事件链的系列模型对其建模，基本思路如下。

（1）跃迁行为触发节点的识别：跃迁节点指在前序事件已知的前提下，下一个（或多个）能满足阈值的可能事件。令 $O=\{o_1,o_2,\cdots,o_n\}$ 表示关联实体组成的集合，$A=\{a_1,a_2,\cdots,a_k\}$ 表示一个话题中所有的行为节点构成的集合。设 A' 是 A 的子集，表示一个事件链式传导过程中发生跃迁的行为节点的集合。可以使用节点临界值计算公式算出话题中发生跃迁的行为节点。

（2）事件链式传导路径的生成：根据舆情网络的定义，$V=\{v_1,v_2,\cdots,v_N\}$ 和 $E=\{e_1,e_2,\cdots,e_M\}$ 分别表示顶点和边的集合。这里，$V=O\bigcup A$，$\forall e_k\in E$，$\exists v_i,v_j\in A$ 满足 $e_k=(v_i,v_j)$。为了对事件的传导趋势进行分析，需要将行为节点两两互联，构建出事件链式传导的路径，然后用序列模型（如马尔可夫随机场等）计算节点之间的转移概率进行分析。

事件链式传导的路径生成问题可以表述为寻找以 A' 中的节点为图的连通性问题（设为 $G_{A'}$）。利用两个行为节点之间最短间隔的实体数，可以定义一阶连接子图表示其中所有的行为节点都可以通过一个实体（如相同的人物）连接到其他行为节点。二阶连接子图类似。该方法的缺点是容易导致一个极大的全连通图，所以需要对其进行剪枝。下面讨论三种可能的方案。

首先，利用时序关系进行剪枝。这种方法可以用在时序关系比较明确的场景中，如新闻报道。假设 a_{t_1}、a_{t_2}、a_{t_3} 表示三个时间上有联系的行为，且 $t_1<t_2<t_3$，则它们之间只可能存在三种连接可能：$a_{t_1}\rightarrow a_{t_2}$，$a_{t_1}\rightarrow a_{t_3}$，$a_{t_2}\rightarrow a_{t_3}$。其缺点是在实际情况下，插叙、倒叙等写作方法导致时序关系难以获取。其次，利用知识库进行剪枝。知识库包含一些由领域专家构建的规则。这种方法比较可靠，但是需要花费较大的人力。最后，利用数据自动获取。根据链式传导的三种激发模式：顺序激发、扩散激发和多源激发，通过大规模的网络舆情数据，判断所有行为节点之间存在三种激发模式的概率。然后，利用机器学习的方式进行剪枝。基于 $G_{A'}$ 的连接子图，即可以根据需要生成多条传播路径或多个传播路线图。

（3）事件链式传导趋势预测：在链式传导过程中，可以构建一个以 r 为根节点的传播树。每条从根节点到叶子节点的路径表示一条可能的传播路径，记为 $L=<a_1,a_2,\cdots,a_l>$，从而把舆情的传播过程建模成一个序列标注过程。然后可以采用隐马尔可夫或信任传播模型进行建模。在基于隐马尔可夫的链式传导传播模型中得到一条概率最大的舆情传播路径。该模型的链式结构简单，可以很好地建模触发行为之间的依赖关系。

在舆情链式传导传播模型中，需要根据路径 C，求一个对应的标注路径 $Z=(Z_1,Z_2,\cdots,Z_m)$。其中，Z_i 的取值为跃迁、不变和衰减。在基于信任传播的舆情链式传导传播模型中，A 表示触发行为的集合，L 表示每个行为的激发状态标签。对每个 $A_i \in A$，函数 f 标注 $f_{A_i} \in L$，标注的质量可以通过能量函数来计算。由于舆情传播的多样性和复杂性，单一的链式结构不利于分析事件链式传导过程中的分支路径，可以研究多路径的融合分析方法，以提供更灵活的解决方案。

2. 舆情事件的引导和阻断

在舆情分析领域，舆情控制（包括舆情引导和舆情阻断）的分析和应用一直是研究的难点。在事件的链式传导模型中，事件传播形成一个传导链，通过研究事件的链式传导机理，分析传导过程中的趋势和关键点，可以研究基于事件链式传导的传播控制技术，从理论上支撑对网络舆情中的舆情引导和舆情阻断方法。

在舆情事件预测的基础上，通过删除可能出现的节点可以破坏舆情事件的传播链。通过人工介入的方式加入节点可以重新构建事件的传播路径，从而实现对网络舆情中的舆情引导和舆情阻断。

其实现的思路是将关键节点的识别问题通过模糊理论转化为 0-1 整数规划问题；然后分析激发条件集合在满足特定链式传导的不冗余覆盖子集，从而支持关键节点的识别。在传播控制方法中，利用关键节点识别中的权重计算模型，实现基于知识推理的事件传播控制方法。其核心思想是在问题求解时，使用以前求解类似问题的经验来进行设计推理，具体思路如下。

（1）基于模糊覆盖集理论的关键节点识别：可以采用模糊覆盖集理论来处理行为节点和关联要素之间的关系。以模糊覆盖集为基础，其分析模型可表述为：令 $O=\{o_1,o_2,\cdots,o_n\}$ 表示激发条件的集合，$A=\{a_1,a_2,\cdots,a_k\}$ 表示以话题构建的舆情网络中所有节点构成的集合。在激发条件集合 O 和节点集合 A 中，如果元素 i 在事件链式传导中出现，则对应的元素 o_i 或 a_i 的取值为 1，否则取值为 0。令 P 表示激发条件和节点之间的关联关系，P 为 $n\times k$ 的矩阵，元素 p_{ij} 的取值范围为 0～1，表示激发条件 o_i 出现后，引起节点 a_i 出现的概率。p_{ij} 的取值可以通过历史统计数据或利用先验知识来确定。

设 $R(o_i)=\{a_j \mid 1\leqslant j\leqslant k, p_{ij}=1\}$ 表示所有以 o_i 关联的节点集合，则对任一子集 $O_i\subseteq O$，$R(O_i)=\bigcup\{R(o_j)\mid o_j\in O_i\}$ 表示同所有激发条件 $o_j\in O_i$ 关联的节点的集合。如果 $A_j\subseteq R(O_i)$，则称 O_i 为 A_j 的一个覆盖，表示在事件链式传导过程中，能够引发链式传导链 A_j 的关联激发条件集合 O_i，即激发条件集合 O_i 出现后，对应链式

传导 A_j 就会被激活。用 $\text{fun}(O_i)$ 来计算 O_i 所引起的事件传播扩散影响强弱的大小，其值越大，表示由 O_i 导致事件链式传导的可能性越大。令 $p(o_i)$ 估算该条件在事件链式传导中的强度，则事件链式传导过程的强度可计算为

$$\text{Inte}(A') = \sum_{e \in A'} p(e_i) \tag{7.11}$$

式中，可以利用事件在网络中传播的参数（如传播次数、关注度等）来计算 $p(e_i)$ 的值。在关键节点识别后，事件链式传导的控制可以通过移除关键节点及其关联的行为节点来实现。

（2）基于知识推理的事件传播控制方法：事件的链式传导模型中，建模了多种激发模式。其中，顺序激发指一个事件直接激发下一个事件。在多源激发中，需要满足多个前序事件的共同作用才能激发下一个事件。通过识别和破坏激发系列中的关键节点可以干预舆情事件的传播，使事件的链式传导衰减，终止事件的传播，实现舆情事件传播的控制。另外，一个事件链式传导的激活通常需要具备一定的条件。利用机器学习方法对影响事件链式传导的激发条件进行评价，通过改变激发条件、降低链式传导的临界值来影响一个事件的扩散传播，为网络舆情监控提供理论依据和技术支撑。

将网络舆情中采集、标注的事件传播数据映射到实例，形成语义化的知识库。在此基础上，借助对实例的推理或一阶逻辑推理引擎，结合知识库实现事件链式传导中关键节点的识别和控制。具体实施步骤：首先，构建包含事实库和规则库的知识库KB。采集、标注事件传导数据，采用自动或半自动的机器学习方法来构建事件链式传导的事实库。实例中包含事件相关的激发模式、扩散实例、转移概率以及同引导和阻断相关的策略等内容。规则库的构建难度比较大，可以采用半自动或领域专家标注的方式来构建。然后，使用推理引擎载入事实和规则，并开发基于实例推理的智能系统。

同样，还可以令 $O=\{o_1,o_2,\cdots,o_n\}$ 表示激发条件的集合，$A=\{a_1,a_2,\cdots,a_k\}$ 表示一个话题中所有节点构成的集合。A' 是 A 的子集，表示一个事件链式传导过程中涉及的节点集合。令 $\Gamma(A')=\{r_1,r_2,\cdots,r_{2^k}\}$ 表示 A' 的幂集，则移除策略可以通过计算每个关键节点移除后事件链式传导过程的强度变化，有针对性地选择移除节点。在实际情况下，节点的删除不是一个单纯的计算问题，需要具备可行性。例如，人物和单位之间的雇佣关系可以改变，但是父子关系却是固定的，不能改变，所以删除的节点还要满足特定的约束。约束条件也可表示为知识库KB。设断言 $P_e(r_c)$ 判断节点集合 r_c 是否可以删除。如果 $\text{KB} \vDash P_e(r_c)$，则 r_c 满足约束条件，可以删除，从而阻断事件传播；如果 $\text{KB} \nvDash P_e(r_c)$，则需按顺序选择候选节点。事件传播的引导是事件阻断的逆过程，可以基于阻断的思路进行实现。加入策略也可以采用知识库或半监督的方法。

7.4 本 章 小 结

大数据知识工程是信息化迈向智能化的必由之路，本章以教育、税务和网络舆情为例介绍大数据知识工程的应用现状。本章首先通过当前在线教育局限性引出知识森林导航学习系统；对于移动端，介绍了知识森林 AR 交互学习，进而介绍了知识森林导航学习系统在高等继续教育和国际教育培训领域的应用情况。其次介绍了大数据知识工程在税务领域的应用，涉及知识图谱构建、发票虚开检测、偷逃骗税行为识别等核心任务。最后阐述了舆情网络的概念及构建方法，进而介绍了舆情网络在舆情事件识别、推理和预测方面的应用。大数据知识工程是新一代人工智能的共性技术，除了在教育、税务和网络舆情领域的应用，未来将会在智能医疗、智能交通、智能农业、国防建设等更广泛的领域进行大规模的应用。

参 考 文 献

[1] LIN Y, WONG K, WANG Y, et al. Taxthemis: Interactive mining and exploration of suspicious tax evasion groups[J]. IEEE Transactions on Visualization and Computer Graphics, 2020, 27(2): 849-859.

[2] ZHENG Q, LIN Y, HE H, et al. ATTENet: Detecting and explaining suspicious tax evasion groups[C]. Proceedings of the International Joint Conference on Artificial Intelligence, Macao, China, 2019: 6584-6586.

[3] RUAN J, YAN Z, DONG B, et al. Identifying suspicious groups of affiliated-transaction-based tax evasion in big data[J]. Information Sciences, 2019, 477: 508-532.

[4] YU H, HE H, ZHENG Q, et al. TaxVis: A visual system for detecting tax evasion group[C]. Proceedings of the World Wide Web Conference, San Francisco, USA, 2019: 3610-3614.

[5] WEI R, DONG B, ZHENG Q, et al. Unsupervised conditional adversarial networks for tax evasion detection[C]. Proceedings of the IEEE International Conference on Big Data, Los Angeles, USA, 2019: 1675-1680.

[6] WU Y, ZHENG Q, GAO Y, et al. TEDM-PU: A tax evasion detection method based on positive and unlabeled learning[C]. Proceedings of the IEEE International Conference on Big Data, Los Angeles, USA, 2019: 1681-1686.

[7] 郑庆华. 税务大数据计算关键技术及其应用[EB/OL]. [2022-04-02]. http: //tlo.xjtu.edu.cn/info/1071/3431.htm.

[8] 赵妍妍, 秦兵, 车万翔. 中文事件抽取技术研究[C]. 全国信息检索与内容安全学术会议, 苏州, 中国, 2007: 55-62.

[9] 刘江宁, 吴泉源. 产生式系统模式匹配算法分析[J]. 计算机工程与科学, 1995, 1(1): 32-39.

[10] FORGY C L. Rete: A fast algorithm for the many pattern/many object pattern match problem[J]. Artificial Intelligence, 1982, 19(1): 17-37.

第 8 章 未来研究方向

8.1 复杂大数据知识获取

互联网技术的快速发展使得大数据复杂度得到提升。除了大量、高速、多样、低价值密度、真实性五个方面的典型特征外，大数据的复杂度还体现在：①数据动态演化，时变性强；②载体复杂多样，异质性突出；③数据隐匿存在，隐喻性强。从复杂大数据中挖掘视觉知识、常识知识等其他类型知识是一项挑战，如何实现知识增殖与量质转化也是未来的研究难题。

8.1.1 视觉知识

20 世纪 70 年代，认知心理学对于视觉记忆进行了大量的研究实验。实验表明，视觉记忆是区别于语言记忆的特殊存在，人类可以对脑内的视觉记忆根据需求进行折叠、旋转、扫描与类比等操作[1]。这类记忆被认知心理学家称为“心象”，在人工智能领域被称为视觉知识。视觉知识具有以下特性：①能表达对象的空间形状、大小和空间关系，以及色彩和纹理；②能表达对象的动作、速度和时间关系；③能进行对象的时空变换、操作与推理，包括形状变换、动作变换、速度变换、场景变换，各种时空类比、联想和基于时空推理结果预测[2]。

认知心理学研究证明了视觉知识具有重要意义：人类记忆的视觉知识远多于言语知识，且对言语知识的理解具有重要的支撑作用。随着数字技术和数字媒介的应用，大量图像被数字化，为人工智能领域的发展提供了语料基础。视觉知识的研究也因此成为该领域中最受关注的方向之一。如何有效处理、合理运用视觉知识成为人与信息及信息机器交流最重要的途径之一。

1. 视觉知识的典型类型

视觉知识具有多种多样的表达形式，根据视觉知识的连续与离散表达可以将其划分为静态视觉知识与动态视觉知识。本小节将分别对静态视觉知识与动态视觉知识的相关内容进行介绍。

（1）静态视觉知识指从真实世界场景中可收集到的静态视觉事实，以及社会主体根据该事实可预知的信息或做出的推论。该类知识又称为视觉常识，计算机对于视觉常识知识的研究往往被认为是极其困难的，主要有以下两点原因：①视觉常识知识的广度巨大，且计算机缺乏类似人类对于常识知识积累的先验知识；②除了视觉元素上低级的识别类理解任务，计算机需要对图像中隐含的上下文信息进行更深入的理解。例如，如图 8.1 所示的视觉常识知识示例，其中蕴含的不仅是对图中低级的动作描述：一个男人向一个女人单膝下跪。用户更希望计算机推理到的是其与人类常识所关联的信息：一个男人可能正在向一个女人求婚。此类范式广泛地存在于人类的日常生活中，如社会交往中对人的心理状态和行为的推断，或者对某个电影画面做出情节的推论等。目前，在视觉常识知识上可进行的任务包含：对象识别、场景描述生成、常识推理等。已有的研究包含利用多层级的外部知识辅助理解视觉常识知识[3]，使用多模态的信息对模型进行预训练辅助理解视觉知识[4]等。

图 8.1　视觉常识知识示例

除了上述的视觉常识知识外，近年的研究中出现了新的静态视觉知识的表现形式，即示意图，指某个领域中为了表达特定知识主题或知识概念，传递可推理的规则或逻辑信息，使用领域内的图形化元素来呈现的视觉表示形式。由于其抽象的表达形式与高级的语义信息，又可称为高级视觉概念。计算机对于此类视觉知识的理解仍然处在初级阶段，一方面是由于领域的专业性，计算机不具备且无法快速学习到相应领域的专业知识；另一方面是由于此类视觉知识往往采用抽象的图形化符号，而不是真实的图片来进行呈现，计算机缺乏对于此种表达方式的信息提取能力。

如图 8.2 所示，示意图为高级视觉概念最主要的知识内容，其广泛出现在教科书、百科全书、知识博客等场景。以图 8.2（a）中的队列示意图为例，其中仅包含线条、框图、箭头等符号和部分说明文字，其视觉信息简单，但蕴含的领域知识极为丰富。希望计算机能够在识别其视觉组成的同时，与更具深度的专业知识产生联系，如“队列的队头是 28”和“队列的容量为 7”等。以其为数据基础的任务包含：示意图分类、跨模态知识匹配和教科书式问答等。目前，已有的研究包含利用记忆网络存储、学习视觉概念[5]，构建多模态图结构及使用自监督方法辅助概念推理[6]等。

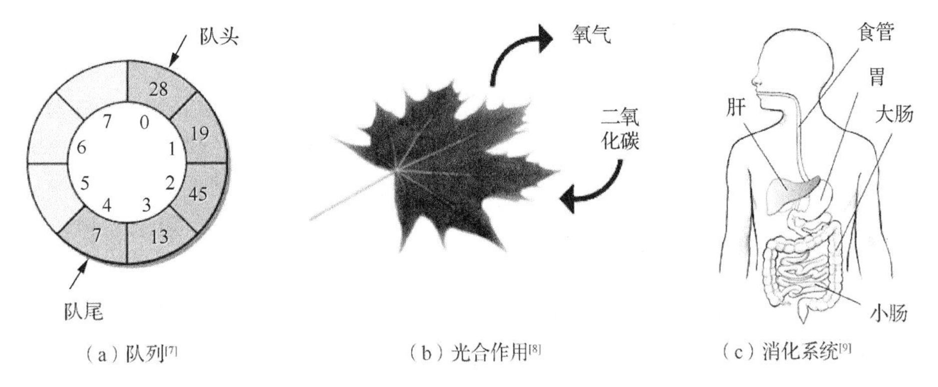

（a）队列[7]　（b）光合作用[8]　（c）消化系统[9]

图 8.2　高级视觉概念示例

（2）动态视觉知识指由一组连续的静态视觉知识组成的以空间关系或时间关系为序列的知识表达。空间关系表达为场景结构，描述各对象之间上下、左右、前后等方位关系、距离关系、里外关系、大小关系；时间关系表达为动态结构，表达对象的生长、位移、动作、变化、竞赛、协同等[10]。视频信息是最为典型的动态视觉叙事，如电影具有非常强的表达能力。计算机视觉领域在动态视觉叙事方面已有较多的研究内容，如视频描述生成、动态目标追踪、视频目标分割等。

2. 视觉知识的应用

在当前的人工智能发展浪潮中，计算机视觉领域的研究涵盖内容渗透广泛，视觉知识的应用也十分丰富。本小节介绍视觉知识应用的两种场景。

（1）视觉知识表达：人脑中的知识是将各种来源和模态的信息汇集交织构建而成的体系，人类在表述某知识时，往往会从记忆中的语义、情景和感觉等多个方面共同进行表达。在人工智能领域，多重知识表达框架模拟了上述人类认知的表达过程，旨在获取、表达、使用从不同来源或者不同方法中获得的位于不同抽象层次的知识。其中，视觉知识对应的是多重表达中的视觉情景，如何将其与其他表达形式进行集成，如符号化知识表达、知识图谱、手工设计的特征表达以及基于深度学习的表达，是一个重要的研究场景[11]。多种知识的联合学习与多重表达符合人脑的知识体系构建模式，有助于从多角度解决实际问题。

多模态知识图谱是研究多种模态下（如视觉知识、文本、数据库）实体以及实体间语义关系的工作。图 8.3 为多模态知识图谱的应用范例 Richpedia，该知识图谱以视觉知识为主要载体，其中的视觉对象与多模态的常识知识相关联，且对象间具备多种类、多维度的关系结构，从而构成了全面的多模态知识图谱数据集。该知识图谱使得进行跨模态的知识搜索、关系查询、视觉问答等任务变得可行，构建了以视觉知识为主要表达载体的多重知识表达体系。

（2）视觉知识重构：在计算机视觉领域，视觉对象的重构已经被广泛研究，如 3D 场景的重建、多视角相机形体重构等。这类视觉对象的重构是指通过摄像机获取场景物体的部分数据图像，并对此图像进行分析处理，结合计算机视觉知识推导出现实环境中物体的三维信息。此类重构仍然是视觉形状与视觉对象粒度下的重构，而视觉知识的学习目标则需要将重构任务的粒度提升到视觉知识概念和命题的结构化重建上。例如，将苹果的视觉知识组织为果核、果肉、果皮、果蒂等子概念的结构；将堆栈示意图组织为栈顶、栈底、出栈、入栈等子概念的集合。这种深层次化的重构要求解析视觉对象与视觉知识的对应关系，并构建合理的层次结构来对知识概念进行组织。

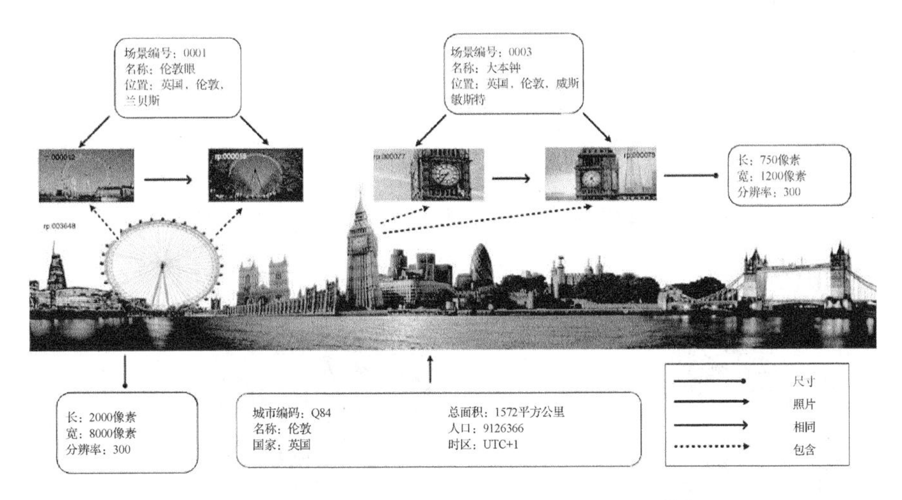

图 8.3　多模态知识图谱的应用范例 Richpedia[12]

在自然语言处理领域，研究人员使用语法树来辅助计算机理解句子的结构。语言语法树是指按句法（如名词、动词、短语等）将自然语言划分为树状层级结构。图 8.4 为视觉知识重构示例，该工作在语言语法树的启发下，认为语法也普遍存在于视觉知识的表示中，并以整体-部分的结构呈现。例如，图中椅子的视觉表现可以向局部的椅背、椅腿、扶手等细粒度结构划分，椅腿还可以进一步划分为前椅腿、后椅腿等更细粒度的局部结构。将上述的概念定义为视觉语法树，通过视觉知识的相关文本生成的语言语法树来指导视觉语法树，运用对比学习的方法联合二者共同学习知识的表征。该工作极大地有益于无监督聚类、图文检索等下游任务，且具有良好的泛化性能，证明了视觉知识的结构化重构是必要且有效的。但该工作仍然具有一定的局限性，其自顶向下的视觉知识层次结构依赖于 3D 对象的局部组件的序列性，未来对于更加具有普适性的视觉知识重构方法的研究可能会受到更多关注。

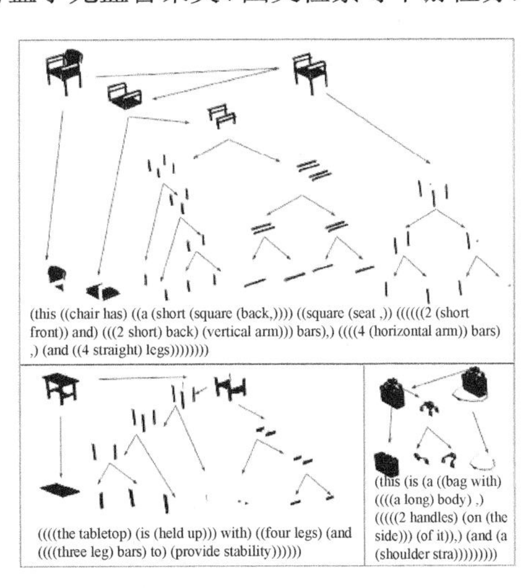

图 8.4　视觉知识重构示例（视觉语法树[13]）

除了上述将视觉知识重构为整体-局部结构的方法外，另一种视觉知识重构方法是将不同视觉知识以主语-谓语-宾语（如人-骑乘-马）的三元组关系构建为关系图网络，称之为场景图（scene graph）。如图 8.5 所示，场景图的生成是检测场景中不同视觉知识，并判断其相关关系，建立上述关系图网络的构建过程。现有的场景图生成工作绝大部分是对视觉常识知识的结构化重构，首先通过目标检测模块提取有效视觉区域的位置信息，其次利用关系判别网络对不同区域之间是否具有关系进行判定，最后利用上述信息构建完整的图结构。该类工作对于对象检测、关系检测、视觉常识问答等下游任务的表现具有较好的提升效果，表明以该种图结构作为重建视觉知识的方式也具有一定的优势。

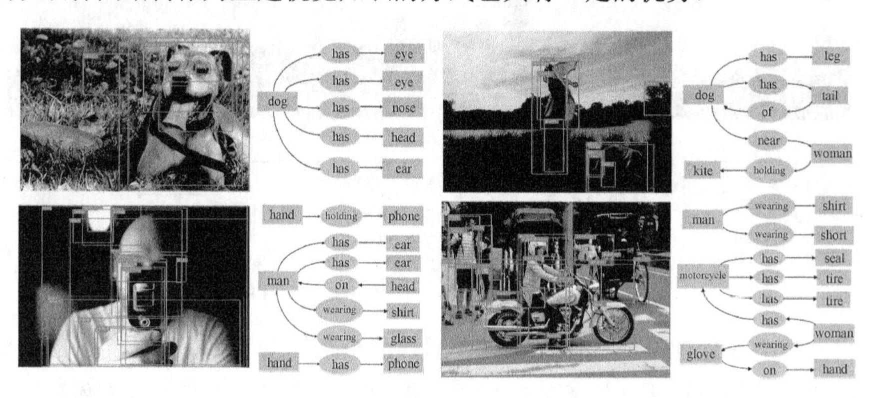

图 8.5　视觉知识重构示例（场景图生成[14]）

3. 研究展望

由上述分析可知，视觉知识具有独特的表达能力，包含视觉特点的形象描述、时空转换的多维度展现和复杂逻辑的清晰表达。在未来视觉知识的相关研究中，可能存在以下三个难点。

（1）高级视觉概念数据匮乏。在计算机视觉领域，使用深度学习模型解决相关任务逐渐成为一类主流方法。此类方法依赖大量的标注数据，以训练数以万计的模型参数。然而，高级视觉概念存在数据稀缺、收集困难、标注代价昂贵等问题，如教科书中的示意图、医疗场景中的病理图等。这使得主流的深度模型很难在此类视觉知识上发挥良好的效果。因此，高级视觉概念的自动化获取与标注以及少量样本场景下视觉概念的有效表征与推理方法研究均是亟待解决的难题。

（2）知识表达可解释性差。目前深度神经网络对于视觉知识的表达方法普遍相同，即通过池化、卷积等操作，将像素图转化为高维向量空间中的特征图，如常见的图像卷积模型 ResNet[15]。这种表达方式有利于计算机对于视觉知识的向量计算，但缺乏清晰的语义解释。已有的研究工作包含针对图像卷积层构建解释图，通过对激活关系和空间关系的建模，来揭示卷积模型对于对象局部间组成层次结构的学习[16]。针对视觉知识本身完备的概念逻辑体系，如何给予其清晰的体系结构、可解释的语义信息、可推演的知识架构，使得计算机能够将其表达方式匹配人类自身的知识框架，是未来相关研究中的一大难点。

（3）知识深度变换模拟困难。本节中介绍了视觉知识的表达特点，包含能进行对象的变换、操作与推理。其中，视觉知识的变换可划分为低级物理变换和深度语义变换。前者包括视觉知识的几何变换、场景变换、分解与组合等；后者包括视觉知识的语义变换操作或向其他模态的知识进行转化。认知心理学证明人类在推理、求解视觉知识相关问题时重要的智能行为是对已有知识的深度变换操作。例如，大脑利用“网格细胞”将二维空间分布或不同图形形状向密集堆积的六边形进行映射[17]。目前，计算机视觉领域广泛应用了视觉知识的低级物理变换，但对深度语义变换的模拟仍停留在初步，是一大亟待解决的难题。

8.1.2 常识知识

常识知识是指人们对现实世界中不同事物间的联系达成的有效共识，它涵盖了大量人类经验，被广泛接受，无需解释和论证[18, 19]。常识知识具有以下三种特性，①概念性：绝大多数常识知识是概念知识，它们通常表示某一类事物的共有特征，而非某一实体的独有特征。例如，“汽车有轮子”是常识知识，而“梅赛德斯奔驰重卡有 12 个轮子”则不是，因为后者关注的是具体实体，并非为大多数人所知。②一般性：常识知识蕴含的概念被广泛接受并具有一般性。例如，“人呼吸需要氧气”是常识知识，而“细胞膜的组成需要胆固醇”只是被特定领域的专家所知，更具有专业性，因此不是常识知识。③隐含性：常识知识是普遍共享的，它在人们的口头或书面交流中通常被省略。例如，当人们在交流中谈论到自己的母亲时，他们通常会说自己母亲的事迹、职业和性格等，而“我的母亲比我年纪大”这类常识知识在交流中将不会被提及，因为它被默认且无需解释。

常识知识的以上三种特性表明了它是人类所共享的背景知识，利用常识知识可以使计算机像人一样参与决策、解决问题[20]。具体来说，在自然语言处理的相关研究中，常识知识作为背景语义，可以显著增强上下文语义信息；在计算机视觉的相关研究中，常识知识可以改善导航、操纵、识别等各项下游任务的性能，从而实现真正意义的人工智能。

1. 常识知识的典型类型

根据常识知识的不同来源[21]，本节将其分为大规模知识图谱、视觉常识知识库、常识知识图谱、词汇数据库和预训练语言模型这五种典型类型。其中，大规模知识图谱的介绍可参考 3.3 节，视觉常识知识库的介绍可参考 8.1.1 小节，本节只介绍常识知识图谱、词汇数据库和预训练语言模型这三种典型类型。

（1）常识知识图谱：表 8.1 比较了五种常见的常识知识图谱。常识知识图谱构建有基于众包（crowdsourcing）和自动构建两种方式。众包方式是指利用大量线上普通参与者通过人工标注构建，其中 ConceptNet[22]、ATOMIC[23]是最典型的例子。此外，SenticNet[24]、WebChild[25]和 ASER[26]等则是基于其他资源自动构建的常识知识图谱。

表 8.1　常见的常识知识图谱的对比

名称	大小	关系类型	构建方式
ConceptNet	800 万个节点，2100 万条边	34	众包
ATOMIC	31 万个节点，87 万个三元组	9	众包
SenticNet	20 万个概念	1	自动
WebChild	200 万个概念	20	自动
ASER	1940 万个节点，6400 万条边	15	自动

ConceptNet 将常识知识表示为关系三元组，并把这些关系三元组组织成网络结构。网络结构中的节点表示概念，也是三元组的头、尾参数。两个概念节点之间的语义关系即为边，这些语义关系均来自于一个预定义好的包括“is a”“made of”“has a”“is used for”等三十四种常见常识关系的集合。ConceptNet 中一个典型示例为“吃—是为了—营养（eating—is used for—nourishment）”。

ATOMIC 是一个主要关注事件原因、效果和状态的知识库。它以九种类型的因果联系，如“事件 A 导致事件 B”和“事件 A 反映的心理状态”等来表达事件之间的关系及对事件可能性的推断。ATOMIC 中一个典型示例为“X 报警—反映心理状态—X 开始恐慌（person X calls the police—X effect—person X starts to panic）”。

SenticNet 是从文本中提取并自动聚合形成的包含概念知识与愉悦度（pleasantness）、注意力（attention）、敏感度（sensitivity）和能力倾向（aptitude）这四种维度情感知识的知识库。它使用 –1 到 +1 之间的情感极性值表示概念与四种情感知识的对应关系，其中，–1 表示极度负向，+1 表示极度正向。SenticNet 中一个典型示例为“愉悦度：吃早餐—极性—正（pleasantness: eating breakfast—polarity—positive）”。

WebChild 是基于标签传播的方式在有噪声的网页中收集名词和形容词之间的细粒度概括性关系组成的知识库。它包含诸如“小于（smaller）”“好于（better）”“大于（bigger）”等二十种常识关系。WebChild 中一个典型示例为“火车—慢于—飞机（train—slower—plane）”。

ASER 与 ATOMIC 类似，也是一个包含活动、实体、事件和事件关系的知识库。但它是从非结构化文本数据中自动构建得到的，因此规模更大，共包含十五种关系类型。ASER 中一个典型示例为“我饿了—结果—我吃午饭（I am hungry—result—I have lunch）”。

（2）词汇数据库：指按照一定规则需求由知识专家人工编撰构建的知识源，主要包括 WordNet[27]、Roget[28]和 FrameNet[29]等，表 8.2 是这三种常见词汇数据库的示例。

表 8.2　常见词汇数据库的示例

名称	关系类型	示例
WordNet	10	食物—上下位—美食 (food—hyponym—comfort food)
Roget	1	吃—同义词—喂养 (eating—synonym—feeding)
FrameNet	8	烹饪行为—有框架元素—生产的食物 (cooking creation—has frame element—produced food)

WordNet 将词汇分成名词、动词、形容词、副词和虚词五大类，同时根据词义来组织词汇信息。它以同义词集为基本单位刻画实体、概念和事件，除了同义词集内的同义关系外，还定义了包括“反义”、“上下位”和“继承”等在内的 10 种词义关系。

Roget 是一个包含 1.7 万个英语单词的词性、定义和与之相关的同义词的辞典。它将每个单词按照动作（actions）或原因（causes）等类别进行排列，并通过词义搜索帮助生成该词的替代词。

FrameNet 是一个以框架为核心的主要描述动词、名词和形容词的词汇库。它将语义角色相同的词汇归到同一框架下，用框架元素（frame elements）来界定并描述框架，同时为每个词汇进行语义和句法的标注。

（3）预训练语言模型：如 GPT-2[30]和 BERT[31]预训练语言模型也被认为是常识知识的一种表达形式。这些模型通常基于大型语料库训练得到，可以有效地捕获句法特征、语义信息和事实知识。如图 8.6 所示，Cui 等[32]测量了基于 BERT 编码后不同“问题-答案”对的链接强度，结果表明问题“野鸟（wild bird）生活在哪里？”与答案“乡村（countryside）”有着最大链接权值。这一结果也符合人类的认知，因此证明了预训练语言模型中蕴含常识知识。

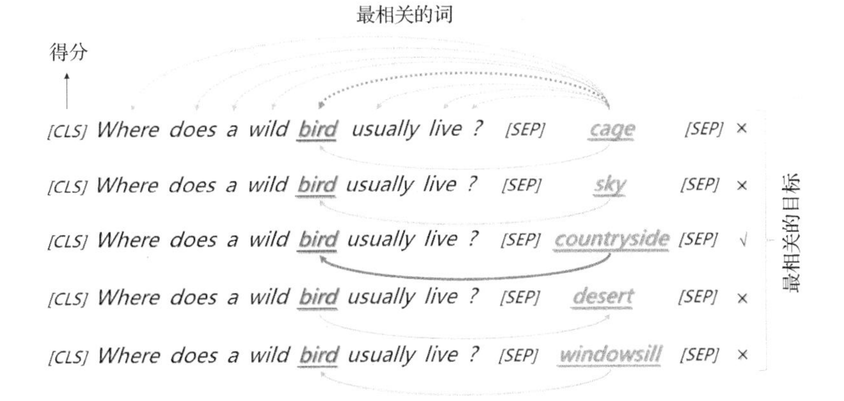

图 8.6　度量预训练语言模型中的常识知识

2. 常识知识的典型应用

常识知识可以使计算机尽可能像人一样熟悉所有的事实和信息，并进行推理决策。本节以任务为导向，主要介绍常识知识在机器问答、会话情感识别、故事结尾生成这三方面的应用。

（1）机器问答：常识知识可以辅助机器理解自然语言。在机器问答基准测试，如 SocialQA[33]中，机器如果要回答“谁是金庸笔下最令人印象深刻的角色？”这一个问题，就需要知道在武侠小说中读者通常更喜欢英雄而不是坏人；类似地，如果判断“使用金属凳子能打破窗户”的合理性，就需要知道窗户是玻璃制成的，金属是一种比玻璃更坚硬的材料这类常识知识。因此，将常识知识融入问答模型，对于增强计算机的推理能力，提高问答准确率至关重要。图 8.7 是一个利用 ConceptNet 辅助问答的例子，当面对“人为什么要进行拼图或者解谜？（What is a person looking for when completing puzzles and riddles？）”这个问题时，来自外部知识库的“拼图是用来挑战智力的（puzzle is used for challenge）”这一常识知识将辅助机器选择“智力挑战（intellectual challenge）”为正确答案。

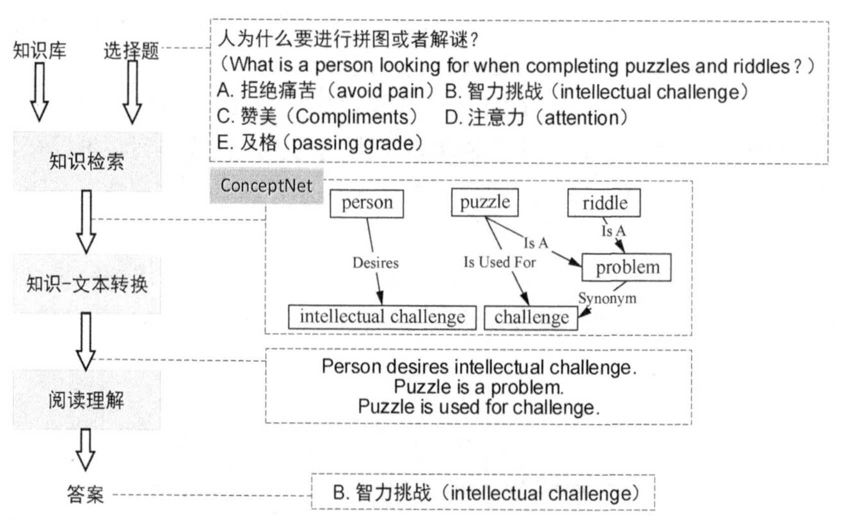

图 8.7　利用常识知识图谱辅助问答[34]

（2）会话情感识别：常识知识可以引导计算机控制对话的流畅性、趣味性，识别对话中的情绪，预测参与者的情感动态以实现精细化会话。图 8.8 是 DailyDialog[35]中一个对话场景。机器可以利用外部常识知识库中与 B 回答语句中“朋友（friends）”相关联的实体，如“社交（socialize）”、“聚会（party）”和“电影（movie）”等来判断 B 隐含有喜悦的情绪。因此，可以更容易判断出该场景下需要同样喜悦地回复“希望你们玩得开心！”

图 8.8　常识知识引导的会话情感识别[36]

（3）故事结尾生成：旨在给定故事背景下结束并完成故事情节。与普通阅读理解或文本生成相比，故事结尾生成需要辨别更多的逻辑和因果信息，合理的故事结局不仅取决于对语境线索的恰当表达，还取决于对超越文本表面的背景知识的理解能力。利用常识知识能够辅助对文本背景知识的理解，图 8.9 给出了 ROCStories[37]语料库的一个典型故事示例，这个例子中，故事中的事件和实体构成上下文线索，一个合理的故事应该考虑所有的相关概念，而不是某一个单独的概念，因此借助 ConceptNet 中检索到的与“万圣节（Halloween）”和“不给就捣蛋（trick or treating）”等相关的词，推断出“他想要得到很多糖果（He hopes to get a lot of candy.）”这个合理的故事结局。

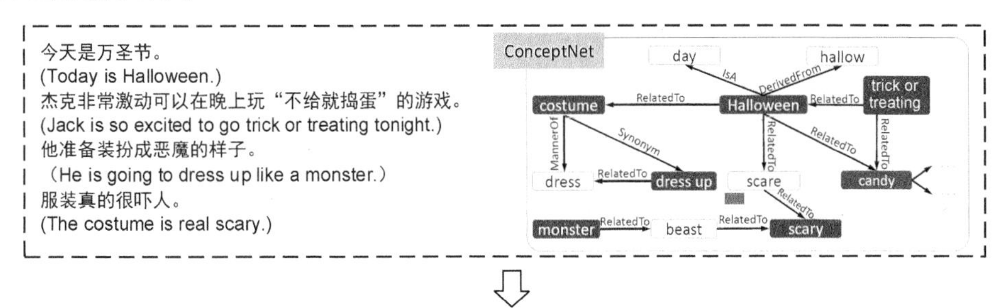

图 8.9　常识知识引导的故事结尾生成[38]

3. 研究展望

人工智能的目标是让机器可以像人一样解决现实世界中的问题，对常识知识的认知水平不足仍是人工智能发展的重要瓶颈，因而常识知识具有较高的研究价值。本节将常识知识研究的潜在方向总结为以下三点。

（1）常识知识融合：常识知识是多元化的，包括但不限于直觉、心理、视觉、情感等多种形式，以及文本、图像、语音等多种模态。因此，如何将跨语言、跨模态的多源数据中对某一事件、概念和关系等要素进行链接与融合，以获得丰富的常识知识及表示将是一个重要研究方向。

（2）常识知识拓展的新预训练模型：现有的预训练模型虽然已被证明能够捕获一定的常识知识，但它们的预训练语料都是给定的信息，缺乏动态的外部指导信息来进行复杂推理、逻辑冲突检测、知识关联等进阶任务。因此，若利用常识知识来动态指导预训练语言模型的推断和预测，将会提高和增强模型的语言理解和知识关联的能力，尤其会加强预训练模型对一些低资源文本对象的理解能力。

（3）构建社交常识库：目前的大规模常识库主要是基于文本构建的，虽然包含了人类的一些情绪状态、隐含语义和可能行为等，但很少强调人类在日常生活中广泛采用的社交互动模式，如怎样以同理心的方式回应别人等。因此，利用网络上丰富的动态对话资源来构建社交常识知识库将会更有利于各类机器对话、问答、聊天等下游任务的建设。

8.1.3　知识增殖与量质转化

知识增殖是指一个知识引发出多个新知识的现象，是知识创新的主要形式。增殖的知识可以表现为具体的知识以及知识的联系、融合、发展与完善。知识增殖是量质转化的前提和基础，量质转化是知识增殖到一定程度后引发的知识质变。知识增殖与量质转化不是凭空产生的，而是基于多个个体学习认知，不断超越个体经验而发展出来对事物的新认知。本节主要介绍知识增殖与量质转化的产生原因、三种知识增殖的方式，以及未来研究方向。

1. 知识增殖与量质转化的原因

人脑在认知过程中，由思维引燃知识，并创造性地加工建构知识，使知识具有增殖趋势。大数据知识工程中，知识增殖与量质转化的原因主要有两点：①大数据中存在大量低质的碎片知识，直接在这些知识上推理计算很难解决实际问题，其符合 GIGO 的普适性原理。因此，实现碎片知识由低质到高质的增殖转化是非常必要的。②知识间的相互作用会促使知识的内涵发展，使更多的隐性知识不断外显。这些隐性知识既包括知识的隐性内涵、隐性价值、隐性关系，也包括相互作用产生的新知识等。如图 8.10 所示的人体血液循环教科书案例中，体循环和肺循环的过程、循环过程中的物质交换、动脉血、静脉血、血压等都属于公共知识。个体在学习过程中可引发一些个性化知识，包括：①心脏左半部分流动的是动脉血，右半部分流动的是静脉血；②心脏瓣膜关闭不严会出现血液倒流，影响体内物质运输；③动脉里不一定流动脉血，静脉里也不一定流静脉血。此外，经过多个个体的经验总结，可获得一些具有明显创新的新知识，包括：①动脉血压大于静脉，所以打吊针只能从静脉里进行，注射药物最先在心脏的右心房里出现；②血液从循环途径中的任一点出发，再回到该点至少要经过心脏两次。这些知识具有更大的价值和意义，是知识增殖与量质转化的成果。增殖这些知识后，学生不会孤立看待任何一个知识，而是把与血液循环有关的知识充分联系起来成为“知识共同体”，进而扩大了思维单位。

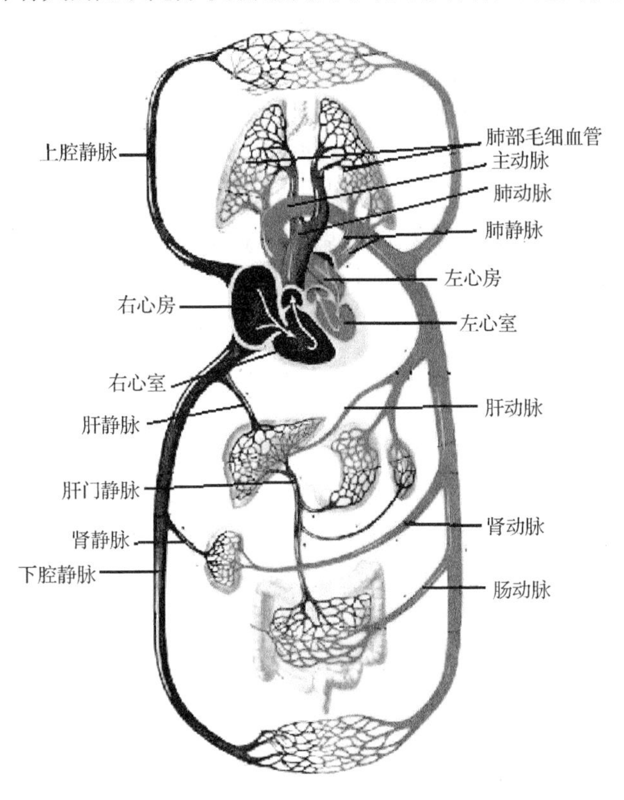

图 8.10　人体血液循环教科书案例

2. 知识增殖的途径

知识增殖总体上可以看作是多个个体思维聚合引发的新知识。根据个体之间是否存在交互行为以及聚合过程是否存在反馈机制，知识增殖可以划分为如图 8.11 所示的三种范式。三种范式下产生知识增殖的机理具有很大的差异。

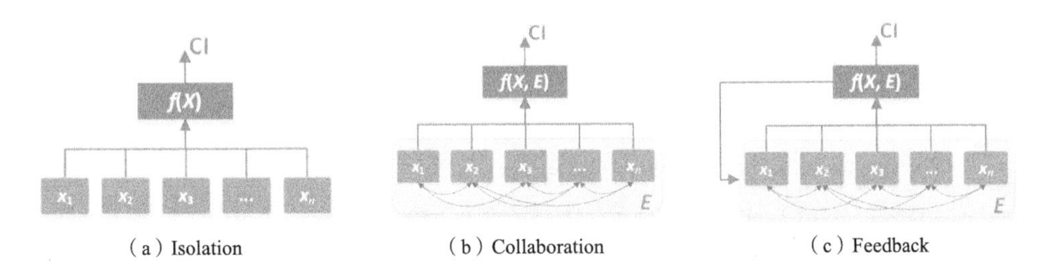

图 8.11　知识增殖的三种范式

（1）Isolation 范式。这种范式的特点是无交互、无反馈，具体表现为个体 a_i 产生行为结果 x_i ，n 个个体之间不存在影响，产生 $X=(x_1,x_2,\cdots,x_i,\cdots,x_n)$ 的交互行为；在群体层面，采用相应的聚合方式 f 对 X 进行处理生成增殖的知识 $f(X)$ ，$f(X)$ 不会影响后续的个体行为。利用这种范式，Swanson 先后发现了二十碳五烯酸（eicosapentaenoic acid，鱼油的主要成分）与雷诺病（Raynaud disease）间的关联[39]、偏头痛（migraine）和镁（magnesium）间的关联[40]等医学知识。

（2）Collaboration 范式。这种范式的特点是有交互、无反馈，具体表现为个体之间直接交互或通过修改环境变量间接交互，产生行为结果 $X=(x_1,x_2,\cdots,x_i,\cdots,x_n)$ 与环境 E ；在群体层面，采用相应的聚合方式 f 对 X 与 E 进行处理生成新知识 $f(X,E)$， $f(X,E)$ 不会影响后续的个体行为。例如，在 Polymath1 项目中[41]，数学家 Tim Gowers 邀请网友合作找到边长为 3 的 Density Hales-Jewett 定理的基本证明，结果仅用六周，不到一千个评论就完成了目标。

（3）Feedback 范式。这种范式的特点是存在交互与反馈，具体表现为个体之间直接交互或通过修改环境变量间接交互，产生 t 时刻的行为结果 $X_t=(x_{1,t},x_{2,t},\cdots,x_{i,t},\cdots,x_{n,t})$ 与环境 E_t ；在群体层面， $f(X_t,E_t)$ 会对 X_{t+1} 与 E_{t+1} 产生影响，并通过自组织机制涌现出新知识。Meng 等[42]通过模拟鸟群中的觅食（foraging）、警戒（vigilance）、飞行（flight）三种社交行为，提出鸟群（bird swarm）算法，在 18 个基准问题上的对比测试证明了算法的有效性。

3. 研究展望

目前，知识增殖与量质转化方面的研究仅处于初步发展阶段，本节总结了知识增殖与量质转化相关的两个未来研究方向：①人机混合的知识增殖和量质转化。人机混合旨在研究如何将人作为计算组件，并以人机结合方式解决现实中的复杂问题。在知识增殖过程中，如何通过人机协同挖掘一些很难由人类或计算机单独发现的新知识是未来的一大研究方向。②知识增殖与量质转化的精准度量和评估。目前对知识增殖与量质转化的研究多体现在概念层面，还难以用形式化的数学计算方法对增殖后的知识质量进行评估和预测，也难以判断新知识是否达到了量质转化的临界值。

8.2　知识引导+数据驱动的混合学习

1998 年，图灵奖获得者 Jim Gray 指出，人类在科学研究上先后经历了四种范式，即实验科学、理论科学、计算科学和数据密集型科学。大数据时代的到来，促使基于数据驱动的人工智能取得了令人瞩目的成就，但其仍存在诸如缺乏知识指导、可解释性差等问题，与人类智能相去甚远。在可预见的未来，人类将步入第五范式的时代，即知识引导与数据驱动相互结合的人工智能时代。该范式充分利用知识指导数据学习，或从数据中发掘和构建知识，从而进行推理和决策，具有结果可信、过程可推理和架构可实现等优势。本节将通过对可微编程、反事实推理和可解释机器学习这三个未来研究方向的介绍，进一步展示知识引导与数据驱动的混合学习这一范式的研究内容。

8.2.1 可微编程

机器学习中的许多方法依赖于导数或梯度的计算。常见的计算机求导或微分的方法包括：①手工求导并编写对应的结果程序，称为手动微分（manual differentiation）；②通过有限差分近似方法完成求导，称为数值微分（numerical differentiation）[43]；③基于数学规则和程序表达式变换完成求导，称为符号微分（symbolic differentiation）[44]；④介于数值微分和符号微分之间的一种求导方法，称为自动微分（automatic differentiation，AD）。

AD 将计算机程序中的运算操作分解为一个求导规则均为已知的基本操作集合[45]。在完成每一个基本操作的求导后，AD 通过链式法则将结果组合得到整体程序的求导结果。AD 一般分两种：前向 AD（forward-mode AD）和反向 AD（reverse-mode AD）。两种 AD 适用于不同场景。当输入参数远大于输出参数时，反向 AD 的效率更高。这也是当前两大主流机器学习框架 Pytorch[46]和 Tensorflow[47]都采用反向传播机制的原因。尽管在人工智能、科学计算等领域取得了巨大成功，目前的自动微分技术仍存在一些不足，如所有的表达式都必须先按规则表达成框架内部的 Tensor 形式，缺少自由度；所有求导规则都必须手工定义并维护等。

伴随自动微分技术的发展，Lecun 等提出了可微编程（differential programming，DP）的概念，指出反向传播和自动微分不必局限于机器学习领域，而应追求广义的函数（如程序的输入对输出）的微分。在传统的编程方式中，机器按照给定的代码运行程序，根据输入数据得到运算结果。然而在可微编程中，程序员不写代码或者仅写出少量高层次的代码，并提供大量输入数据与对应的运算结果，利用可微编程方法自动地学习从输入数据到最终运算结果的映射（即整个程序），或者结合程序员提供高层次的代码，用神经网络作为中间函数，补全得到整个程序。从可微编程的视角，现有的深度学习模型本质上是一个由参数化功能模块（如前馈、卷积和循环模块等）组合而成的可微程序，使用基于梯度的优化方法学习其参数。

可微编程的关键思想是将自动微分技术与语言设计、编译器/解释器甚至 IDE 等进行深度融合，将微分作为第一级的语言特性，从而实现编程易用性、性能、安全性的提升[48]，包括：①使用更多的语言原生特性，包括各类控制流表达式和更复杂的面向对象特性等；②用户可以更自由地定制微分规则，以进行性能调优或支持传统意义上不可微的数据类型和操作的“微分”；③支持高阶微分和相应的一些性能优化算法；④编译器/解释器中提供完善的检查告警系统，对不符合当前系统自动微分规则的代码进行识别和告警；⑤提供更好的自动微分调试能力，如中间梯度值输出、单步调试等。

1. 可微编程设计方案

目前，业内已有很多在上述方面的探索工作，并提出了一些较成熟的解决方案。谷歌推出的开源项目 Swift for TensorFlow[49]，旨在将 Swift 语言与 TensorFlow 组合打造为下一代机器学习开发平台。该项目最大的亮点之一是在 Swift 语言中扩展提供了原生的自动微分特性，由此产生了非常多优秀的可微编程设计理念。通过对自动微分中的数学概念进行抽象，并在语言层面将抽象后形成的语言元素通过一系列的接口提供给用户，方便其按需定制相应的自动微分规则。Julia-Zygote[50]是一种基于 Julia 语言的可微编程系统，它将自动微分内嵌于 Julia 语言，从而将其作为第一级的语言特性。Zygote 能高效、直观地构建深度学习模型。更重要的是，Zygote 能够执行源对源（source to source）的微分，可以对任何函数进行数值与梯度计算。如图 8.12 所示，与一般函数不同，Zygote 中的函数不仅返回函数正向计算的输出，还返回一个定义了如何计算正向计算过程中每一步梯度的函数。只需定义函数或高级函数，Julia 编译器就能自动计算梯度，并用于进一步的计算，如反向传播与梯度下降等。由于机器学习中涉及大量的科学计算方法，如最速下降法、拟牛顿法等基于梯度的方法等，而且 Julia 语言已有大量的机器学习和科学计算包，因此Zygote可以极大提高科学计算在机器学习中的效率。

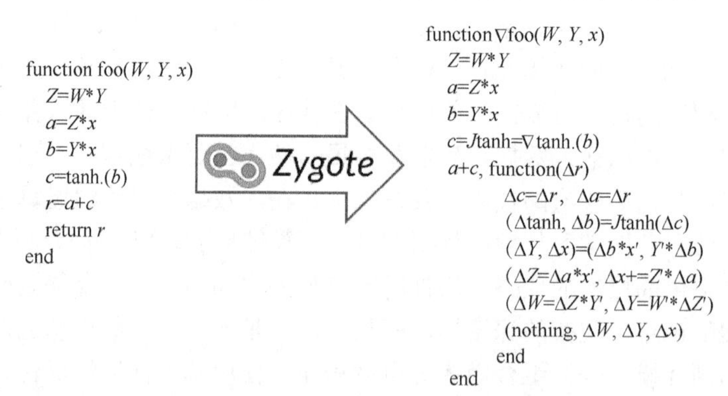

图 8.12　一般函数与 Zygote 函数转化实例

可微编程已经在很多领域得到了应用，如结合深度学习与物理引擎中的机器人、解决可微电子结构问题密度泛函理论、可微光线跟踪、图像处理以及概率性编程等。常见的可微编程设计方案如图 8.13 所示。

图 8.13 可微编程设计方案

2. 可微编程案例：用 Zygote 求解投石机问题

图 8.14 展示了一个利用 Zygote 框架解决工程控制问题的案例：通过 Zygote 优化一个多输出的神经网络，利用目标和环境变量参数，即目标的距离和当前的风速，得到投石机的控制参数（如物体质量和发射角度）。神经网络输出的控制参数被输入到一个求解常微分方程（ordinary differential equation，ODE）的模拟器中，得到落地点距离，并与目标距离进行对比计算损失。由于 Zygote 执行源对源的微分，因此损失值的梯度可以通过 ODE 模拟器进行反向传播，从而调整神经网络权重。在文献[50]中，研究人员随机选用了一系列目标和风速作为训练数据集，在笔记本电脑的 CPU 上进行训练，并且在常数时间内解决该问题，较直接优化投石机系统的强化学习方法快了 100 倍。

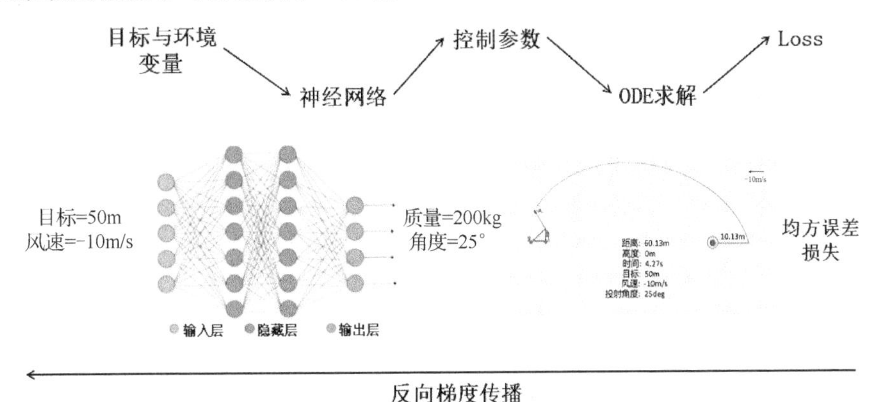

图 8.14 基于可微框架求解投石机问题（Zygote）

图 8.15 给出了基于可微框架求解投石机问题的 Zygote 代码，其中定义了神经网络模型、瞄准函数、发射函数等。首先，在瞄准函数中，风速和目标距离被输入到神经网络，计算发射的角度和质量；发射函数调用 Trebuchet 中的 shoot 函数求解 ODE，计算落地点距离。其次，调用 Zygote 中的 forwarddiff 函数使得发射函数可微，并指示 Zygote 使用正向模式。最后，定义损失函数与优化器，随机生

成训练数据，调用 Flux（基于 Julia 语言的机器学习库）的 train!方法进行训练，优化网络参数。

```
using Flux, Trebuchet
using Zygote: gradient, forwarddiff
using Statistics

# 定义神经网络模型，输入为风速和目标距离，输出为角度和重量
model = Chain(Dense(2, 16, sigmoid),
              Dense(16, 64, sigmoid),
              Dense(64, 16, sigmoid),
              Dense(16, 2)) |> f64
theta = params(model)

# 定义瞄准函数，根据风速和目标距离，计算角度和重量
function aim(wind, target)
        angle, weight = model([wind, target])
        angle = sigmoid(angle)*90
        weight = weight + 200
        angle, weight
end

# 定义发射函数，根据风速、角度和重量，计算落地点距离
function shoot(wind, angle, weight)
        Trebuchet.shoot((wind, Trebuchet.deg2rad(angle), weight))[2]
end

# 调用  forwarddiff，指示  Zygote  使用正向模式
shoot(ps) = forwarddiff(p -> shoot(p...), ps)
# 定义距离函数，根据风速和目标距离，计算落地点距离
distance(wind, target) = shoot([wind, aim(wind, target)...])

# 定义损失函数，计算目标距离和落地点距离的均方误差损失
function loss(wind, target)
        (distance(wind, target) - target)^2
end
# 定义优化器为Adam
opt = ADAM()

# 随机生成训练数据
DIST  = (20, 100)
SPEED = 5
lerp(x, lo, hi) = x*(hi-lo)+lo
randtarget() = (randn() * SPEED, lerp(rand(), DIST...))
dataset = (randtarget() for i = 1:10_000)
meanloss() = mean(sqrt(loss(randtarget()...)) for i = 1:100)

# 调用 Flux 的 train! 方法进行训练，优化网络参数
Flux.train!(loss, theta, dataset, opt, cb =
            Flux.throttle(()->@show(meanloss()),10))
```

图 8.15　基于可微框架求解投石机问题的示例代码（Zygote）

3. 知识图谱中的可微方法

在面向知识图谱的知识推理问题中，混合规则与神经网络的推理方法备受关注，利用这些方法可实现知识图谱场景下的推理。该类方法主要将规则转化为向量操作，应用于强学习能力的神经网络方法中，构建可微的模型。Cohen[51]提出了 TensorLog，用可微的过程进行一阶逻辑规则参数（每个规则关联的置信度）的学习与推理。Yang 等[52]进一步提出一个完全可微的系统，首次结合一阶逻辑规则的参数和结构（知识图谱特定的规则集）学习一个端对端的可微模型神经逻辑编程（neural logic programming，Neural LP）（TensorLog 可参考 4.3.3 小节）。混合规则和神经网络的推理具有很大的发展空间，规则方法的高准确率和可解释性以及神经网络方法的强学习和高泛化能力，使得二者的结合可以得到高准确率的可微模型，避免了传统规则方法的计算复杂度高的问题，在一定程度上也增加了神经网络方法的可解释性[53]。

4. 未来展望

目前可微编程的研究仍有许多问题亟待解决，其挑战主要来自三个方面[48]。

（1）易用性：自动微分本身的数学原理相对简单，但是其在可微编程中实现的难点在于对程序表达的分解、微分和组合，而不是简单地对数学表达的分解、微分和组合。因此，需要对计算机程序中的控制流、不同数据类型、非数学表达特性等进行分析，并设计相应的自动微分规则，使其能被自动微分系统进行特殊的处理，以达到可微编程的目的。

（2）性能：自动微分的计算过程会涉及大量程序的分解、微分和组合。如何分解、微分和组合将决定自动微分的性能，涉及原程序和自动微分计算过程的复用、中间结果的保存和重计算等方案设计。

（3）安全性：相比传统程序语言，用户更容易写出不符合自动微分系统规则的可微编程代码。因此，自动微分系统需要能够提供足够强大的自动微分规则检查能力，对用户的代码进行检查并给出规则告警，以保证自动微分的安全性。

8.2.2　反事实推理

反事实推理又称反事实思维，指对过去已经发生的事实进行否定和重新表征，以建构一种可能性假设的思维活动。例如，“假如……那么……”的问题被称为反事实问题，此类反事实问题和思想在人类的日常生活中随处可见，反事实逻辑推理的能力也是人类智能的重要表现之一。在人工智能领域，越来越多的研究者意识到，具有像人类一样的因果推断和反事实推理能力，是从弱人工智能走向强人工智能的象征。Pearl 教授将因果关系分为三个层次，如图 8.16 所示，从左到右依次是关联（association）、干预（intervention）和反事实（counterfactual）[54]。反事实处于“因果关系之梯”的最顶层，是因果推断尝试解决的顶层问题。

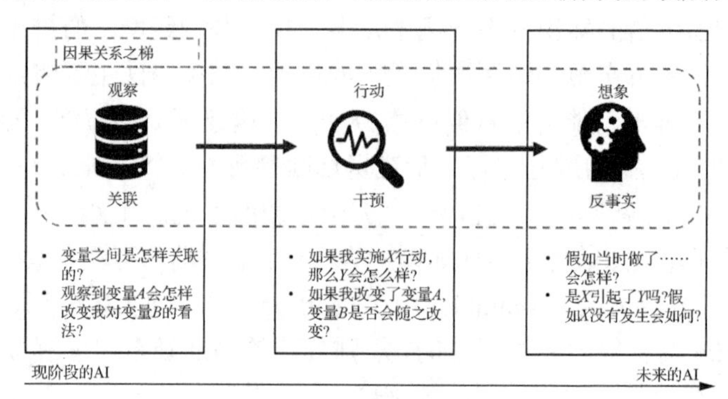

图 8.16　因果关系之梯

为了基于观察性数据（observational data）进行反事实推理，研究者们开发了各种反事实因果推断框架，其中最著名的是潜在结果框架（potential outcome framework）[55, 56]和结构因果模型（structural causal model）[57-59]。潜在结果框架的主要目标是估计不同干预下的潜在结果（包括反事实结果），以估计实际的干预效果。结构因果模型则是通过构建因果图与结构方程来探究反事实因果关系。Pearl教授在他的著作中介绍了二者的等价性[60]。本节主要介绍潜在结果框架、反事实推理的典型应用及其未来的发展方向。

1. 潜在结果框架

潜在结果框架的核心概念为单元（unit）、干预（treatment）、结果、效应。干预作用于单元，通过比较不同干预的潜在（反事实）结果来估计干预效果[61]。其中，单元为干预效果研究中的最小研究对象。一个单元可以是处于某个特定时间点的物体、公司、患者、个体或整体，可以被视作整个数据集的一个样本[61]。干预为作用于单元的动作。潜在结果（potential outcome）是将干预作用于该单元所得到的结果[61]。观察结果（observed outcome）是实际执行了的干预所对应的结果，也称为事实结果。反事实结果（counterfactual outcome）指相对于实际执行的干预，如果对单元执行了另一种干预所取得的结果。

潜在结果框架的核心目标是估计同一个观察单元的实际观察结果和潜在（反事实）观察结果之间的差异，估计个体层面的干预效果。无法同时比较实际观察结果和潜在观察结果的问题，被称为“因果推理的根本问题”。对于同一研究对象而言，通常无法同时观察到其接受干预和不接受干预的结果。对于接受干预的研究对象而言，不接受干预时的状态是一种反事实状态；对于不接受干预的研究对象而言，接受干预时的状态也是一种反事实状态。因此，潜在结果框架又被某些研究者称为反事实框架（counterfactual framework）。

以医疗场景下的反事实推理为例[62]，电子健康记录（观察性数据）包括患者人口统计学信息、患者所服用的具体药物与具体剂量，以及相关检查的结果。从观察性数据中只能观察到特定患者的单个事实结果，而反事实推理的核心任务是预测：如果对患者执行了另一种干预（即服用其他药物或调整药物剂量），会发生什么样的结果。在本案例中，单元为患有待研究疾病的患者，干预指治疗该疾病的特定剂量的不同药物，用 $W\left(W \in \{0,1,2,\cdots,N_W\}\right)$ 表示这些干预。例如，$W_i=1$ 表示单元 i 服用特定剂量的药物 A，$W_i=2$ 表示单元 i 服用特定剂量的药物 B。Y 表示结果，如衡量药物作用效果的血液检查结果。$Y_i(W=1)$ 表示单元 i 服用特定剂量的药物 A 所产生的潜在结果。反事实推理的目标就是基于所提供的观察性数据估计不同药物（不同剂量）对于目标疾病的治疗效果（反事实结果）。表 8.3 概括了二元反事实推理问题。关于潜在结果框架的更多内容可参考文献[62]。

表 8.3　二元反事实推理问题

组别	Y_1	Y_0
干预组（W=1）	作为 Y 可以观测到	反事实（潜在结果）
干预组（W=0）	反事实（潜在结果）	作为 Y 可以观测到

2. 反事实推理的典型应用

反事实推理在政策效应分析、科学实验分析、个人风险评估等诸多领域都有重要应用。在因果推断和机器学习两个领域呈现交叉融合趋势的背景下，反事实推理在机器学习领域中也取得了巨大成功，如基于反事实推理消除数据偏差（data bias）和使用反事实增强可解释性等。

（1）基于反事实推理消除数据偏差。一般情况下，机器学习模型依赖大量的训练数据，而由于很多任务的训练数据中存在数据偏差，导致训练得到的模型也是有偏差的。在视觉问答（VQA）任务中，一些训练数据同样也存在数据偏差的问题，因此导致模型的预测可能依赖于虚假的语言相关性，而非视觉和语言的混合推理。基于反事实推理和因果效应，Niu 等[63]提出了一个反事实推理模型 CF-VQA 来减少 VQA 中的语言偏差：将语言偏差描述为问题对答案的直接因果效应，并通过从总因果效应中减去直接的语言效应来减轻偏差带来的影响。如图 8.17 所示，假设有一个问题是“香蕉是什么颜色的？”，训练集中大部分的答案是黄色。传统 VQA 模型的推理受到语言和视觉两方面的影响，但由于数据集偏差的存在，语言的推理占比较大，最终覆盖了视觉的影响，给出“黄色”的答案。CF-VQA 模型不仅进行传统 VQA 的推理，也进行只有语言的反事实推理，通过从总因果效应中减去语言因果效应，从而消除了语言相关性对答案的影响，给出了正确答案“绿色”。

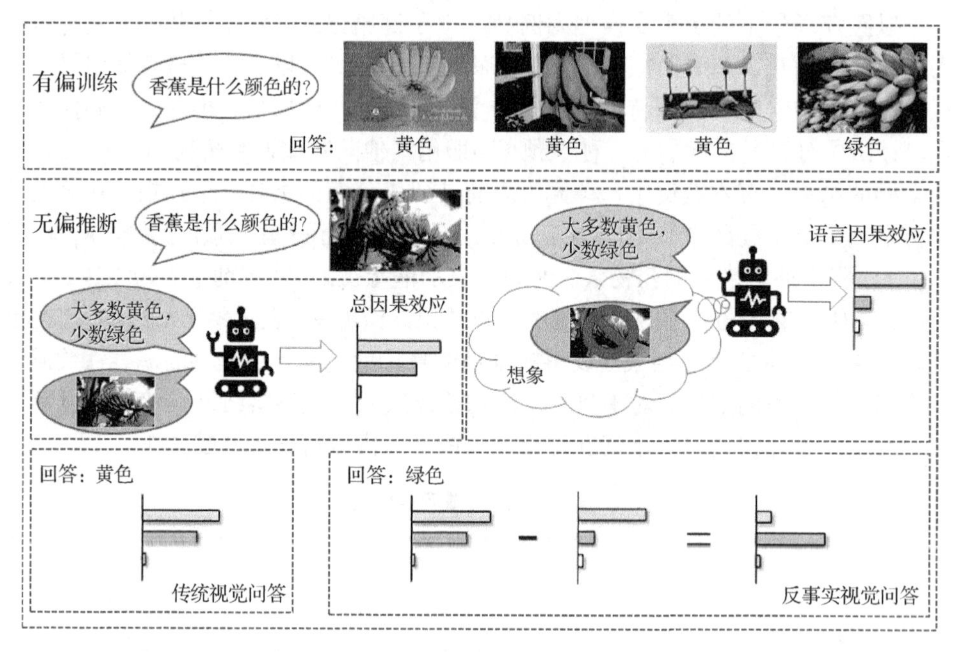

图 8.17　反事实视觉问答示例

（2）使用反事实增强可解释性。基于反事实的解释方法通过回答 “如果在其他场景（干预）下，模型会做出怎样的决策或判断？”这样的问题来增强模型的可解释性。如图 8.18 所示，该方法在现有样本的特征上，进行最小扰动，得到预期的反事实结果，并收集这些经过最小扰动的样本，寻求模型决策的解释。生成反事实解释的方法大致可以分为 6 类，包括启发式方法、加权法、基于多样性的方法、混合整数规划求解法、基于原形的方法和基于生成式对抗网络的方法[64]。

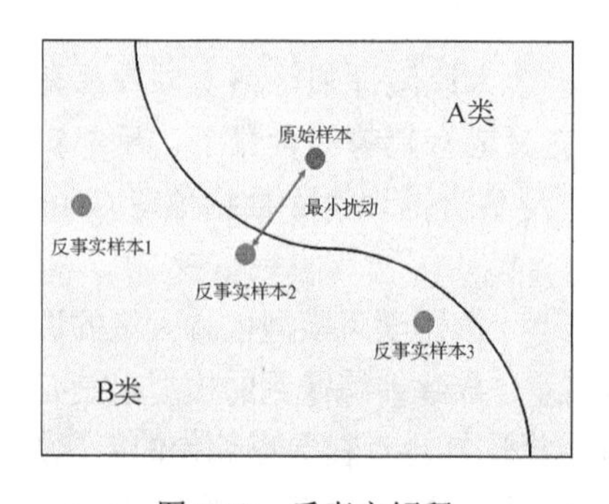

图 8.18　反事实解释

以重复问题识别任务为例。图 8.19 中的两个语句被识别为重复的问题。通过扰动 Q2 生成的反事实样本“How do I help a woman who is in depression?”和 Q1 是不重复的问题，这表明“friend”这个词的变动会影响模型最终的判断。右侧的条形图是通过 SHAP 值计算出的单词重要性，可以看到“friend”的重要性没有排在前面。同时，替换重要性排名较高的“depression”和较低的“help”，并没有改变模型的判断结果。这说明在这个问题中，SHAP 值并不一定能反映模型的判断依据，而反事实样本则可以为模型的预测提供解释。

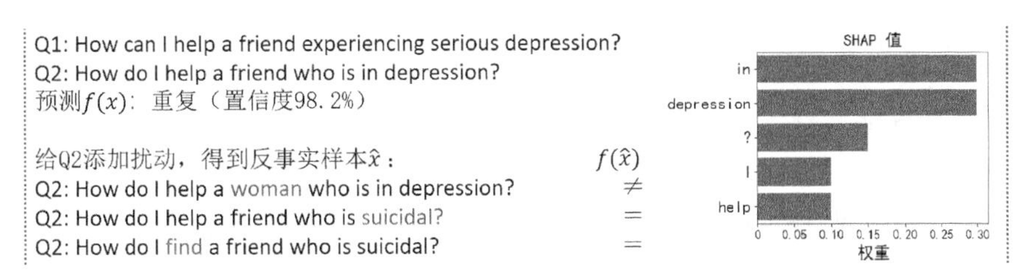

图 8.19　重复问题识别中的反事实解释

3. 知识图谱中的反事实推理

知识图谱构建的一个关键问题是，如何建立对因果关系的理解以及进行反事实推理。目前，知识图谱，如 ConceptNet 和 CauseNet[65]，将因果关系表示为一个简单的二元关系。CauseNet 是一个大规模的因果关系知识库，研究人员实现了针对因果关系的信息提取算法，从不同的半结构化和非结构化的 web 源（ClueWeb12 语料库和维基百科）中收集了超过 1100 万个因果关系，并构建了第一个大规模的开放域因果图。然而，因果关系是一种复杂的关系，不能简单表示为因果实体之间的单一连接。目前，知识图谱中的因果关系表示使得反事实推理极具挑战性。因此，基于知识图谱的因果关系模型需要更高级的表示框架来定义上下文、因果信息和因果效应，并且支持干预与反事实推理，提高知识推理的可解释性。

如图 8.20 所示，Jaimini 等[66]在 CausalNet 基础上提出了 CausalKG 框架。CausalKG 框架的构建包括因果本体设计和因果贝叶斯网络构建，其中，实体包括干预、结果（outcome）和中介（mediator）。因果关系可能涉及两个以上的实体，并用因果效应等附加信息进行注释，边代表了因果关系、中介变量和相关的因果效应。相关的因果效应有三种类型：总因果效应（total causal effect，TCE）、自然直接效应（natural direct effect，NDE）和自然间接效应（natural indirect effect，NIE）。CausalKG 框架明确地考虑了因果知识，允许灵活地合并由因果贝叶斯网络所代表的因果领域知识，提高领域可解释性，促进下游人工智能任务中的干预推理和反事实推理等任务。

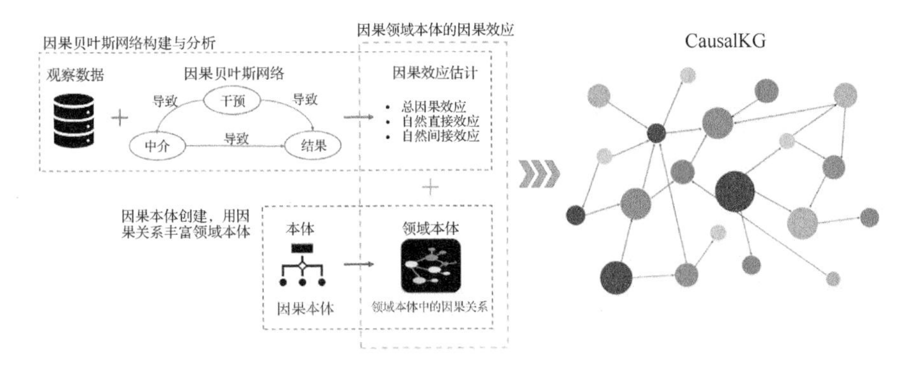

图 8.20　CausalKG 框架

4. 未来展望

在人工智能领域，因果推断与反事实推理的引入将带来巨大的变革，是从弱人工智能迈向强人工智能的重要一步。目前，因果推断与反事实推理已经有了一些基础性工作（潜在结果框架与结构因果模型等），并且在很多机器学习任务上取得了不错的成果。但是，目前的研究范式还不能完美地应对更复杂的机器学习任务，这一领域的基础性分析仍有待更深入的研究。

8.2.3 可解释机器学习

在机器学习与人工智能领域，关于模型可解释性的研究逐渐成为该领域的关注重点。对于机器学习的用户而言，模型的可解释性是一种较为主观的性质，无法通过严谨的数学表达方法形式化定义可解释性。通常认为，机器学习的可解释性刻画了人类对模型决策或预测结果的理解程度[67]，用户可以更容易地理解可解释性较高的模型做出的决策和预测。在理想状态下，如果能够通过溯因推理的方式恢复模型计算输出结果的过程，就可以实现较强的模型可解释性。对模型可解释性的探索有助于模型和特征的优化，帮助人们更好地理解模型本身，提升模型的服务质量[68]。

1. 可解释的必要性

虽然在许多任务上，机器学习算法已经超过了人类，但缺乏可解释性仍然是很多机器学习模型无法被广泛使用的一个重要原因。在工业界中，机器学习的主要焦点是更偏“应用”地解决复杂的现实世界中至关重要的问题，因此可解释性就显得尤为重要。在一些领域，特别是在医疗、法律、金融等涉及高风险决策的领域，由于复杂模型经常难以解释，数据科学家通常不得不使用更传统的机器学习模型（线性或基于树的）。由此可见，模型可解释性的强弱在很大程度上决定了模型能否被广泛地应用在实际场景中。此外，对可解释性的需求来自问题形式化的不完整性[69]，即对于某些问题或任务，仅仅获得预测结果是不够的，机器学习流程中还应该包括对模型的解释。为模型赋予可解释性也有利于确保其公平性、鲁棒性、隐私保护性能，提升用户对模型的信任程度。可解释性需求的来源可以总结为以下三方面。

（1）促进模型的完善：可解释性提供对模型输入、特征、预测的解释，对理解为什么一个机器学习模型会做出这样的决定、什么特征在决定中起最重要作用，有助于判断模型是否符合人类的认知，进而对模型进行诊断和完善。

（2）提升模型可信度与透明度：理解机器学习模型在提高模型可信度和提供预测结果透明度上是非常必要的。在实际应用中，如果一个模型做出了错误的判断，那么在应用这个模型之前，就可以通过模型的可解释性及时发现并阻止不良影响的发生。

（3）提升模型公平性：由于机器学习高度依赖于训练数据，而训练数据往往并不是无偏的，会产生关于人种、性别、职业等因素的偏见。为了保证模型的公平性，用户会要求模型具有检测偏见的功能，能够通过对自身决策的解释说明其公平性。因此，具有强可解释性的模型会具有更高的社会认可度，更容易被公众所接纳。

2. 可解释机器学习方法分类

通常，可以根据不同标准对可解释机器学习方法进行分类[70]：

（1）本质的（intrinsic）和事后的（post-hoc)方法。该标准通过限制机器学习模型的复杂性（本质的，也可称为内在的）或在训练后分析模型的方法（事后的）来区分是否实现了可解释性。本质的可解释性是指由于结构简单而被认为是可解释的机器学习模型，如较浅的决策树或稀疏线性模型；事后的可解释性是指模型训练后运用解释方法，如置换特征重要性（permutation feature importance）[71, 72]就是一种事后解释方法。事后解释也可以应用于本质上可解释的模型，如计算决策树的置换特征重要性。

（2）特定于模型的（model-specific）和模型无关的（model-agnostic）方法。特定于模型的解释方法仅限于特定的模型类，如对线性模型中回归权重的解释就是特定于模型的解释。此外，仅应用于解释神经网络的方法也是特定于模型的。相对应地，模型无关的方法可以用于任何机器学习模型，并且在模型训练完成后应用（事后的）。这类方法一般无法访问模型的内部信息，如权重或结构信息，通常通过对模型的输入和输出进行分析来提供可解释性。

（3）局部的（local）和全局的（global）方法。这种分类方式的标准是可解释方法解释单个预测还是整个模型行为，或者介于两者之间。局部的可解释性关注于理解单个数据点的预测决策，并在该点附近的特征空间中查看局部子区域，尝试根据此局部区域了解该点的模型决策。相反，全局的可解释性是指能够基于完整数据集上的相应变量和输入特征之间的条件相互作用来解释和理解模型决策。

（4）基于可解释方法的输出类型进行分类。不同方法的输出类型包括：特征概要统计量（feature summary statistic）、特征概要可视化（feature summary visualization）、模型内部部件（model internal）、数据点（data point）和本质上可解释模型等。相关内容可以参考文献[70]。

3. 可解释机器学习方法示例

机器学习模型解释方法的分类标准众多，受篇幅限制，本节仅介绍线性回归模型和 Shapley 值的可解释方法。

1）线性回归模型

采用可解释模型是实现可解释性最简单的方式之一。一些传统的机器学习方法，如线性回归、逻辑回归和决策树都是可解释模型。在线性回归模型中，目标预测等于输入特征的线性加权和。对于第 i 个实例，可以写成：

$$y=\beta_0+\beta_1x_1+\beta_2x_2+\cdots+\beta_px_p+\epsilon \tag{8.1}$$

式中，参数 $\beta_j(j=0,1,2,\cdots,p)$ 是特征权重或系数；第一项 β_0 称为截距；ϵ 表示误差。通常使用最小二乘法计算真实结果和预测结果之间的差距并优化权重：

$$\hat{\beta}=\arg\min_{\beta_0,\cdots,\beta_p}\sum_{i=1}^{n}\left[y^{(i)}-\left(\beta_0+\sum_{j=1}^{p}\beta_jx_j^{(i)}\right)\right]^2 \tag{8.2}$$

特征的线性组合使得线性回归模型是一种可解释模型，而特征的解释取决于特征的类型。对于数值特征，当所有其他特征保持不变时，特征 x_k 增加一个单位，预测结果 y 增加 β_k；对于二分类特征，当所有其他特征保存不变时，将特征 x_k 从参照类别改为其他类别时，预测结果 y 增加 β_k。特征重要性可以用其 t-统计量（t-statistic）的绝对值来衡量。t-统计量是以标准差为尺度的估计：

$$t_{\hat{\beta}_j}=\frac{\hat{\beta}_j}{\mathrm{SE}\left(\hat{\beta}_j\right)} \tag{8.3}$$

可以看出，特征的重要性与权重大小成正比，与估计权重的方差成反比。对于逻辑回归模型，其回归目标是二分类中正负例的对数概率：

$$\lg\left[\frac{P(y=1)}{1-P(y=1)}\right]=\lg\left[\frac{P(y=1)}{P(y=0)}\right]=\beta_0+\beta_1x_1+\beta_2x_2+\cdots+\beta_px_p \tag{8.4}$$

对于数值特征，当所有其他特征保持不变时，特征 x_k 增加一个单位，估计的概率将乘以 $\exp(\beta_x)$；对于二分类特征，当所有其他特征保存不变时，将特征 x_k 从参照类别改为其他类别，估计的概率将乘以 $\exp(\beta_x)$。此外，其他可解释模型包括朴素贝叶斯、决策树、K 近邻、广义线性模型、广义加性模型等。

2）Shapley 值

与可解释模型不同，模型无关的方法对任何的黑盒机器学习模型提供解释。Shapley 值[73]是一种模型无关的可解释方法，其思想源于博弈论。该方法针对任何机器学习模型的单个预测计算特征贡献度。假定数据的每一个特征是游戏中的一个玩家，每个玩家对于预测的结果都有一定的贡献。对于每一个实例的预测结果，Shapley 值给出每一个特征对于这个预测结果的贡献度。每个特征值的 Shapley 值是其对预测的贡献在所有可能的特征值组合上的加权和：

$$\phi_j(\mathrm{val})=\sum_{S\subseteq\{x_1,\cdots,x_p\}\setminus\{x_j\}}\frac{|S|!\left(p-|S|-1\right)!}{p!}\left[\mathrm{val}\left(S\cup\{x_j\}\right)-\mathrm{val}(S)\right] \tag{8.5}$$

式中，S 是模型中使用的特征子集；x 是要解释的实例；p 是特征数量；$\mathrm{val}(S)$ 是对集合 S 中特征值的预测，它是在集合 S 中未包含的特征上进行边缘化：

$$\mathrm{val}_x(S)=\int \hat{f}(x_1,\cdots,x_p)\mathrm{d}\mathbb{P}_{x\notin S}-E_X(\hat{f}(X)) \tag{8.6}$$

精确的 Shapley 值必须从使用第 j 个特征和不使用第 j 个特征的所有可能的集合来估计，当特征数增多时，可能的集合数量呈指数增长，因此可采用 Štrumbelj 等[74]提出的蒙特卡洛抽样方法来近似估计。

4. 知识图谱中的可解释性

随着人工智能的发展，知识图谱逐渐成为人工智能应用的强大助力。相对于传统的知识表示，知识图谱具有海量规模、语义丰富、结构友好、质量精良等优点。从可解释性角度看来，由于知识图谱大多数属于异构图结构，对比其他的数据结构，有更强的表达能力以及对应更多用途的图算法。一种典型的知识图谱可解释方法是基于路径的解释方法，其主要应用在推荐系统中，通过用户-物品的异构知识图谱，可以基于找到的关联路径提供解释。这类关联路径不仅表述了知识图谱中实体和关系的语义，还有助于理解用户的兴趣偏好，赋予推荐系统推理能力和可解释性。Wang 等[75]提出了一种基于循环神经网络的方法知识感知路径循环网络（knowledge-aware path recurrent network，KPRN），建模用户和物品对在知识图谱中存在的关联路径，按照路径的解释分数对路径进行排序后输出。当模型训练好后，可以在使用该模型对用户进行物品推荐的同时，追溯推荐的原因。此外，基于路径的可解释方法还有 PGPR[76]、Hete-CF[77]等，以及 Query2box[78]、LTN[79]、NTP[80]等基于嵌入的方法。

5. 挑战与展望

虽然研究者已经对基于知识图谱的可解释方法进行了初步研究，但仍然面临巨大挑战：

（1）对于解释和理解的认知仍然匮乏。人类如果想将理解与解释的能力赋予机器，首先要反思自身，理解人是怎么解释现象、理解世界的。然而，在哲学、心理学、认知科学等层面，目前对于人类理解能力的认知十分有限，尤其是对于日常生活中的理解和解释机制更为有限。

（2）大规模常识知识的获取及其在可解释机器学习中的应用。目前，对机器而言，常识知识仍然十分缺乏，常识知识获取仍是当前知识库构建的瓶颈问题。然而常识知识对于可解释性是至关重要的，如何获取常识知识并且将其应用于可解释模型中仍是一大挑战。

（3）知识引导与数据驱动深度融合的新型机器学习模型的构建。要想对机器学习，特别是深度学习进行显式解释，需要将符号化知识植入数值化表示的神经网络中，用符号化知识解释学习得到深度神经网络的中间表示与最终结果。符号化知识与深度学习模型的有机融合是降低深度学习模型的样本依赖，突破深度学习模型效果天花板的关键所在。目前这一问题虽然受到了普遍关注，但仍然缺乏有效手段。

8.3　脑启发的知识编码与记忆

在海量标注数据和超强计算能力的推动下，现有人工智能和知识工程技术在众多领域与任务上的性能已经全面接近甚至超越了人类，如人脸/语音识别、围棋对弈、蛋白分子结构解析等。然而，与人脑相比，现有人工智能技术仍存在众多不足。例如，人脑可以自主地归纳学习、并行执行多项不相关的任务，而现有人工智能则缺乏概括归纳能力和迁移学习能力。此外，相比于人工智能所需的庞大计算成本，人脑能够做到在保持相对较高效率的同时维持低能耗。因此，人类大脑仍然是目前唯一真正的智能系统，学习人类大脑的各项复杂机制，建立更强大和更通用的人工智能是非常有前景的。

人脑是宇宙中已知最复杂的实体，这种复杂性恰恰体现在人脑努力了解自身上——它的分子、细胞、回路和系统如何实现感知、认知、记忆、情感、思想、语言、艺术以及对人类在自然世界中地位的思考。一直以来，世界各国在脑科学领域都制定了长远的研究计划，投入了大量的精力与经费[81]。在脑科学的研究中，除了对大脑结构和功能的基础研究外，一个重要的课题就是认知神经科学，它试图在各个水平或层次对大脑的认知，包括学习、记忆、情感等过程进行建模，阐明其内在机制[82]。因此，研究者希望将认知神经科学中发现的概念和原理更多地引入人工智能模型的构建中。

尽管这类受“脑启发”的研究在各个领域尚处于刚刚起步的阶段，但是其在人工智能与大数据知识工程领域都展现了良好的发展前景。本节主要介绍两种相对较为成熟的研究方向，即双过程理论启发的认知图谱与海马体理论启发的知识记忆与推理。

8.3.1　双过程理论启发的认知图谱

1. 认知图谱的提出背景

2012 年，谷歌公司提出知识图谱这一概念。知识图谱，也称为语义网络，代表现实世界实体的网络，即对象、事件、情况或概念，并阐明它们之间的关系。这些信息通常存储在图状数据库中并可视化为图结构。知识图谱由两个主要部分组成：节点和边。任何物体、地点或人都可以是一个节点，而边则定义了节点之间的关系。知识图谱是实现知识表示和知识推理的基础框架，同样可以用于增强其他研究应用，如情感分析、推荐系统等。但是与此同时，知识图谱仍然存在着众多问题，如关系冗余、歧义问题等，此外，缺乏可解释性也始终是该领域的一大挑战[83]。

为解决这些问题，清华大学的唐杰团队提出了“认知图谱”这一概念[84]。认知图谱被解释为基于原始文本数据，针对特定问题情境，使用强大的机器学习模型动态构建的，节点带有上下文语义信息的知识图谱，其应用框架遵循认知心理学中的“双过程理论”[85]。如图 8.21 所示，这一理论认为大脑首先通过称为系统 1 的隐式的、无意识的直觉过程来获取相关信息，并在此基础上进行称为系统 2 的另一种显式的、有意识的且可控的推理过程。系统 1 可以根据请求提供资源，而系统 2 可以通过在工作记忆[86]中执行顺序思考来更深入地了解相关信息，这种思考速度较慢，但具有人类独特的理性。对于复杂的推理，这两个系统相互协调，以迭代方式执行快速和慢速思考。具体来说，系统 1 主要负责知识的扩展，即针对问题中所有相关实体，检索所有相关信息，然后系统 2 则负责推理并做决策。如果决策结果是正确的，就结束整个推理的过程；如果决策结果不正确但相应的信息又有用，就将其提供给系统 1，重复上述过程直到做出正确的决策。

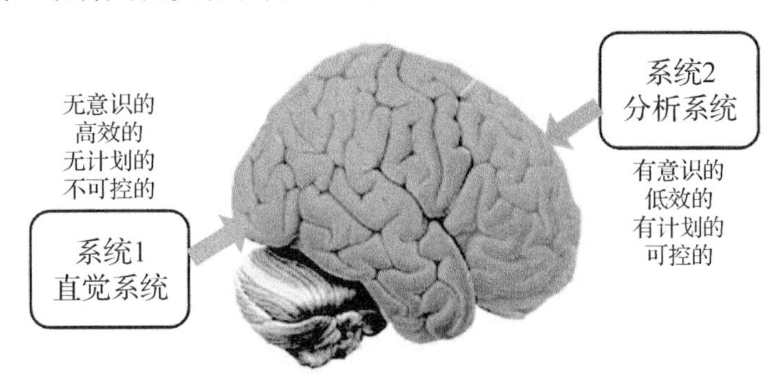

图 8.21　双过程理论

2. 认知图谱的具体应用

基于认知图谱理论可以解决很多实际问题。在最近的研究中，Ding 等[84]基于认知图谱提出一个多跳机器阅读理解框架，该框架包括功能不同的系统 1 和系统 2 模块。系统 1 从段落中提取与问题相关的实体和候选答案，并对其语义信息进行编码，将提取的实体构造为认知图谱，类似于工作记忆。然后系统 2 对图谱进行推理，并收集线索以指导系统 1 更好地提取下一跳实体。迭代上述过程，直到找到所有可能的答案，然后根据系统 2 的推理结果选择最终答案。其中系统 1 使用 BERT[31]来实现，用于相关的信息匹配；系统 2 则通过图卷积网络[87]来实现，用于推理和决策。

Du 等[88]同样基于认知图谱推理实现单样本关系学习，其通过两个模块解决问题：摘要模块总结给定实例的潜在关系，推理模块据此推断正确答案。此外，文献[89]基于认知图谱解决多跳知识推理问题，框架同样由一个摘要模块和一个推理模块组成。通过迭代协调这两个模块来建立认知图谱，以子图而不是单个路径的形式处理更复杂的推理场景。从各项研究展现出的实验结果可以得出，基于认知神经科学理论所提出的认知图谱在一些领域中得到了显著的效果，给模型性能带来较大提升，具有巨大的发展潜力。

3. 未来研究方向

目前，认知图谱领域尚处于起步阶段，还面临着很多问题，因此也存在众多有价值的研究方向亟待探索。

（1）新的神经网络：目前认知图谱系统 1 和系统 2 的实现是基于一些已有的预训练表征模型和深度学习网络，可以针对性提出便于对相关知识进行检索的表征模型以及更适合推理且可解释性更强的深度学习网络；

（2）新的推理框架：现有认知图谱是基于认知神经科学的双过程理论构建，同样可以探索基于其他脑科学相关理论提出新的框架，如将认知图谱与人类包含长期记忆与短期记忆的记忆机理相结合的方式等；

（3）更大的知识库：要真正实现知识的推理，需要万亿级的常识知识库才能支撑深度学习的计算过程，这也是待解决的问题。

总之，认知图谱作为一个新兴的研究领域，其包含推理、可解释性、认知的研究理念，一定会成为各大领域重要的研究方向，需要更多研究者的参与。

8.3.2　海马体理论启发的知识记忆与推理

1. 海马体的记忆和推理能力

人类生来就具备对知识进行编码、记忆乃至推理的能力，这依托于人类大脑复杂的结构与机制。随着技术不断发展，针对人类大脑内部各个区域的探索逐渐深入，一个称为海马体的区域因其独特而又核心的功能受到了广泛的关注。海马体是人类和其他脊椎动物大脑的主要组成部分。人类和其他哺乳动物有两个海马体，大脑的每一侧都有一个，形状蜿蜒且处于枢纽的位置，与其他脑区域均有连接。

海马体独特的功能被证明来源于其特殊的记忆回放机制[90]，如图 8.22 所示，在人类海马体中存在着称为大脑回放的神经活动，它既包括具体的物品，又包括可概括的抽象表示，在人类休息时会将过去学习到的知识（规则）与当前新的经历相结合，自发地重新排列组合，从而进行记忆乃至进一步推理。

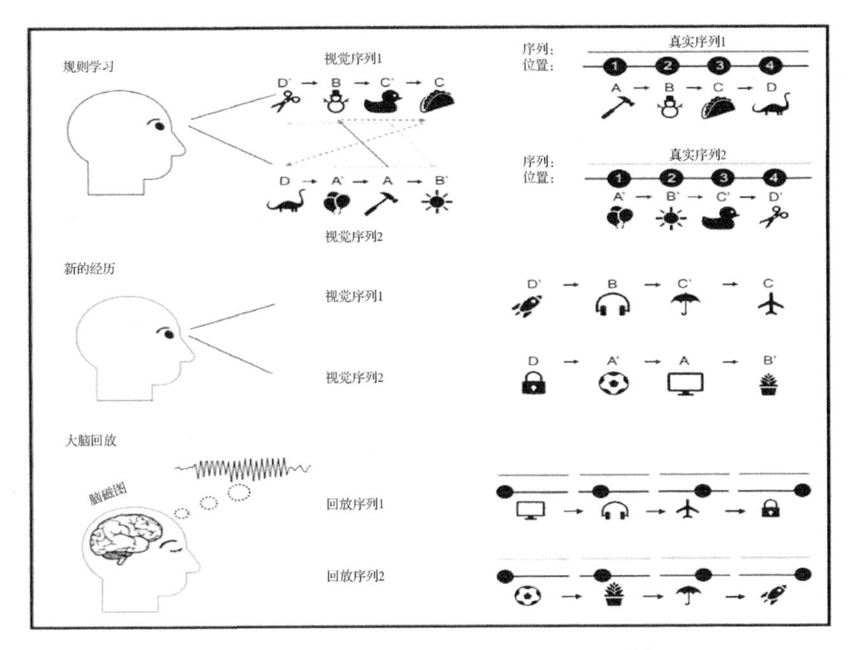

图 8.22　人类大脑海马体的记忆回放机制[90]

此外，大量研究也佐证了海马体的独特性及其与人类记忆乃至推理的联系。例如，大量动物实验表明海马体中的齿状区通过快速生成新细胞，从而对大量新事件按照时间和空间进行编码记忆以便随时进行读取和回放；在阿尔茨海默病（和其他形式的痴呆症）患者中，海马体是大脑中最先受损的区域之一，以及海马体损伤的人会出现健忘症，即无法形成和保留新的记忆[91]；此外，2014 年诺贝尔生理学或医学奖获得者 Moser 夫妇和 O'Keefe 发现的位置细胞和网格细胞进一步论证了海马体的记忆机制。因此，为了利用海马体强大的记忆和推理能力，大量研究机构，如谷歌 Deepmind 把研究和模拟海马体的运行机制作为核心方向之一，试图将其搬运到人工智能乃至更一般化的任务中。

2. 海马体理论的具体应用

海马体可以提取特定事件与知识的结构化抽象信息[92]。例如，导航任务中背后的空间结构是一致的，学科知识分类任务中知识的树形结构是类似的。对于这些不同具体任务结构的提取代表着对某种结构连通性知识的表征。这些抽象表示可以被认为是描述关系知识的基集，新的认知问题可以在这种关系基础上被视为推论。研究者将海马体所抽取的抽象信息称为“学习集”，而人类能够产生各种灵活的、动态的行为，正是因为不断抽取信息填充学习集并基于学习集不断进行学习。研究者进一步将这种机制形式化，并讨论了其在如强化学习等学习算法中的有效性。

理解智能的一个核心问题就是泛化，即通过利用先前学习的结构来解决在不同新情况下的任务。文献[93]从海马体能够提取结构化信息这一发现中汲取灵感，提出为了概括结构知识，世界结构的表示，即世界中的实体如何相互关联，需要与实体本身的表示分开。在这些原则下，嵌入层次结构和快速赫布记忆的人工神经网络可以学习记忆的统计数据并概括结构知识。研究者通过实验支持模型假设，设计了更泛化的不仅限于空间导航任务的推理机器学习模型，它可以在二维图形世界上行走时预测感官观察，其中每个顶点都与感官体验相关联。行走者需要推理下一步会出现什么物品，为了做出准确的预测，它需要学习图的潜在隐藏结构，即被放置物品背后的几何关系。实验结果证明了海马体提取隐藏结构信息的机制对于知识推理能力可以起到一定的提升作用。

海马体一方面可以快速提取潜在抽象结构与共性特征；另一方面又可以记忆每一个具体事件的大量细节，两者存在着一定的冲突。因此，研究者提出一个“互补学习系统”理论假设，将海马体的两种机制统一在两个不同的功能回路[94]。具体如图 8.23 所示，海马体中的 EC_{in}-DG-CA3 回路负责进行个体记忆的存储，让个性化的事件尽量独立存储；另一个回路 EC_{out}-CA1 则让不同事例进行重叠，抽取其中相通的部分，即潜在结构信息，如不同学科知识背后类似的树状结构等。海马体的两大功能在实际应用场景中都具有重要的意义，而这一理论将两者进行了有机结合并提出了一个明确的神经网络模型，对于知识工程领域中知识表征模型设计具有很大的借鉴意义。

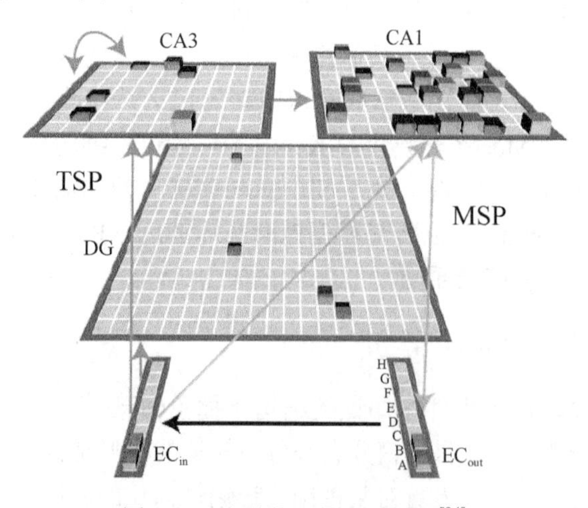

图 8.23　海马体互补学习系统[94]

3. 未来研究方向

现有的研究工作表明，对海马体功能机制的理论分析和建模对实现更加智能化的知识编码、记忆与推理有着极大的借鉴作用，但是仍存在众多不足。

一方面，目前的研究还处于一个比较初级的阶段，仅能借鉴大脑的一些基础且局部的机制对现有模型进行微调。随着脑科学领域不断发展，研究发现越来越多，应当将两者进行更深入的融合。例如，在进行知识编码时，结合文献[94]中的研究理论兼顾不同种类知识间个性和共性的特征；或是结合文献[95]中通过双光子钙成像揭示的海马体中抽象知识的几何结构进行建模等。

另一方面，该领域的研究除了单方面对脑科学领域结论的模仿与建模外，还需结合下游的各项具体应用方向，通过本领域的技术手段与特点，探究所模仿机制背后的原理，如大脑使用该知识编码机制的原因、使用该知识记忆方法的原因、该知识编码方式对后续知识推理或行为决策所起到的作用等，通过对各项应用的研究来验证脑科学领域的各项发现，与脑科学领域相互促进、形成互补、良性循环。只有与脑科学领域进行更深入的结合，从单方面的模仿到相互促进厘清机制背后的原理，才能更好地设计出更接近人脑机制的知识编码、记忆与推理模型，脑启发的道路依然任重道远。

8.4　本 章 小 结

本章主要探讨了知识表示的未来研究方向，以面向动态、时变、异质性的复杂大数据知识获取为出发点，介绍了知识增殖与量质转化的概念以及发展趋势。针对基于传统知识表示可解释性差、无法进行高阶推理的难点，从可微编程、反事实推理以及可解释机器学习的角度，结合知识引导+数据驱动的混合学习方式，给出了其在知识图谱中的应用。最后对双过程理论启发的认知图谱和海马体理论启发的知识记忆与推理展开讨论分析。

参 考 文 献

[1] ANDERSON J R, CRAWFORD J. Cognitive Psychology and Its Implications[M]. San Francisco: WH Freeman, 1980.

[2] PAN Y. Miniaturized five fundamental issues about visual knowledge[J]. Frontiers of Information Technology & Electronic Engineering, 2021, 22(5): 615-618.

[3] WEN Z, PENG Y. Multi-level knowledge injecting for visual commonsense reasoning[J]. IEEE Transactions on Circuits and Systems for Video Technology, 2021, 31(3): 1042-1054.

[4] XING Y, SHI Z, MENG Z, et al. KM-BART: Knowledge enhanced multimodal BART for visual commonsense generation[C]. Proceedings of the Annual Meeting of the Association for Computational Linguistics, Bangkok, Thailand, 2021: 525-535.

[5] LI J, SU H, ZHU J, et al. Textbook question answering under instructor guidance with memory networks[C]. Proceedings of the IEEE Conference on Computer Vision and Pattern Recognition, Salt Lake City, USA, 2018: 3655-3663.

[6] KIM D, KIM S, KWAK N. Textbook question answering with multi-modal context graph understanding and self-supervised open-set comprehension[C]. Proceedings of the Annual Meeting of the Association for Computational Linguistics, Florence, Italy, 2019: 3568-3584.

[7] WANG S, ZHANG L, YANG Y, et al. CSDQA: Diagram question answering in computer science[C]. Proceedings of the China Conference on Knowledge Graph and Semantic Computing, Guangzhou, China, 2021: 274-280.

[8] KEMBHAVI A, SEO M, SCHWENK D, et al. Are you smarter than a sixth grader? textbook question answering for multimodal machine comprehension[C]. Proceedings of the IEEE Conference on Computer Vision and Pattern Recognition, Hawaii, USA, 2017: 4999-5007.

[9] KEMBHAVI A, SALVATO M, KOLVE E, et al. A diagram is worth a dozen images[C]. Proceedings of the European Conference on Computer Vision, Amsterdam, The Netherlands, 2016: 235-251.

[10] PAN Y. On visual knowledge[J]. Frontiers of Information Technology & Electronic Engineering, 2019, 20(8): 1021-1026.

[11] YANG Y, ZHUANG Y, PAN Y. Multiple knowledge representation for big data artificial intelligence: Framework, applications, and case studies[J]. Frontiers of Information Technology & Electronic Engineering, 2021, 22(12): 1551-1558.

[12] WANG M, QI G, WANG H, et al. Richpedia: A comprehensive multi-modal knowledge graph[C]. Proceedings of the Joint International Semantic Technology Conference, Hangzhou, China, 2019: 130-145.

[13] HONG Y, LI Q, ZHU S C, et al. VLGrammar: Grounded grammar induction of vision and language[C]. Proceedings of the IEEE International Conference on Computer Vision, Montreal, Canada, 2021: 1665-1674.

[14] YANG J, LU J, LEE S, et al. Graph R-CNN for scene graph generation[C]. Proceedings of the European Conference on Computer Vision, Munich, Germany, 2018: 670-685.

[15] HE K, ZHANG X, REN S, et al. Deep residual learning for image recognition[C]. Proceedings of the IEEE Conference on Computer Vision and Pattern Recognition, Las Vegas, USA, 2016: 770-778.

[16] ZHANG Q, WANG X, CAO R, et al. Extraction of an explanatory graph to interpret a CNN[J]. IEEE Transactions on Pattern Analysis & Machine Intelligence, 2021, 43(11): 3863-3877.

[17] CONSTANTINESCU A O, O'REILLY J X, BEHRENS T E J. Organizing conceptual knowledge in humans with a gridlike code[J]. Science, 2016, 352(6292): 1464-1468.

[18] ILIEVSKI F, OLTRAMARI A, MA K, et al. Dimensions of commonsense knowledge[J]. Knowledge-Based Systems, 2021, 229: 107347.

[19] 史忠植. 高级人工智能[M]. 北京: 科学出版社, 2011.

[20] DAVIS E, MARCUS G. Commonsense reasoning and commonsense knowledge in artificial intelligence[J]. Communications of the ACM, 2015, 58(9): 92-103.

[21] DAVIS E. Representations of Commonsense Knowledge[M]. San Francisco: Morgan Kaufmann, 1990.

[22] SPEER R, CHIN J, HAVASI C. Conceptnet 5.5: An open multilingual graph of general knowledge[C]. Proceedings of the AAAI Conference on Artificial Intelligence, San Francisco, USA, 2017: 4444-4451.

[23] SAP M, LE BRAS R, ALLAWAY E, et al. Atomic: An atlas of machine commonsense for if-then reasoning[C]. Proceedings of the AAAI Conference on Artificial Intelligence, Hawaii, USA, 2019: 3027-3035.

[24] CAMBRIA E, LI Y, XING F Z, et al. SenticNet 6: Ensemble application of symbolic and subsymbolic AI for sentiment analysis[C]. Proceedings of the Conference on Information and Knowledge Management, Galway, Ireland, 2020: 105-114.

[25] TANDON N, DE MELO G, WEIKUM G. Webchild 2.0: Fine-grained commonsense knowledge distillation[C]. Proceedings of the Annual Meeting of the Association for Computational Linguistics, Vancouver, Canada, 2017: 115-120.

[26] ZHANG H, LIU X, PAN H, et al. ASER: A large-scale eventuality knowledge graph[C]. Proceedings of the International World Wide Web Conference, Taipei, China, 2020: 201-211.

[27] MILLER G A. WordNet: An Electronic Lexical Database[M]. Cambridge: MIT Press, 1998.

[28] ROGET P M. Roget's Thesaurus of English Words and Phrases[M]. New York: Thomas Y. Crowell Company, 1911.

[29] BAKER C F, FILLMORE C J, LOWE J B. The berkeley framenet project[C]. Proceedings of the Annual Meeting of the Association for Computational Linguistics, Montreal, Canada, 1998: 201-211.

[30] RADFORD A, WU J, CHILD R, et al. Language models are unsupervised multitask learners[EB/OL]. [2022-04-02]. https://openai.com/blog/better-language-models/.

[31] DEVLIN J, CHANG M W, LEE K, et al. Bert: Pre-training of deep bidirectional transformers for language understanding[C]. Proceedings of the North American Chapter of the Association for Computational Linguistics - Human Language Technologies, Minneapolis, USA, 2019: 4171-4186.

[32] CUI L, CHENG S, WU Y, et al. On commonsense cues in BERT for solving commonsense tasks[C]. Proceedings of the International Joint Conference on Natural Language Processing, Bangkok, Thailand, 2021: 683-693.

[33] WANG A, PRUKSACHATKUN Y, NANGIA N, et al. Superglue: A stickier benchmark for general-purpose language understanding systems[C]. Proceedings of the Advances in Neural Information Processing Systems, Vancouver, Canada, 2019: 3266-3280.

[34] MA K, ILIEVSKI F, FRANCIS J, et al. Knowledge-driven data construction for zero-shot evaluation in commonsense question answering[C]. Proceedings of the AAAI Conference on Artificial Intelligence, California, USA, 2021: 13507-13515.

[35] LI Y, SU H, SHEN X, et al. Dailydialog: A manually labelled multi-turn dialogue dataset[C]. Proceedings of the International Joint Conference on Natural Language Processing, Taipei, China, 2017: 986-995.

[36] ZHONG P, WANG D, MIAO C. Knowledge-enriched transformer for emotion detection in textual conversations[C]. Proceedings of the Conference on Empirical Methods in Natural Language Processing and International Joint Conference on Natural Language Processing, Hong Kong, China, 2019: 165-176.

[37] MOSTAFAZADEH N, CHAMBERS N, HE X, et al. A corpus and cloze evaluation for deeper understanding of commonsense stories[C]. Proceedings of the North American Chapter of the Association for Computational Linguistics - Human Language Technologies, California, USA, 2016: 839-849.

[38] GUAN J, WANG Y, HUANG M. Story ending generation with incremental encoding and commonsense knowledge[C]. Proceedings of the AAAI Conference on Artificial Intelligence, Hawaii, USA, 2019: 6473-6480.

[39] SWANSON D R. Fish oil, Raynaud's syndrome, and undiscovered public knowledge[J]. Perspectives in Biology and Medicine, 1986, 30(1): 7-18.

[40] SWANSON D R. Migraine and magnesium: Eleven neglected connections[J]. Perspectives in Biology and Medicine, 1988, 31(4): 526-557.

[41] GOWERS T, NIELSEN M. Massively collaborative mathematics[J]. Nature, 2009, 461(7266): 879-881.

[42] MENG X B, GAO X Z, LU L, et al. A new bio-inspired optimisation algorithm: Bird Swarm Algorithm[J]. Journal of Experimental & Theoretical Artificial Intelligence, 2016, 28(4): 673-687.

[43] BURDEN R L, FAIRES J D, BURDEN A M. Numerical Analysis [M]. Boston: Cengage Learning, 2015.

[44] GRABMEIER J, KALTOFEN E, WEISPFENNING V. Computer Algebra Handbook: Foundations, Applications, Systems[M]. New York: Springer, 2003.

[45] GRIEWANK A, WALTHER A. Evaluating Derivatives: Principles and Techniques of Algorithmic Differentiation[M]. Philadelphia: SIAM, 2008.

[46] PASZKE A, GROSS S, CHINTALA S, et al. Automatic differentiation in pytorch[C]. Proceedings of the International Conference on Neural Information Processing Systems Workshop, Long Beach, USA, 2017.

[47] ABADI M, AGARWAL A, BARHAM P, et al. Tensorflow: Large-scale machine learning on heterogeneous distributed systems[J]. arXiv e-prints, arXiv:1603.04467, 2016.

[48] 华为编程语言实验室．技术分享 | 从自动微分到可微编程语言设计[EB/OL]．[2022-04-02]．https://zhuanlan.zhihu.com/p/393160344．

[49] SAETA B, SHABALIN D, RASI M, et al. Swift for TensorFlow: A portable, flexible platform for deep learning[J]. Proceedings of Machine Learning and Systems, 2021, 3: 240-254.

[50] INNES M, EDELMAN A, FISCHER K, et al. A differentiable programming system to bridge machine learning and scientific computing[J]. arXiv e-prints, arXiv:1907.07587, 2019.

[51] COHEN W W. Tensorlog: A differentiable deductive database[J]. arXiv e-prints, arXiv:1605.06523, 2016.

[52] YANG F, YANG Z, COHEN W W. Differentiable learning of logical rules for knowledge base reasoning[C]. Proceedings of the International Conference on Neural Information Processing Systems, California, USA, 2017: 2316-2325.

[53] 官赛萍, 靳小龙, 贾岩涛. 面向知识图谱的知识推理研究进展[J]. 软件学报, 2018, 29(10): 2966-2994.

[54] PEARL J, MACKENZIE D. The Book of Why: The New Science of Cause and Effect[M]. New York: Basic books, 2018.

[55] RUBIN D B. Estimating causal effects of treatments in randomized and nonrandomized studies[J]. Journal of Educational Psychology, 1974, 66(5): 688-701.

[56] SPLAWA-NEYMAN J, DABROWSKA D M, SPEED T. On the application of probability theory to agricultural experiments[J]. Statistical Science, 1990, 5(4): 465-472.

[57] PEARL J. Probabilistic Reasoning in Intelligent Systems: Networks of Plausible Inference[M]. Burlington: Morgan Kaufmann, 1988.

[58] PEARL J. Causal diagrams for empirical research[J]. Biometrika, 1995, 82(4): 669-688.

[59] PEARL J. Causality[M]. Cambridge: Cambridge University Press, 2009.

[60] NEUBERG L G. Causality: Models, reasoning, and inference, by judea pearl, cambridge university press, 2000[J]. Econometric Theory, 2003, 19(4): 675-685.

[61] IMBENS G W, RUBIN D B. Causal Inference in Statistics, Social, and Biomedical Sciences[M]. Cambridge: Cambridge University Press, 2015.

[62] YAO L, CHU Z, LI S, et al. A survey on causal inference [J]. ACM Transactions on Knowledge Discovery from Data, 2021, 15(5): 1-46.

[63] NIU Y, TANG K, ZHANG H, et al. Counterfactual vqa: A cause-effect look at language bias[C]. Proceedings of the Conference on Computer Vision and Pattern Recognition, Nashville, USA, 2021: 12700-12710.

[64] MORAFFAH R, KARAMI M, GUO R, et al. Causal interpretability for machine learning-problems, methods and evaluation[J]. ACM SIGKDD Explorations Newsletter, 2020, 22(1): 18-33.

[65] HEINDORF S, SCHOLTEN Y, WACHSMUTH H, et al. Causenet: Towards a causality graph extracted from the web[C]. Proceedings of the ACM International Conference on Information & Knowledge Management, Galway, Ireland, 2020: 3023-3030.

[66] JAIMINI U, SHETH A. CausalKG: Causal knowledge graph explainability using interventional and counterfactual reasoning[J]. IEEE Internet Computing, 2022, 26(1): 43-50.

[67] KIM B, KHANNA R, KOYEJO O O. Examples are not enough, learn to criticize! criticism for interpretability[C]. Proceedings of the International Conference on Neural Information Processing Systems, Barcelona, Spain, 2016: 2288-2296.

[68] 北京智源人工智能研究院. 机器学习的可解释性[EB/OL]. [2022-04-02]. https://zhuanlan.zhihu.com/p/334636096.

[69] DOSHI-VELEZ F, KIM B. Towards a rigorous science of interpretable machine learning[J]. arXiv e-prints, arXiv: 1702.08608, 2017.

[70] MOLNAR C. Interpretable Machine Learning[M]. Morrisville: Lulu. com, 2019.

[71] BREIMAN L. Random forests[J]. Machine Learning, 2001, 45(1): 5-32.

[72] FISHER A, RUDIN C, DOMINICI F. All models are wrong, but many are useful: Learning a variable's Importance by studying an entire class of prediction models simultaneously[J]. The Journal of Machine Learning Research, 2019, 20(177): 1-81.

[73] SHAPLEY L S. A value for n-person games[J]. Contributions to the Theory of Games, 1953, 2: 307-317.

[74] ŠTRUMBELJ E, KONONENKO I. Explaining prediction models and individual predictions with feature contributions[J]. Knowledge and Information Systems, 2014, 41(3): 647-665.

[75] WANG X, WANG D, XU C, et al. Explainable reasoning over knowledge graphs for recommendation[C]. Proceedings of the AAAI conference on artificial intelligence, Hawaii, USA, 2019: 5329-5336.

[76] XIAN Y, FU Z, MUTHUKRISHNAN S, et al. Reinforcement knowledge graph reasoning for explainable recommendation[C]. Proceedings of the ACM SIGIR Conference on Research and Development in Information Retrieval, Paris, France, 2019: 285-294.

[77] LUO C, PANG W, WANG Z, et al. Hete-cf: Social-based collaborative filtering recommendation using heterogeneous relations[C]. Proceedings of the IEEE International Conference on Data Mining, Shenzhen, China, 2014: 917-922.

[78] REN H, HU W, LESKOVEC J. Query2box: Reasoning over knowledge graphs in vector space using box embeddings[C]. Proceedings of the International Conference on Learning Representations, Addis Ababa, Ethiopia, 2020.

[79] SERAFINI L, GARCEZ A D A. Logic tensor networks: Deep learning and logical reasoning from data and knowledge[C]. Proceedings of the International Workshop on Neural-Symbolic Learning and Reasoning CO-Located with the Joint Multi-Conference on Human-Level Artificial Intelligence, New York, USA, 2016.

[80] ROCKTÄSCHEL T, RIEDEL S. End-to-end differentiable proving[C]. Proceedings of the International Conference on Neural Information Processing Systems, Long Beach, USA, 2017: 3791-3803.

[81] POO M M, DU J L, IP N Y, et al. China brain project: Basic neuroscience, brain diseases, and brain-inspired computing[J]. Neuron, 2016, 92(3): 591-596.

[82] PURVES D, CABEZA R, HUETTEL S A, et al. Cognitive Neuroscience[M]. Sunderland: Sinauer Associates, Inc, 2008.

[83] WANG Q, MAO Z, WANG B, et al. Knowledge graph embedding: A survey of approaches and applications[J]. IEEE Transactions on Knowledge and Data Engineering, 2017, 29(12): 2724-2743.

[84] DING M, ZHOU C, CHEN Q, et al. Cognitive graph for multi-hop reading comprehension at scale[C]. Proceedings of the Annual Meeting of the Association for Computational Linguistics, Florence, Italy, 2019: 2694-2703.

[85] EVANS J S B. Heuristic and analytic processes in reasoning[J]. British Journal of Psychology, 1984, 75(4): 451-468.

[86] BADDELEY A D, HITCH G, BOWER G H. The Psychology of Learning and Motivation[M]. Amsterdam: Elsevier, 1974.

[87] KIPF T N, WELLING M. Semi-supervised classification with graph convolutional networks[C]. Proceedings of the International Conference on Learning Representations, Toulon, France, 2017.

[88] DU Z, ZHOU C, DING M, et al. Cognitive knowledge graph reasoning for one-shot relational learning[J]. arXiv e-prints, arXiv:1906.05489, 2019.

[89] DU Z, ZHOU C, YAO J, et al. CogKR: Cognitive graph for multi-hop knowledge reasoning[J]. IEEE Transactions on Knowledge and Data Engineering, 2021, doi: 10.1109/TKDE. 2021. 3104310.

[90] LIU Y, DOLAN R J, KURTH-NELSON Z, et al. Human replay spontaneously reorganizes experience[J]. Cell, 2019, 178(3): 640-652.

[91] DUBOIS B, HAMPEL H, FELDMAN H H, et al. Preclinical Alzheimer's disease: Definition, natural history, and diagnostic criteria[J]. Alzheimer's & Dementia, 2016, 12(3): 292-323.

[92] BEHRENS T E, MULLER T H, WHITTINGTON J C, et al. What is a cognitive map? Organizing knowledge for flexible behavior[J]. Neuron, 2018, 100(2): 490-509.

[93] WHITTINGTON J C, MULLER T H, MARK S, et al. Generalisation of structural knowledge in the hippocampal-entorhinal system[C]. Proceedings of the International Conference on Neural Information Processing Systems, Montreal, Canada, 2018: 8493-8504.

[94] SCHAPIRO A C, TURK-BROWNE N B, BOTVINICK M M, et al. Complementary learning systems within the hippocampus: A neural network modelling approach to reconciling episodic memory with statistical learning[J]. Philosophical Transactions of the Royal Society B: Biological Sciences, 2017, 372(1711): 20160049.

[95] NIEH E H, SCHOTTDORF M, FREEMAN N W, et al. Geometry of abstract learned knowledge in the hippocampus[J]. Nature, 2021, 595(7865): 80-84.

第9章 结　　语

共性需求。教育、政务、税务、交通、医疗、金融等各领域，经过几十年的信息化建设，积累了大量数据。要进一步发掘数据的价值，形成“数据红利”，就需要把大数据转化为机器可表征、可计算的结构化知识库，为上层应用提供演绎、归纳等推理机制。因而，大数据知识工程是信息化迈向智能化的共性需求与重要基础。

共性技术。尽管以深度学习为代表的人工智能已在计算机视觉、自然语言处理等领域取得了巨大进展，但也明显地暴露出一系列局限性，表现为①泛化能力弱，依赖训练数据进行归纳学习，难以应对与训练数据分布不同的实例；②属于黑盒模型，存在可解释性差、可信性低等问题；③难以应对具有高阶、多跳特点的复杂推理任务。破解这些局限性的关键是借助大数据知识工程技术构建知识库，建立“知识引导+数据驱动”的机器学习范式，这是具有跨界、群智、自主、可解释等特点的新一代人工智能的共性技术。

重要进展。近年来，围绕知识表示、获取、融合、表征、推理等问题，开展了大数据知识工程理论方法研究，并在智慧教育、税收风险识别、网络舆情监控等领域开展了工程应用。

（1）在知识表示方面，受认识论中“既见树木，又见森林”知识表达方式的启发，提出了知识森林模型，用“树叶—树木—森林”结构分别表示“碎片知识—主题知识—知识体系”，解决了散、杂、乱碎片知识的结构化、体系化描述问题。

（2）在知识获取与融合方面，提出了“主题分面树生成—文本碎片化知识装配—主题分面树关联挖掘”三阶段的知识森林构建方法，重点解决了稀疏关联挖掘难题。此外，还提出了基于对比学习的一阶逻辑公式抽取方法，为支持复杂推理提供了依据。

（3）在知识表征方面，提出了异构图、逻辑公式等表征学习方法，解决了符号知识的嵌入表征问题，从而能够支持符号知识与可微架构的无缝集成，为构建“知识引导+数据驱动”的机器学习范式奠定基础。

（4）在知识推理方面，提出了符号化分层递阶学习模型SHiL，其具有结果可回溯、分层可控制、人工可参与等特点。此外，构建了基于知识森林的推理机制，并用于自然语言问答、视觉问答、教科书式问答等领域。

新兴方向。尽管取得一系列重要进展，大数据知识工程仍是一个新的研究方向，还存在一系列难题。

（1）在知识获取方面，除了从模态大数据中挖掘碎片知识外，还需要研究如何依据系统科学，设计碎片知识的非线性融合算法，建立新知识的涌现机制，实现知识的自演化和自增长。

（2）在知识表征方面，目前对于不同类型的知识采用同样的表征机制，这可能并不合适。人脑对于事实性知识、情景知识主要由海马体负责编码表征，而对于程序性知识主要由小脑负责。两者的工作机制差异较大。为此，需要借鉴脑科学的最新成果，研究不同类型知识的表征机制。

（3）在知识推理方面，符号推理在不确定性推理、隐性知识刻画等方面存在局限性，而深度学习的推理模型在高阶推理、可解释性等方面存在局限性。如何融合离散空间的符号知识与连续空间的深度学习模型，实现两者优势互补，也是需要研究的问题。

致　谢

本书在撰写和出版过程中感谢得到科技部、教育部、国家自然科学基金委等单位的项目支持！